常用工具软件

（第8版）

史晓云　主　编

冯　凯　赵亚云　副主编

電子工業出版社

Publishing House of Electronics Industry

北京・BEIJING

内 容 简 介

本书从常用、实用功能角度出发，在上一版国家规划教材的基础上，将常用工具软件版本更新为目前较流行的新版本。本书除序章外，共分为8章，包括系统工具、计算机病毒防控工具、网络工具、影音工具、图形图像工具、应用工具、在线工具、移动应用工具。本书内容浅显易懂、图文并茂，以解决实际问题为基本出发点，通过阶梯式任务，将软件的主要功能及使用方法“浓缩”于操作中。书中穿插必要的理论知识，以加强读者对工具软件的理解和掌握。

本书既可作为职业教育计算机相关专业和计算机技能培训的教材，又适合需要提高计算机应用能力的广大计算机爱好者使用。

图书在版编目（CIP）数据

常用工具软件 / 史晓云主编. —8 版. —北京：电子工业出版社，2024.2

ISBN 978-7-121-47243-5

Ⅰ. ①常… Ⅱ. ①史… Ⅲ. ①软件工具—中等专业学校—教材 Ⅳ. ①TP311.56

中国国家版本馆 CIP 数据核字（2024）第 034269 号

责任编辑：郑小燕　　文字编辑：曹　旭
印　　刷：三河市君旺印务有限公司
装　　订：三河市君旺印务有限公司
出版发行：电子工业出版社
　　　　　北京市海淀区万寿路 173 信箱　邮编　100036
开　　本：880×1 230　1/16　印张：13.25　字数：305 千字
版　　次：2002 年 8 月第 1 版
　　　　　2024 年 2 月第 8 版
印　　次：2024 年10月第 4 次印刷
定　　价：39.80 元

凡所购买电子工业出版社图书有缺损问题，请向购买书店调换。若书店售缺，请与本社发行部联系，联系及邮购电话：（010）88254888，88258888。

质量投诉请发邮件至 zlts@phei.com.cn，盗版侵权举报请发邮件至 dbqq@phei.com.cn。

本书咨询联系方式：（010）88254550，zhengxy@phei.com.cn。

前　言

信息化、数字化时代离不开计算机，对计算机系统的日常维护及计算机软件的开发利用非常重要。掌握常用工具软件的使用方法、创设安全的网络环境、高效开发数字化资源，是当代学生必须掌握的关键技能。虽然常用工具软件涉及门类很多，但大部分的工具软件功能专一，使用简单方便。它们就好像我们日常生活中的小工具一样，善用它们可以给我们的工作、学习带来很多方便，从而大大地提高工作效率。

为实现党的二十大提出的“推进教育数字化，建设全民终身学习的学习型社会、学习型大国”目标，我们应该在安全的计算机使用环境下，有效开发与利用数字化资源。本书注重实用，从众多的工具软件中精选出常用、实用和具有代表性的工具软件，所涉及的软件均采用目前流行的、覆盖面广的版本。除序章外，本书分为 8 章，包括系统工具、计算机病毒防控工具、网络工具、影音工具、图形图像工具、应用工具、在线工具、移动应用工具。

本书是在“十四五”职业教育国家规划教材《常用工具软件（第 7 版）》的基础上修订而来。本书特点如下：从初学者的角度出发，介绍操作性强的工具软件；从实用的目的出发，介绍工具软件的主要特色和功能；从学生的终身发展出发，采用任务驱动方式，便于学生自学。在突出实践能力培养的同时，本书穿插必要的理论知识和文化背景知识，使任务情理交融；通过“牛刀小试”给出基础任务，通过“知识导航”引出相关知识点，最后通过“更上层楼”提升对工具软件的使用水平。所有案例操作从学习者的岗位和生活需要出发，生活化、情景化、图文并茂，符合中职学生的认知水平，有利于激发其学习兴趣，提升计算机应用水平，有助于轻松地应对日常生活、工作中遇到的各种问题。本书配有教学参考资料包（包括教学指南、电子课件等）

本书由史晓云担任主编，冯凯、赵亚云担任副主编，本书序章、第 4 章、第 5 章、第 6 章由冯凯、王馨编写，第 1 章、第 8 章由张海波、胡艳芳编写，第 2 章、第 3 章由郑京、史济轩编写，第 7 章由赵亚云编写。

由于编者水平有限，书中难免存在疏漏，殷切希望广大读者批评、指正。

编者

目　　录

序章 工具软件从哪里来

当我们使用计算机或移动设备时，经常会用到各类工具软件，以满足学习、工作的特定需求。例如，当我们想用计算机修改个人照片时，会用到图像处理软件；当我们想用手机看电影时，会用到影音播放APP……这些工具软件从哪里可以找到，并下载到我们的计算机或移动设备中呢？

1. 我知道工具软件的名称——在线搜索下载

用户如果知道工具软件的名称，就可以通过网络在线搜索并下载所需的工具软件。

操作步骤

（1）打开浏览器，在搜索栏内输入工具软件名称，如“计算器”，如图1所示。

（2）单击“搜索”按钮，即可在搜索结果中查找我们需要的工具软件并下载，如图2所示。

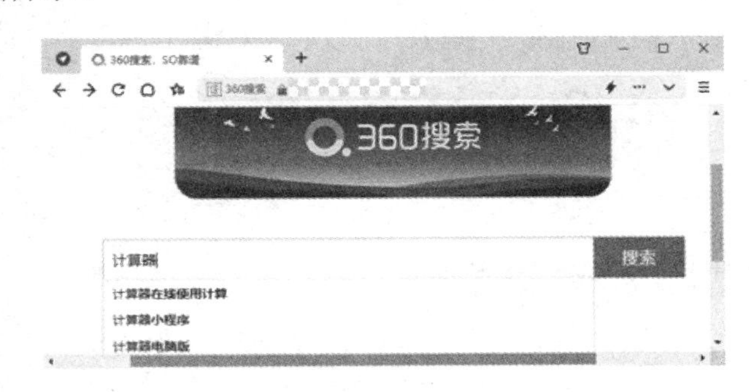

图1　在搜索栏内输入工具软件名称

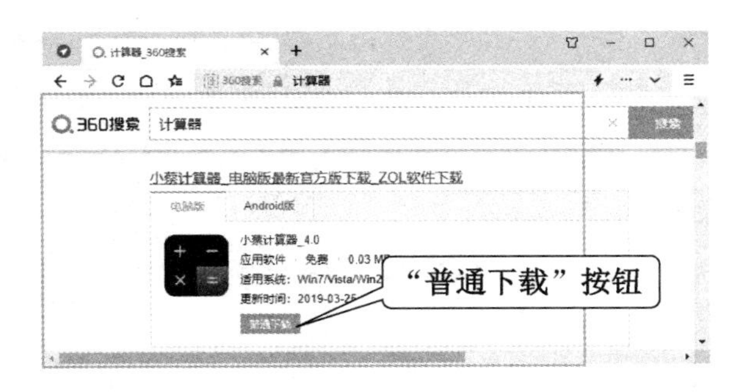

图2　下载找到的工具软件

（3）有些工具软件还可以在线使用，帮助我们免去安装占用计算机硬盘空间的烦恼。如图 3 所示为在线计算器，用户无须下载即可进行相关计算操作。

注意：下载工具软件时，我们应当从经过认证的官网上下载，以防止受到山寨、钓鱼网站的侵害，如图 4 所示。

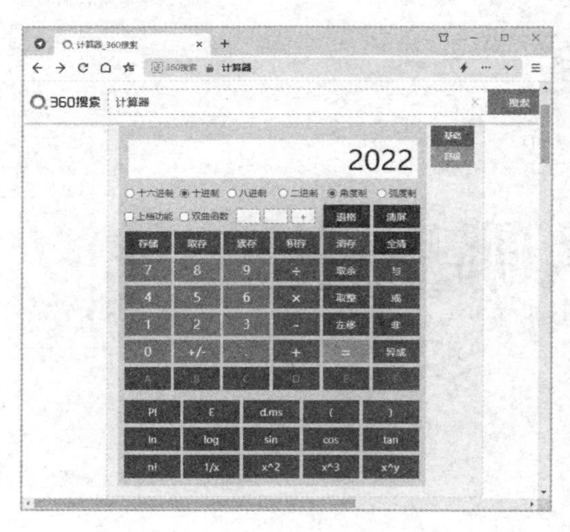

图 3　在线计算器

图 4　“360 杀毒”官网

2．我了解工具软件的功能——寻求专业网站

如果用户只了解工具软件的功能，而不知道工具软件具体的名称，则可以进入专业网站按功能类别进行查找下载。

操作步骤

（1）打开浏览器，在搜索栏内输入文本“工具软件”，并单击“搜索”按钮。在搜索结果中可以找到提供工具软件下载服务的专业网站，如图 5 所示。

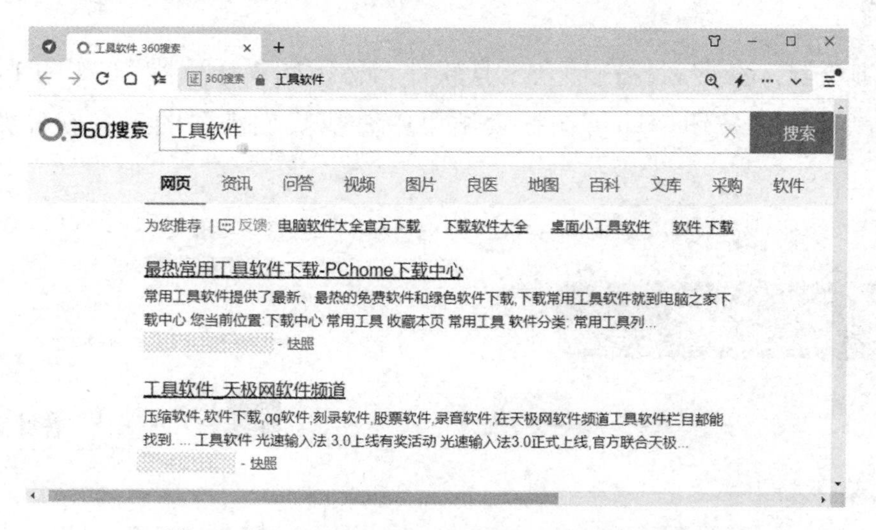

图 5　搜索提供工具软件下载服务的专业网站

（2）以 PChome 网站为例，在其“下载中心”页面上，我们可以根据“软件分类”“软件系统”“软件性质”等设置筛选条件，查找所需要的工具软件，如图 6 所示。

图 6　“下载中心”页面

注意：提供工具软件下载服务的专业网站一般都会有各类软件的排名情况和对工具软件的详细介绍。下载前我们应当认真了解，以找到更适合自己的工具软件。

3．我使用移动设备——手机应用商店

如果用户需要在手机等移动设备上安装使用工具软件，则可以通过“应用商店”“应用市场”“手机助手”等类似的 APP 查找并下载工具软件。

操作步骤

（1）以小米手机为例，单击手机中的“应用商店”图标，进入“小米应用商店”页面，如图 7 所示。

（2）在“小米应用商店”APP 中，搜索或分类查找所需的工具软件，并安装使用。

图 7　“小米应用商店”页面

4．我的移动设备空间不足——使用“小程序”

“小程序”是一种不需要下载安装即可使用的应用，很多常用 APP 都提供了“小程序”或类似功能。如果移动设备空间不足，或者某些功能只需要临时使用，不想反复安装、卸载，则可以考虑使用“小程序”

来实现。

操作步骤

（1）以微信为例，打开“微信”APP，进入“发现”界面就能够发现“小程序”的入口，如图8所示。

（2）在微信中，我们还可以通过搜索框按关键词查找所需的“小程序”，如图9所示。

图8　微信中的“小程序”入口

图9　在微信中搜索“小程序”

第 1 章

系统工具

在使用计算机的过程中，我们经常会遇到硬盘空间不足，系统内部产生大量的垃圾文件、临时文件、废旧程序等情况。怎样使计算机保持最佳状态？如何让系统在不更新硬件的情况下提高运行速度？本章将详细介绍一些 Windows 系统管理软件及常用优化软件。

1.1 Windows 磁盘工具

Windows 系统自身包含了一些可以更改系统设置的工具，用户可以合理地运用这些工具对一些系统设置进行调整，从而达到提升系统性能的目的。

1.1.1 牛刀小试：磁盘清理

磁盘清理其实就是清除系统内多余的垃圾文件。系统在使用一段时间后，会出现系统垃圾文件越来越多的情况，不仅占用大量的磁盘空间，还使整个系统运行越来越慢。因此，我们需要用磁盘清理程序为硬盘“减肥”。

操作步骤

（1）执行“开始”→“Windows 管理工具”→“磁盘清理”命令，打开“磁盘清理：驱动器选择”对话框，如图 1-1 所示。

（2）选择 C 盘，单击“确定”按钮，系统会计算可以释放多少空间，弹出“Windows-SSD(C:)的磁盘清理”对话框，如图 1-2 所示。

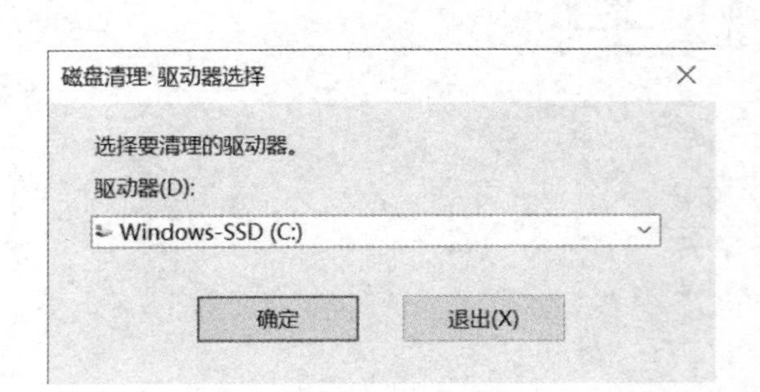

图 1-1　“磁盘清理：驱动器选择”对话框

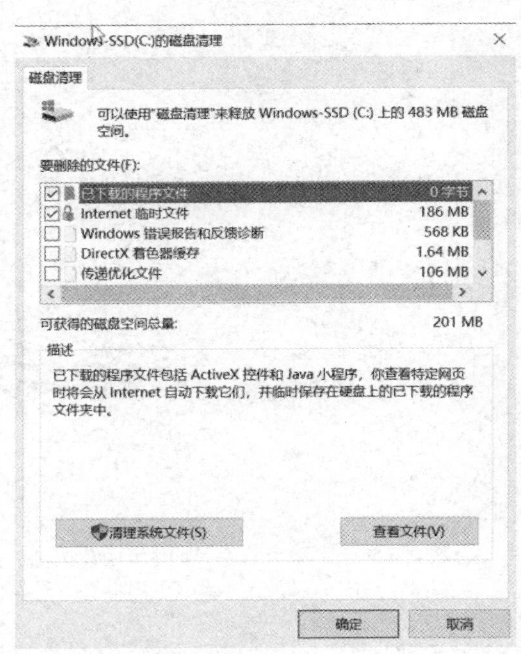

图 1-2　“Windows-SSD(C:)的磁盘清理”对话框

（3）选择要删除的文件，单击“确定”按钮。

（4）弹出系统提示信息“确实要永久删除这些文件吗？”，如图 1-3 所示，单击“删除文件”按钮。

（5）系统开始清理计算机中不需要的文件，如图 1-4 所示。

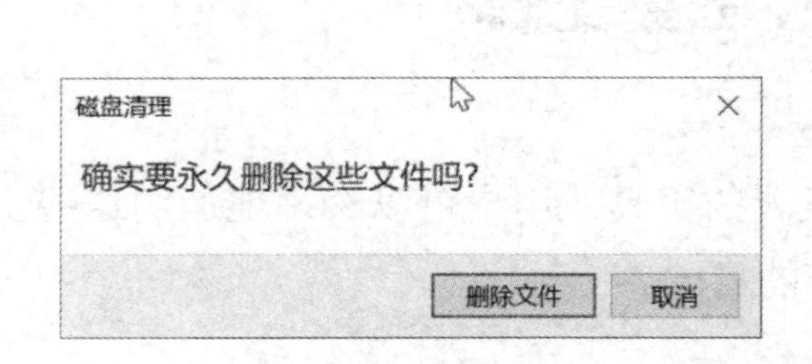

图 1-3　系统提示信息

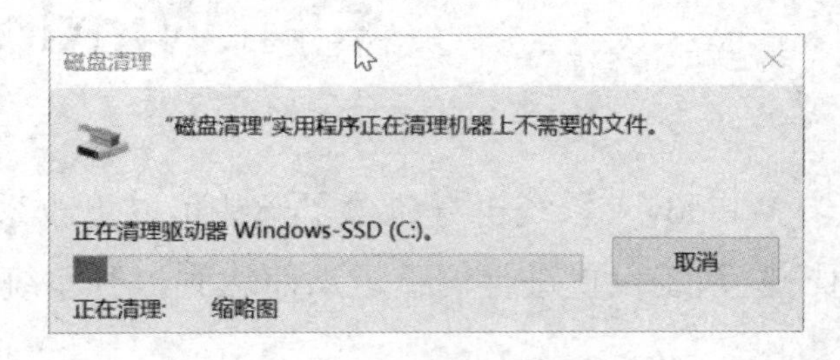

图 1-4　磁盘清理

1.1.2　知识导航

1. 删除已安装的程序或应用

对于某些软件，在使用一段时间后，发现它们不好用，或者很少被使用，又不想让它们占用空间，这时可以将其删除。

（1）执行“开始”→“设置”命令，打开“Windows 设置”窗口，如图 1-5 所示。

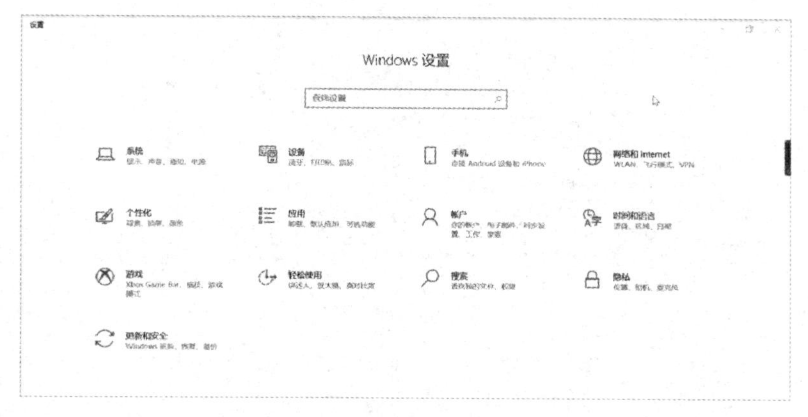

图 1-5 “Windows 设置”窗口

（2）单击“应用”选项，在“应用和功能”界面中选择要删除的应用，如图 1-6 所示。

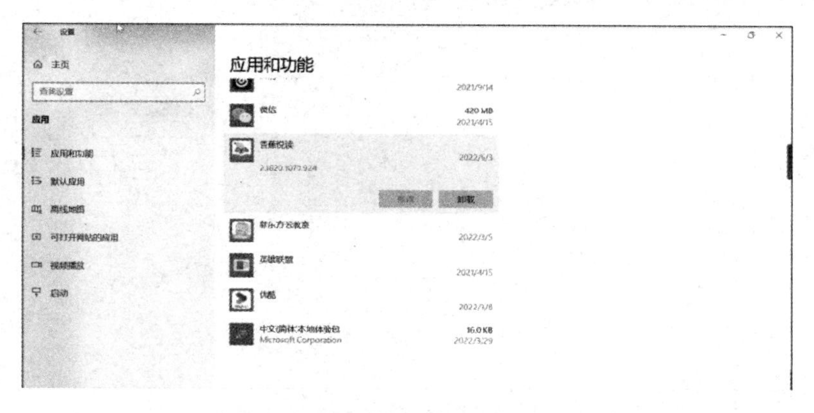

图 1-6 选择要删除的应用

（3）单击“卸载”按钮，系统弹出提示信息，如图 1-7 所示，再次单击“卸载”按钮即可实现卸载。

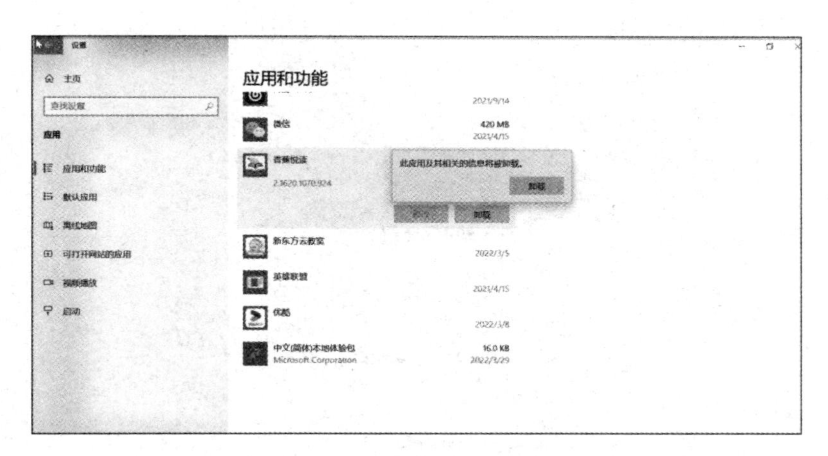

图 1-7 卸载提示信息

2．删除 Windows 组件

（1）通过“Windows 设置”窗口进入“应用和功能”界面中，单击“可选功能”链接，如图 1-8 所示。

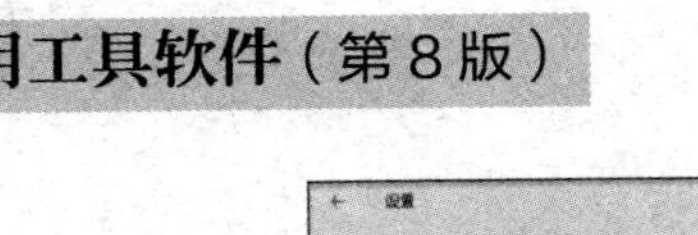

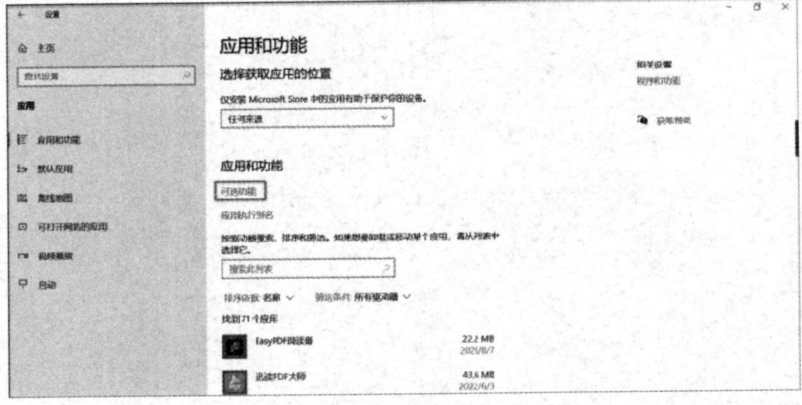

图 1-8　单击“可选功能”链接

（2）进入如图 1-9 所示的“可选功能”界面。

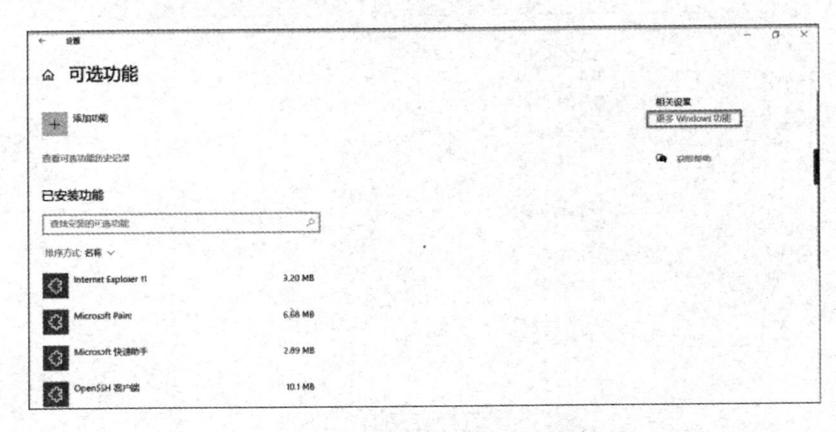

图 1-9　“可选功能”界面

（3）单击界面右侧的“更多 Windows 功能”链接，打开“Windows 功能”窗口，如图 1-10 所示。

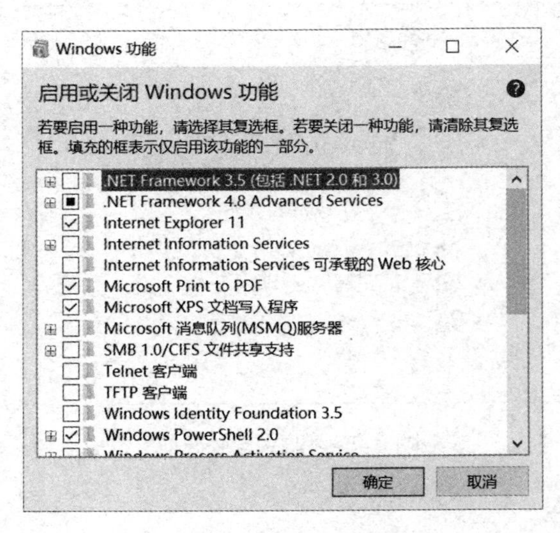

图 1-10　“Windows 功能”窗口

（4）在功能列表中，勾选所要清除功能选项的复选框，单击“确定”按钮。

注意： 复选框未被勾选表示关闭此功能，被勾选表示添加此功能。如果功能选项复选框处于填充状态，则表示系统中只安装了它的一些子组件。

1.1.3 更上层楼：磁盘碎片整理

磁盘就像屋子一样需要经常整理，东西的放入、取出会产生大量垃圾，而文件的反复写入和删除，也会产生大量碎片，这会降低磁盘的访问速度。磁盘碎片整理可以帮助我们清理碎片，提高磁盘的访问速度。

操作步骤

（1）执行"开始"→"Windows 系统管理"→"碎片整理和优化驱动器"命令，打开"优化驱动器"窗口，如图 1-11 所示。

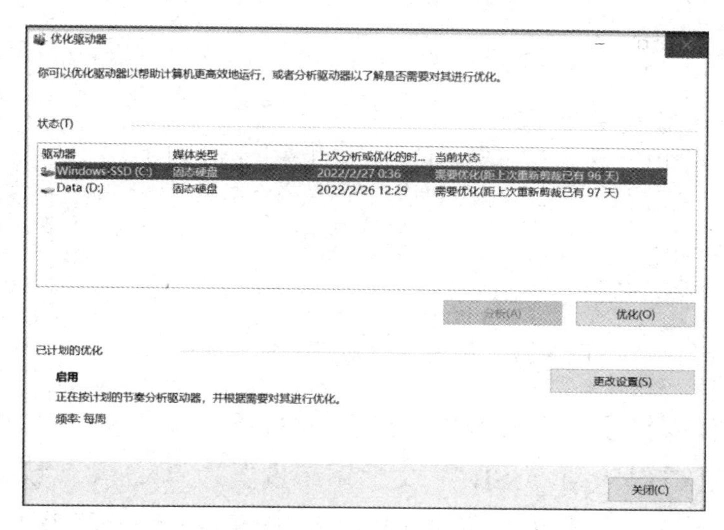

图 1-11 "优化驱动器"窗口

（2）单击"分析"按钮对磁盘进行分析，在 Windows 完成对磁盘的分析后，可以在"当前状态"列中检查磁盘碎片的百分比。如果数字高于 10%，那么应该对磁盘进行碎片整理。

（3）单击"优化"按钮，系统开始对磁盘进行碎片整理。

1.2 磁盘管理

硬盘是计算机中重要的存储设备，几乎所有系统程序、用户的数据都保存在硬盘中。目前，硬盘的容量越来越大，如果不事先做好规划，那么硬盘一旦在使用过程中出现问题，就会影响系统运行、造成用户数据丢失、引起系统崩溃，后果非常严重。Windows 可以通过磁盘管理工具对磁盘、卷或分区进行管理。

1.2.1　牛刀小试：格式化分区

小王在工作一段时间后，认为自己存放在计算机 E 盘中的文件没有用了，准备格式化磁盘彻底删除它们。

操作步骤

（1）双击“此电脑”图标，打开“此电脑”窗口，选择 E 盘，单击“驱动器工具”选项卡，如图 1-12 所示。

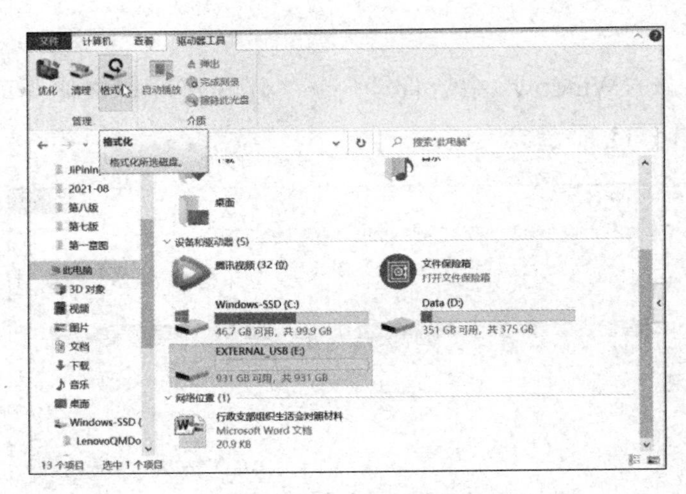

图 1-12　单击“驱动器工具”选项卡

（2）单击“格式化”按钮，弹出如图 1-13 所示的对话框。

（3）输入卷标“EXTERNAL_USB”，文件系统设置为“NTFS（默认）”，勾选“快速格式化”复选框，单击“开始”按钮，在如图 1-14 所示的提示框中单击“确定”按钮。

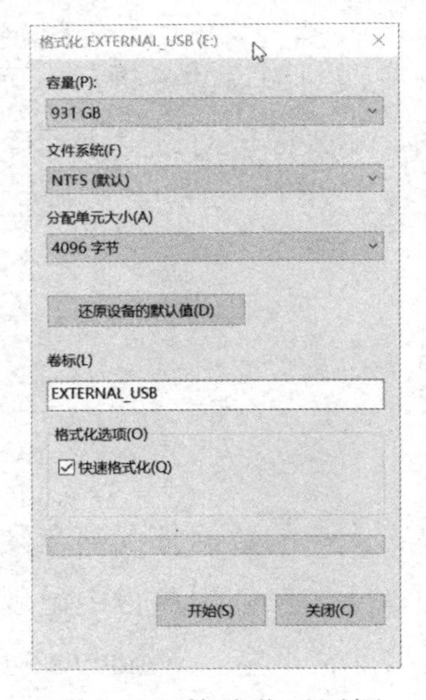

图 1-13　格式化对话框

图 1-14　格式化提示框

1.2.2 知识导航

1．磁盘分区概述

在计算机中，用于信息存放的主要设备是硬盘。硬盘使用时一般需要进行磁盘分区，每一个分区都可以像一个独立的磁盘一样被访问，这样操作就方便多了，而且一个分区出现问题，不影响其他分区的使用。

磁盘分区分为主磁盘分区、扩展磁盘分区和逻辑分区。目前，Windows 使用的分区格式主要有 FAT32 和 NTFS。

其实，在 Windows 10 的磁盘管理中，对磁盘的操作都是创建、压缩、扩展各种“卷”，而不是“分区”。

2．更改驱动器名

用户如果想使新添加磁盘的逻辑驱动器号不是原有的“D”或“E”，则可以对原有逻辑驱动器号进行修改。

（1）在“此电脑”窗口中，我们需要单击“计算机”选项卡中的“管理”按钮，如图 1-15 所示。

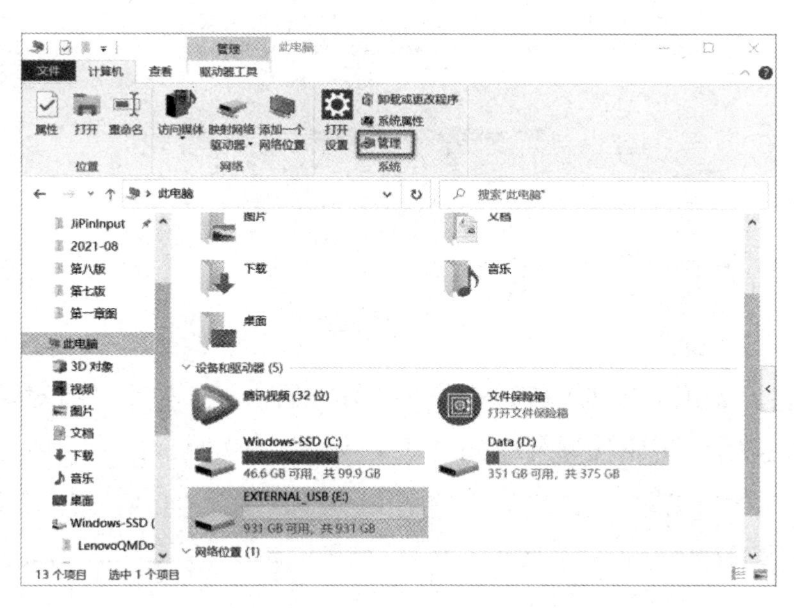

图 1-15 “此电脑”窗口

（2）打开“计算机管理”窗口，在左侧窗格中，选择“存储”节点下的“磁盘管理”选项，如图 1-16 所示。

（3）右击磁盘 1 的“EXTERNAL_USB (E:)”区域，在弹出的快捷菜单中选择“更改驱动器号和路径”命令，如图 1-17 所示。

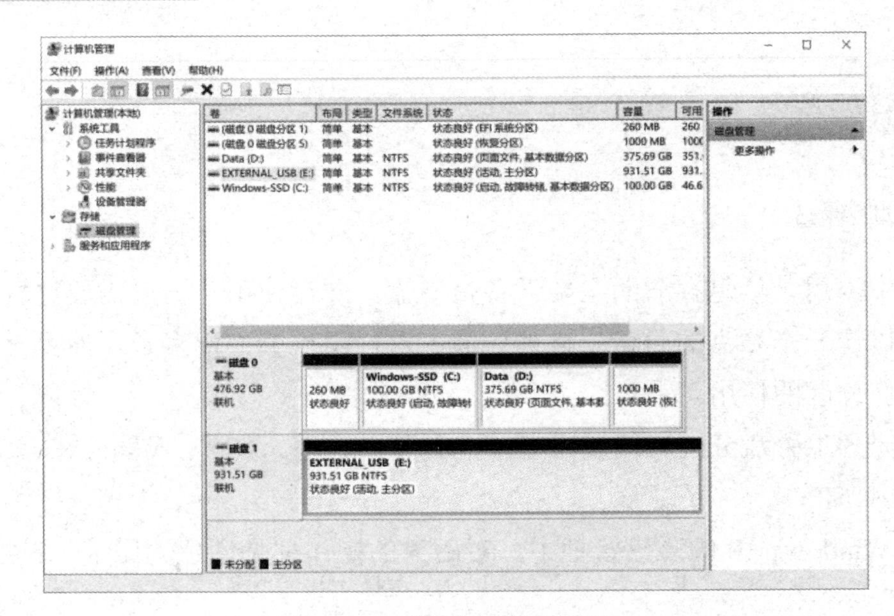

图 1-16 “计算机管理”窗口

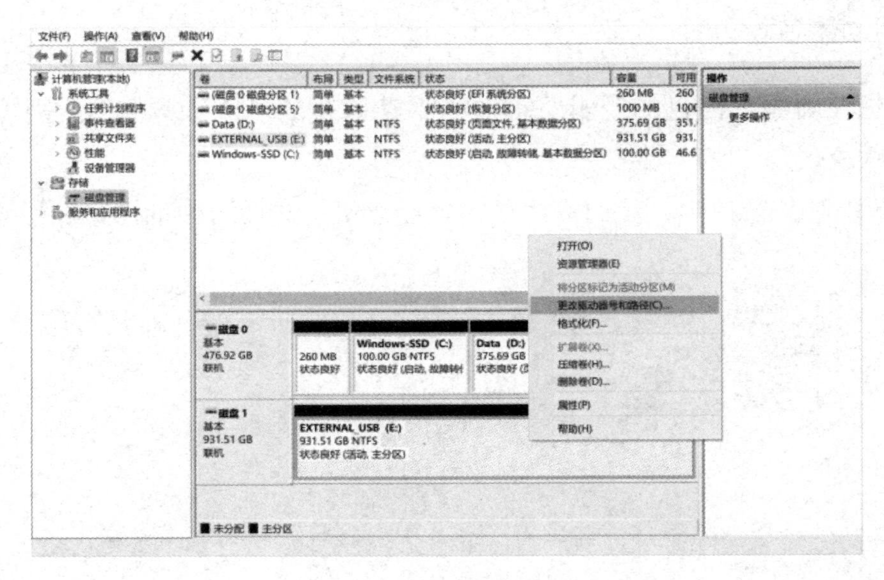

图 1-17 快捷菜单

（4）系统会弹出“更改 E:(EXTERNAL_USB)的驱动器号和路径”对话框，如图 1-18 所示。单击“更改”按钮，将驱动器号改为“H”，如图 1-19 所示。

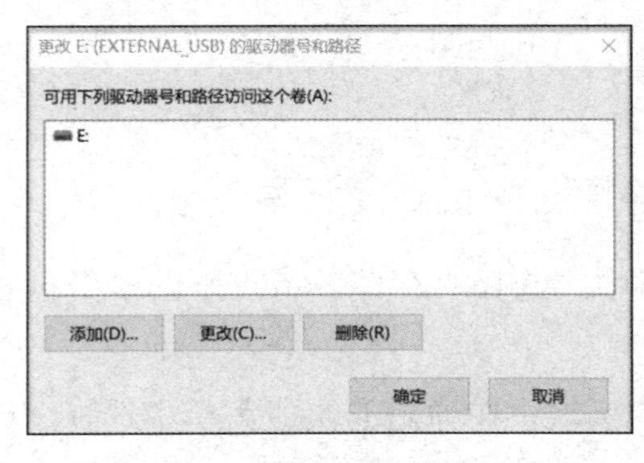

图 1-18 系统弹出更改对话框

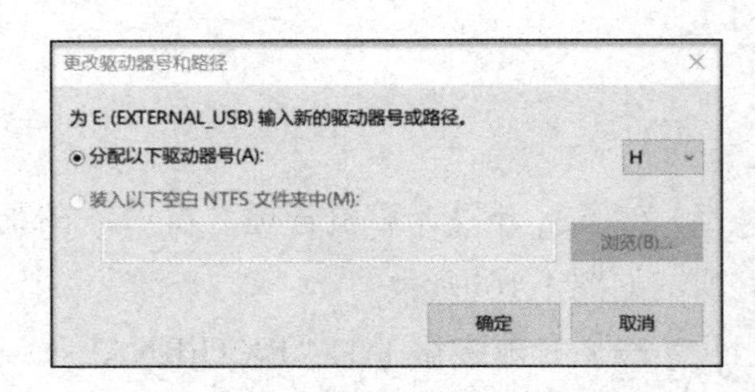

图 1-19 更改驱动器号

（5）单击“确定”按钮，弹出如图 1-20 所示的“磁盘管理”提示框。单击提示框上的“是”按钮，系统给出如图 1-21 所示提示信息，单击“是”按钮完成更改。

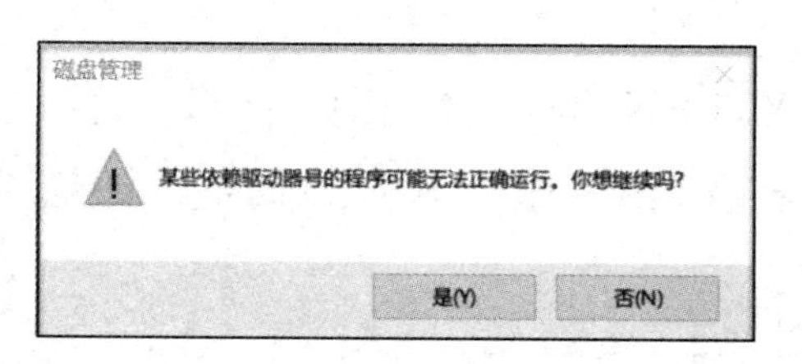

图 1-20　“磁盘管理”提示框

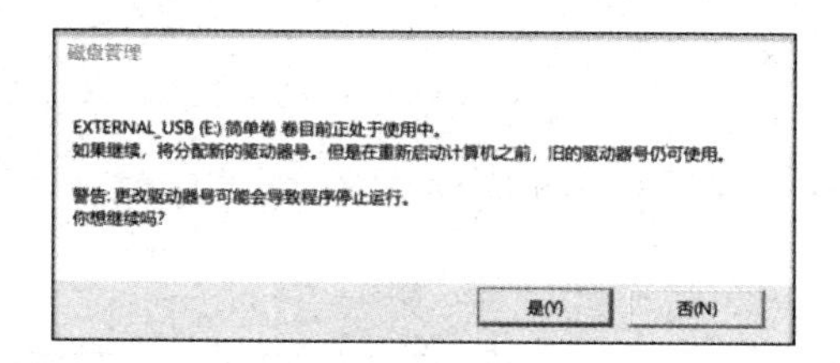

图 1-21　提示信息

注意： 用户指派的驱动器号是系统还没有使用过的盘符。

3. 修改卷标

很多用户想要拥有个性化的卷标，这一需求 Windows 系统也可以满足。

（1）在“计算机管理”窗口中，右击磁盘 1 的“EXTERNAL_USB (E:)”区域，在弹出的快捷菜单中选择“属性”命令。

（2）系统会弹出“EXTERNAL_USB (E:)属性”对话框，单击“常规”选项卡，如图 1-22 所示，输入卷标“我的重要文件”，单击“确定”按钮。

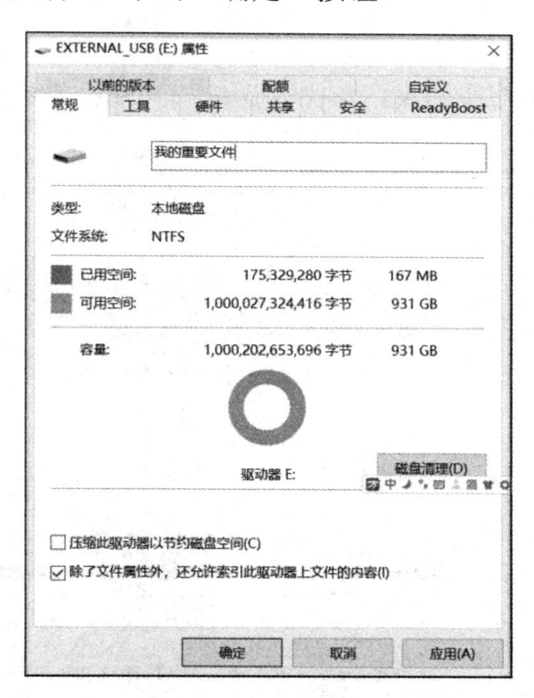

图 1-22　“EXTERNAL_USB (E:)属性”对话框

1.2.3　更上层楼：压缩和创建逻辑驱动器

现在，计算机中存储的内容越来越多，硬盘的容量越来越大。我们需要在不破坏系统盘的情况下，合理调配存储空间，对文件进行分类储存，这样就不需要对磁盘分区进行重新划分了。

操作步骤

（1）在“计算机管理”窗口中，在磁盘 1 的“EXTERNAL_USB (E:)”区域上单击鼠标右键，在弹出的快捷菜单中选择“压缩卷”命令，系统会弹出“压缩 E:”对话框，如图 1-23 所示。

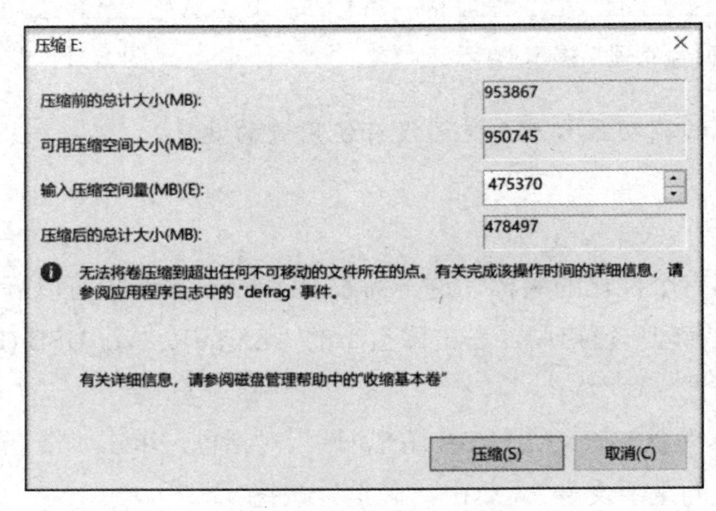

图 1-23　“压缩 E:”对话框

（2）在对话框中输入压缩空间量，单击“压缩”按钮，系统对磁盘进行压缩形成一个新的可用空间，如图 1-24 所示。

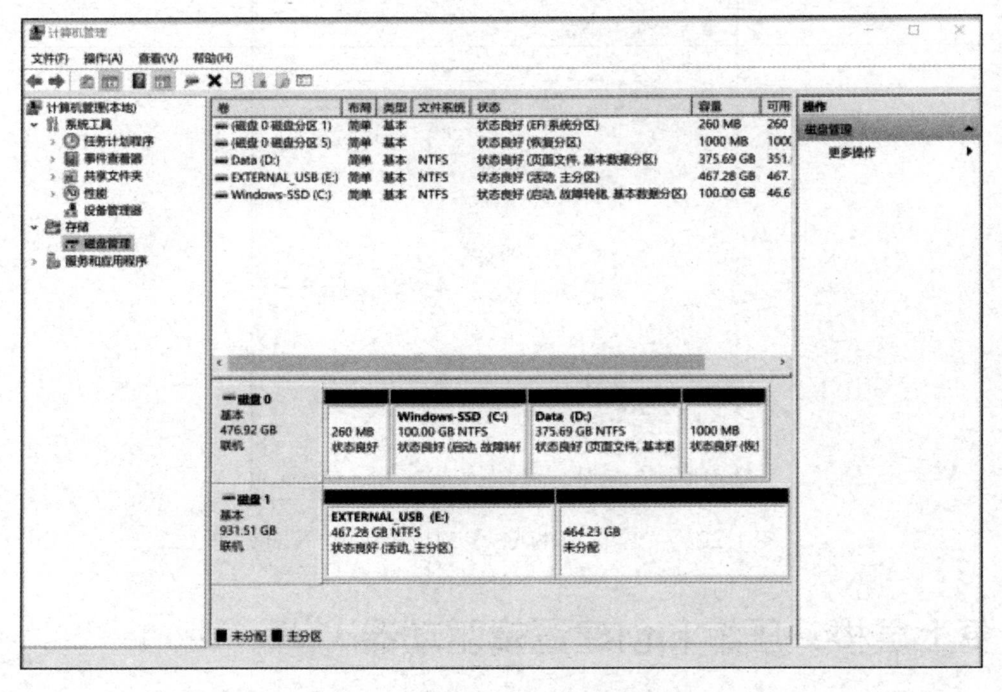

图 1-24　形成一个新的可用空间

注意：C 盘为系统盘（主分区），一般不进行压缩卷操作。

（3）在“计算机管理”窗口中，右击“未分配”区域，如图 1-25 所示，在弹出的快捷菜单中选择“新建简单卷”命令。

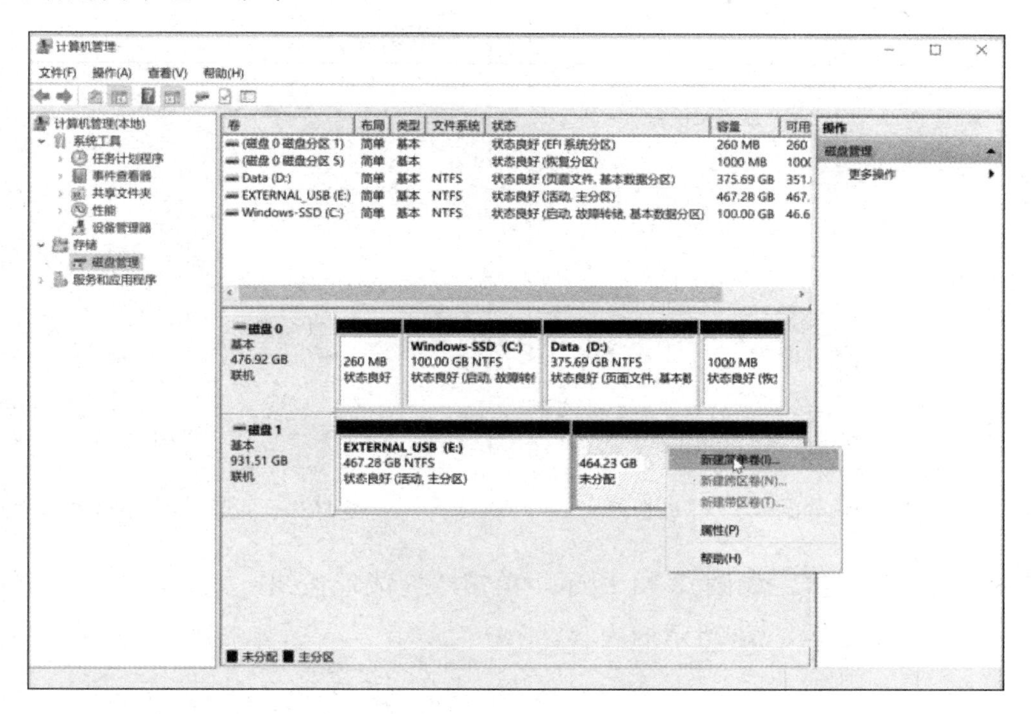

图 1-25　新建简单卷

（4）弹出“新建简单卷向导”对话框，如图 1-26 所示，单击“下一页”按钮。

（5）输入一个介于最大值和最小值之间的卷大小，在如图 1-27 所示的对话框中单击“下一页”按钮。

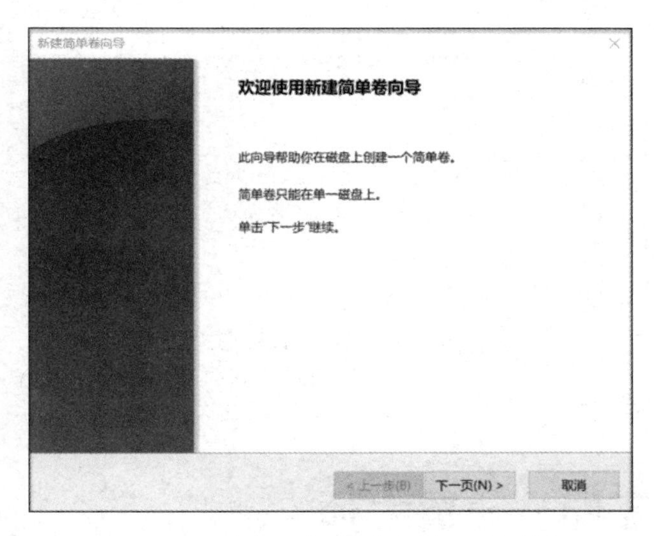

图 1-26　“新建简单卷向导”对话框

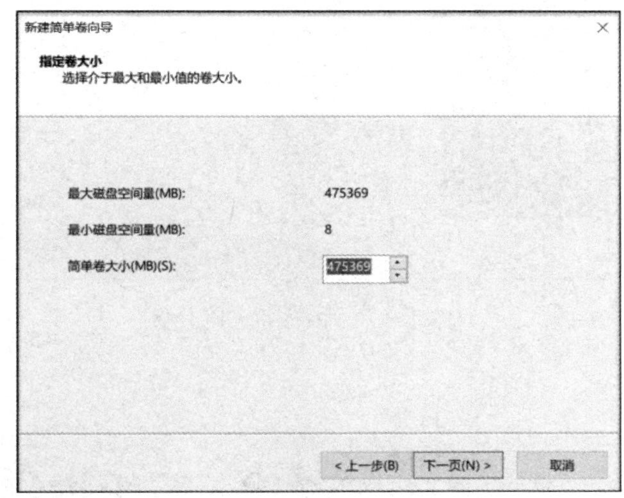

图 1-27　输入卷大小

（6）给新建卷分配一个驱动器号，如图 1-28 所示，单击“下一页”按钮。

（7）设置卷的文件系统为“NTFS”，输入卷标“新加卷”，如图 1-29 所示，单击“下一页”按钮。

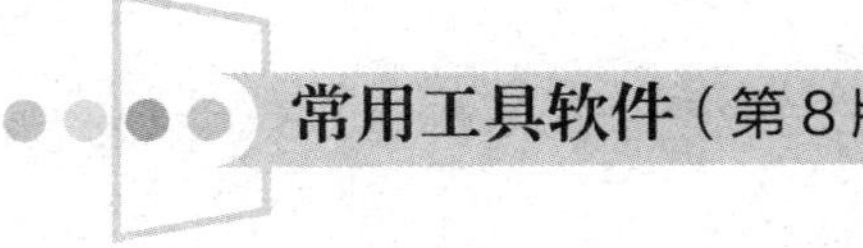

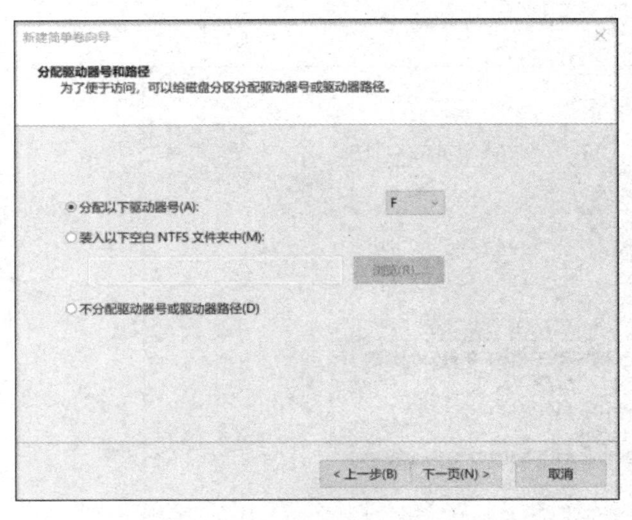

图 1-28　给新建卷分配一个驱动器号

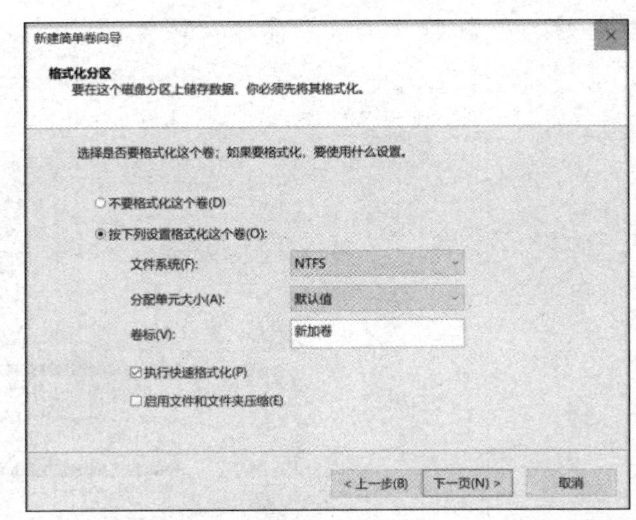

图 1-29　设置文件系统和卷标

（8）系统格式化分区，如图 1-30 所示，单击“完成”按钮，完成简单卷的创建。“计算机管理”窗口中显示如图 1-31 所示的内容。

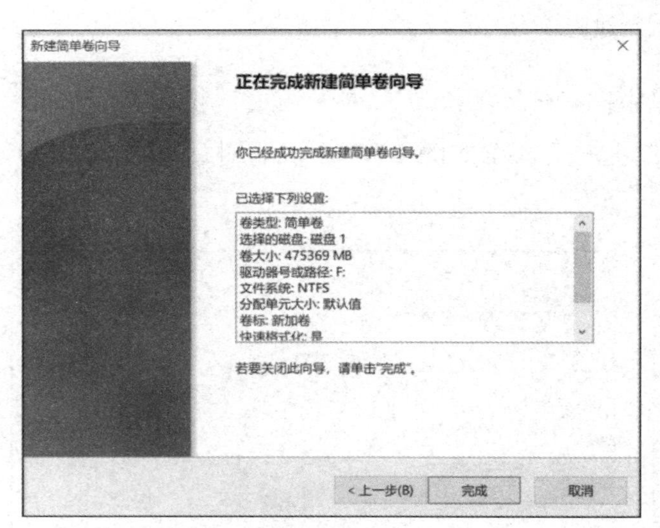

图 1-30　系统格式化分区

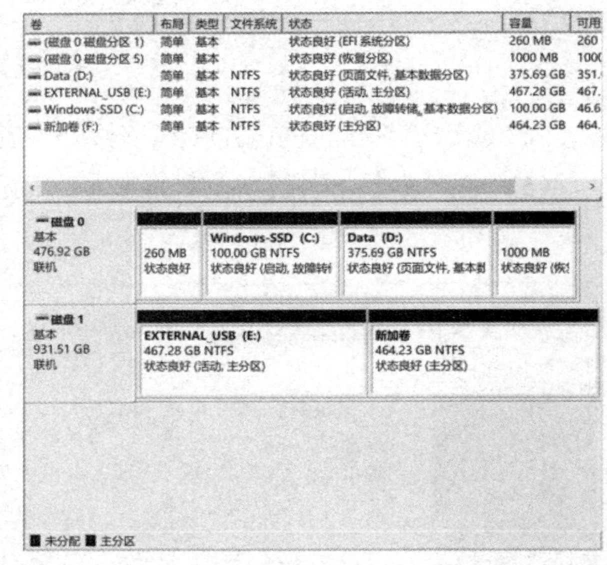

图 1-31　创建完成后可看到新加卷

1.3　系统优化工具——鲁大师

鲁大师是一款个人计算机系统工具，它能轻松辨别硬件真伪，测试配置、温度以保护计算机稳定运行，清查计算机病毒隐患，优化清理系统，提升运行速度。

1.3.1 牛刀小试：清理优化

我们经常使用计算机，系统的优化、维护和清理常常使人头痛。那么怎样才能简便、有效地让自己的计算机系统始终保持最佳状态呢？鲁大师的清理优化功能拥有全智能的一键优化和一键恢复功能，其中包括系统响应速度优化、用户界面速度优化、文件系统优化、网络优化等功能。

操作步骤

（1）在“鲁大师”软件主窗口中，单击“清理优化”按钮，如图 1-32 所示。

图 1-32 “鲁大师”软件主窗口

（2）在“清理优化”界面中单击“开始扫描”按钮，如图 1-33 所示。程序自动检测系统，进行硬件清理、系统清理和优化方案配置，如图 1-34 所示。

图 1-33 开始扫描

图 1-34 程序自动检测系统

（3）扫描完成后，程序提示扫描出的垃圾文件大小和需要优化的项目，单击“一键清理”按钮，如图 1-35 所示。

图 1-35　一键清理

1.3.2　知识导航

鲁大师提供国内领先的计算机硬件信息检测技术，包含最全面的硬件信息数据库，支持对最新的 CPU、主板、显卡等硬件的检测。

1．硬件体检

（1）在主窗口中单击“硬件体检”按钮对硬件进行体检，“硬件体检”界面右侧显示了当前一些硬件的温度，如图 1-36 所示。

（2）硬件体检完成后，程序提示共检查了多少项，有几项问题，如图 1-37 所示。

图 1-36　硬件体检

图 1-37　程序提示

（3）单击“一键修复”按钮，对系统进行修复。

2．硬件检测

在主窗口中单击“硬件检测”按钮，进入如图 1-38 所示的界面。在“电脑概览”页面中鲁大师显示了用户计算机硬件配置的简洁报告，包括计算机型号、操作系统、处理器、主板、内存、主硬盘、主显卡、显示器、声卡、网卡的基本信息。

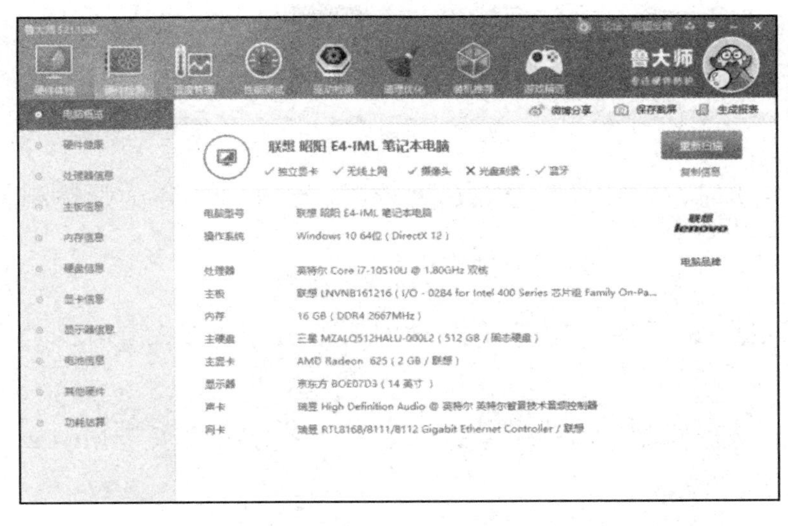

图 1-38 “硬件检测”界面

3．性能测试

单击“性能测试”按钮，如图 1-39 所示。鲁大师的性能测试包括：计算机性能测试、手机排行榜、综合性能排行榜、处理器排行榜、显卡排行榜。

鲁大师“电脑性能综合得分”是对模拟计算机计算获得的 CPU 速度测评分数和模拟 3D 游戏场景获得的游戏性能测评分数进行综合计算得到的。该得分表示计算机的综合性能。测试完毕后，程序会输出测试结果和建议。

4．驱动检测

单击“驱动检测”按钮，弹出“驱动检测”窗口，如图 1-40 所示。该窗口提供了驱动安装、驱动管理、驱动搜索、硬件温度、驱动门诊等功能，用户可以根据自己的需要进行选择。

图 1-39 计算机性能测试

图 1-40 “驱动检测”窗口

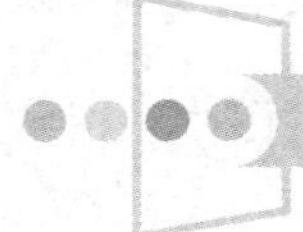

1.3.3　更上层楼：磁盘检测

小王在使用计算机时，发现硬盘存储速度较慢，于是使用鲁大师检测硬盘是否有坏道。

操作步骤

（1）通过主窗口进入“硬件体检”界面，然后单击“功能大全”列表中的“磁盘检测”按钮。

（2）在弹出的“磁盘检测”对话框中选择磁盘或者分区“东芝 MQ04UBF100 (30GB)”，如图 1-41 所示。

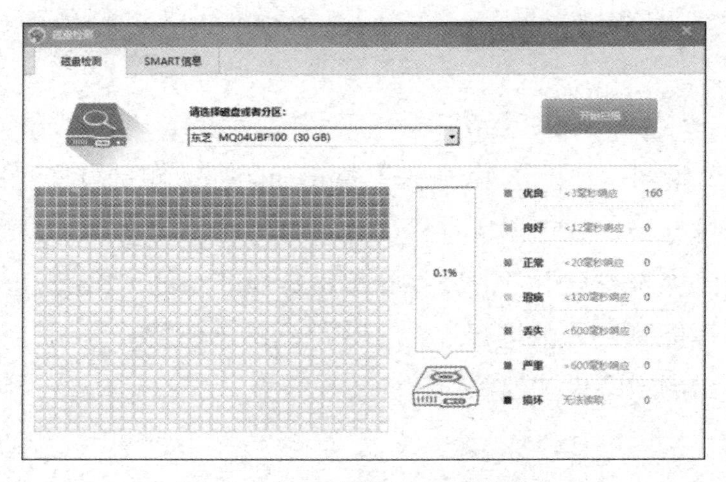

图 1-41　“磁盘检测”对话框

（3）单击“开始扫描”按钮，程序对磁盘分区进行扫描，扫描完毕后会给出磁盘检测结果，如图 1-42 所示。

（4）当需要查看更加详细的信息时，单击“SMART 信息”选项卡，如图 1-43 所示，基本信息和检测出来的所有问题都会在该页面中显示。

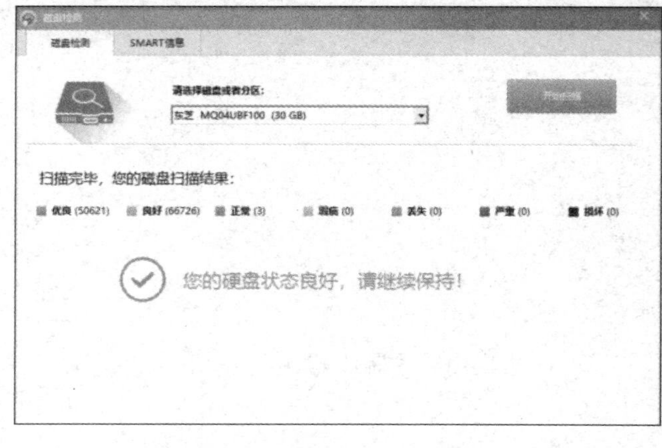

图 1-42　磁盘检测结果

图 1-43　SMART 信息

第2章

计算机病毒防控工具

生活在信息时代的人们在畅享高效、便捷网络生活的同时，面临着日趋严重的信息安全问题。

如果在社交网站上晒图片、晒行踪，那么这些内容很有可能成为黑客攻击你的信息来源；如果在微博上把订单号挂出来，那么通过这个订单号黑客可能会查到你的手机号、地址、邮箱，以及其他个人信息。大数据时代下，信息泄露无处不在，人人都处于“裸奔”的风险之中。所谓“道高一尺，魔高一丈”，黑客们总是无孔不入地击破人们的防御底线。因此，本章将学习计算机病毒防控的相关基础知识，帮助大家学会计算机病毒防范与查杀的方法，使大家能够在信息的海洋中放心畅游。

本章以 360 杀毒、360 安全卫士、火绒安全几个常用的系统安全工具为例，学习抵御黑客攻击的方法。通常计算机用户可以安装 360 杀毒、360 安全卫士或火绒安全等软件来保护计算机系统的安全，以及抵御黑客攻击。360 杀毒是 360 安全中心出品的一款免费的云安全杀毒软件。它具有查杀率高、资源占用少、升级迅速等优点。360 安全卫士是奇虎 360 推出的一款 Windows、Linux 及 Mac OS 操作系统下的计算机安全辅助软件。360 安全卫士拥有计算机体检、木马查杀、系统修复、清理垃圾、优化加速、软件管家等多种功能。火绒安全是一款集杀、防、管、控于一体的安全软件，有面向个人和企业的两种产品，拥有简洁的界面和较为丰富的功能。

2.1 计算机病毒的基本知识

自1985年计算机病毒在美国被确认存在以来，计算机病毒增长速度一直与计算机本身的发展速度赛跑。1988 年 11 月 2 日，美国康奈尔大学的研究生罗伯特·莫里斯将其编写的“Morris 蠕虫”病毒输入计算机网络。几天之内就有 6000 多台互联网服务器因被感染而瘫痪，造成的经济损失超过一千万美元，震惊了全世界。蠕虫病毒事件给计算机技术的发展蒙上了一层阴影。

在我国，最初引起人们注意的计算机病毒是20世纪80年代末出现的“黑色星期五”“小球病毒”等。因为当时反病毒软件不普及，人们对病毒的认识不到位，所以造成了病毒的广泛传播。之后出现的 Word 宏病毒、CIH 病毒，才使人们对病毒危害的认识加深了一步。2003年，冲击波病毒给人们造成了非常大的麻烦，中了这个病毒的计算机，会集体自动关机，而且在关机时会弹出倒计时，任凭你使用什么手段都没有办法恢复。2006 年 12 月，“熊猫烧香”病毒又造成了计算机病毒肆虐蔓延，在两个多月的时间里，数百万计算机用户被卷进去，该病毒制造者最终于 2007 年 9 月因“破坏计算机信息系统罪”被判处有期徒刑四年。随着科技发展和人们信息安全意识的增强，我们会持续关注并采取有效措施防范计算机病毒。

以上能够引起计算机故障、破坏计算机资料，并能自我复制、传播的程序，统称为计算机病毒。

2.1.1 牛刀小试：分析你的计算机是否安全

小张的计算机运行速度很慢，他怀疑从不良网站上下载的软件有问题，于是请教网管。网管告诉小张计算机病毒发作时通常会出现异常情况。

操作步骤

（1）启动计算机。

（2）观察是否有下列情形之一：

① 计算机运行比平常迟钝；

② 程序载入时间比平常久；

③ 对于一个简单的工作，花了比预期长的时间；

④ 异常的错误信息出现；

⑤ 硬盘的指示灯无缘无故地闪亮；

⑥ 经常报告内存不够；

⑦ 磁盘可利用的空间突然减少；

⑧ 可执行程序的大小改变了；

⑨ 磁盘坏轨增加；

⑩ 程序同时存取多部磁盘；

⑪ 文件的相关内容被修改，如文件名称、扩展名、日期、属性被更改。

此外，如果存在经常死机、系统无法启动、文件打不开、出现来路不明的文件、黑屏、数据丢失、键盘和鼠标无端锁死、系统自动执行操作、自动打开多个网站等情形，那么也表明此计算机可能有安全问题了。

（3）若有以上情形，则需要我们马上进行计算机病毒查杀。

2.1.2 知识导航

1．计算机病毒的概念

计算机病毒的概念可追溯到美国作家雷恩在20世纪70年代出版的一本科幻小说《P1的青春》。书中构思了一种能够自我复制，利用通信进行传播的计算机程序，并称之为计算机病毒。1983年，正在美国南加利福尼亚大学攻读博士学位的弗雷德·科恩编写了一个小程序，这个程序可以“感染”计算机，自我复制，在计算机之间传播。该程序对计算机并无害处，潜伏于更大的合法程序当中，通过软盘传到计算机上。在此之前，一些计算机专家也曾警告，计算机病毒是有可能存在的，但科恩是第一个真正通过实践记录计算机病毒的人。在大学老师的建议下，科恩在其1987年的博士论文中给出了计算机病毒的第一个学术定义，这也是今天公认的标准。科恩也因此被公认为计算机病毒之父。

1994年2月18日，我国正式颁布了《中华人民共和国计算机信息系统安全保护条例》，其第二十八条明确指出：“计算机病毒，是指编制或者在计算机程序中插入的破坏计算机功能或者毁坏数据，影响计算机使用，并能自我复制的一组计算机指令或者程序代码。”

2．计算机病毒的特征

（1）破坏性。

破坏性是计算机病毒的主要特征。计算机病毒发作时的主要表现为占用系统资源、干扰运行、破坏数据或文件，严重的还能破坏整个计算机系统和损坏部分硬件，甚至造成网络瘫痪，产生极其严重的后果。

（2）传染性。

传染性是计算机病毒最重要的特征，是判断一段程序代码是否为计算机病毒的依据。病毒程序一旦侵入计算机系统就开始搜索可以传染的程序或存储介质，然后通过自我复制迅速传播。只要一台计算机染毒，如果不及时处理，那么该病毒会在这台机器上迅速扩散，大量文件（一般是可执行文件）会被感染，而被感染的文件又成了新的传染源。由于计算机网络日益发达，现如今病毒可以在极短的时间内，通过Internet传遍世界。

（3）潜伏性。

大部分的病毒在感染系统之后一般不会马上发作，它们可以长期隐藏在系统中，只有满足特定条件时才会启动表现（破坏）模块。例如，“PETER-2”在每年的2月27日会提出三个问题，用户答错后硬盘会被加密。著名的“黑色星期五”在13日且是星期五时发作。病毒的潜伏性越好，它在系统中存在的时间也就越长，病毒传染范围也就越广，危害性也就越大。

（4）隐蔽性。

病毒一般是具有很高编程技巧、短小精悍的程序。通常附在正常程序上或存在于磁盘较隐蔽的地方，也有个别的以隐含文件的形式出现。系统在被病毒感染后，一般情况下，用户是感觉不到病毒的存在的，只有在病毒发作并出现不正常反应时用户才会知道。

（5）不可预见性。

病毒相对于防毒软件永远是超前的，从理论上讲，没有任何杀毒软件能将所有的病毒消除。另外，计算机病毒在传染过程中还会产生变种，这些小小的变化可能带来更大的破坏。

（6）非授权可执行性。

病毒先获取系统的操控权，然后在没有得到用户许可的时候运行，进行破坏行动。

（7）表现性。

病毒的表现性可能是在弹出的窗口中显示某张图片、某段文字或播放一段音乐，也可能是破坏计算机系统、格式化硬盘、阻塞网络运行或毁坏硬件等。

（8）可触发性。

绝大部分病毒会设定发作条件。这个条件可以是日期、键盘的点击次数，或者是某个文件的调用。其中，以日期作为发作条件的病毒居多。例如，CIH病毒的发作条件是4月26日；“欢乐时光”病毒的发作条件是“月+日=13”，如5月8日、6月7日等。

3．常见的计算机病毒

（1）千面人病毒。

千面人病毒可怕的地方在于，每当它们“繁殖”一次，就会以不同的病毒码传染到别的地方去。每一个中毒文件所含的病毒码都不一样，对于扫描固定病毒码的防毒软件来说，这无疑是一个严峻的考验！例如，感染PE_Marburg病毒后的3个月，计算机桌面上就会出现一堆任意排序的“X”符号。

（2）宏病毒。

宏病毒主要是利用软件本身所提供的宏能力来设计病毒的，所以凡是具有写宏能力的软件都有宏病毒存在的可能，如Word、Excel等。梅丽莎病毒是运用Word的宏运算编写的一个计算机病毒，其主要通过邮件传播，尽管这种病毒不会删除系统文件，但它引发的大量电子邮件会阻塞电子邮件服务器，使之瘫痪。

（3）特洛伊木马病毒和计算机蠕虫病毒。

特洛伊木马病毒是一种恶意程序，在宿主机器上悄然运行，会在用户毫无察觉的情况下，让攻击者获得远程访问和控制权限。典型的特洛伊木马病毒有灰鸽子、网银大盗等。

计算机蠕虫病毒是指某些恶性程序代码会像蠕虫一样在计算机网络中爬行，从一台计算机爬到另一台计算机中。特洛伊木马病毒和计算机蠕虫病毒之间，有某种程度上的依附关系，越来越多的病毒同时具备这两种病毒的破坏力，造成双倍的破坏。例如，“探险虫”病毒。它会覆盖局域网上远程计算机中的重要文件（此为特洛伊木马病毒的特性），并且会透过局域网将自己安装到远程计算机上（此为计算机蠕虫病毒的特性）。

（4）黑客病毒。

黑客软件本身并不是一种计算机病毒，它实质上是一种通信软件，而不少别有用心的人却利用它的特点来通过网络非法进入他人计算机系统，获取或篡改各种数据，危害信息安全。正是由于黑客软件直接威胁广大网民的数据安全，而网民很难手动对其进行防范，各大反病毒厂商纷纷将黑客软件纳入病毒查杀范围，利用杀毒软件将黑客从用户的计算机中驱逐出去，从而保护了用户的网络安全。黑客病毒的前缀名一般为“Hack”，它有一个可视的界面，能对用户的计算机进行远程控制。木马、黑客病毒往往是成对出现的，即木马病毒负责侵入用户的计算机，而黑客病毒则会通过该木马病毒来进行控制。现在，这两种类型的病毒越来越趋向于整合了。

（5）间谍病毒。

国际电信联盟和多家计算机安全公司于 2012 年发现了一种破坏力巨大的计算机恶意软件，它是一种复杂的计算机病毒，名为“火焰”。这种病毒的可怕之处在于它的间谍功能。感染该病毒的计算机将自动分析使用者的上网规律，记录用户密码，自动截屏并保存一些文件和通信信息，甚至可以暗中打开传声器（麦克风）进行录音等，然后再将窃取到的这些资料发送给远程操控该病毒的服务器。

（6）后门病毒。

后门病毒的前缀是“Backdoor”。该类病毒是通过网络传播的，给系统开后门，给用户计算机带来安全隐患。2004 年年初，IRC 后门病毒开始在全球网络中大规模出现。该病毒的危害有两个方面：一方面有潜在的泄露本地信息的风险；另一方面出现在局域网中使网络阻塞，影响正常工作，从而造成损失。

（7）勒索病毒。

勒索病毒是一种新型计算机病毒，黑客用它来攻击用户计算机，对计算机内部的信息、资源进行加密，并以解密为交换条件对用户进行钱财勒索。它收取赎金时一般通过“比特币”交易，金额为 300~600 美元，目的在于隐藏黑客身份。该病毒主要以邮件、程序木马、网页挂马的形式进行传播。WannaCry是一种“蠕虫式”的勒索病毒，2017年5月15日，WannaCry至少使150个国家受到网络攻击，影响到金融、能源、医疗等行业，产生了严重的危机管理问题。我国部分Windows操作系统用户遭受勒索，校园网用户首当其冲，受害严重，大量实验室数据和毕业设计文件被锁定加密。

4．计算机病毒的危害及传播途径

（1）计算机病毒的危害。

计算机病毒可以造成计算机内存被大量占用，从而导致系统资源匮乏，进而导致死机；可以对文件进行重命名、删除、替换内容、颠倒或复制内容等；可以破坏硬盘中存储的数据、破坏系统数据区，影响操作系统正常运行。病毒一旦被激活，就会不停地运行，占用大量系统资源，降低运行速度。

（2）计算机病毒的传播途径。

一是通过不可移动的计算机硬件设备传播。其中，计算机的专用集成电路（ASIC）芯片和硬盘为病毒的重要传播媒介。通过ASIC芯片传播的病毒极为少见，但是破坏力极强，一旦遭受病毒侵害就会直接损坏计算机硬件。硬盘是计算机数据的主要存储介质，因此也是感染计算机病毒的主要区域。

二是通过移动存储设备传播。更多的计算机病毒逐步转为利用移动存储设备进行传播。移动存储设备包括我们常见的软盘、磁带、光盘、移动硬盘、U盘（含数码相机、MP3等）。其中，U盘携带方便、使用广泛、移动频繁，因此成为计算机病毒寄生的“温床”。光盘的存储容量大，所以大多数软件都刻录在光盘上，以便互相传递；同时，盗版光盘上的软件和游戏及非法复制品也是目前传播计算机病毒的主要途径。随着移动硬盘、可擦写光盘等大容量可移动存储设备的普遍使用，这些存储介质也将成为计算机病毒寄生的场所。

三是通过网络传播。飞速发展的网络已经成为计算机病毒传播的重要通道，主要有Internet传播和局域网传播两种。

Internet既方便又快捷，为人们广泛使用。病毒通过发送/接收电子邮件、浏览网页、下载软件、使用即时通信软件、玩网络游戏等迅速传播。其中，利用电子邮件的附件传播最为常见。此外，随着电子商务的发展，“钓鱼”网站出现，其内含的木马病毒，利用操作系统和第三方软件中存在的安全漏洞来进行攻击，如建立假冒网站或发送含有欺诈信息的电子邮件，盗取网上银行、网上证券或其他电子商务用户的账户、密码，从而窃取用户资金。

局域网是由相互连接的一组计算机组成的，如果发送的数据感染了计算机病毒，则接收方的计算机将自动被感染，整个网络中的计算机也因此会在极短的时间内染上病毒。

2.1.3 更上层楼：计算机病毒的预防

操作步骤

（1）安装反病毒软件和防火墙，并及时更新。经常对硬盘进行病毒检查，及早发现，及时清除。尤其是当发现计算机运行出现异常现象时，一定要马上查杀病毒。

（2）坚持日常扫描。

（3）谨慎对待来历不明的软件、电子邮件等，不要点击不明电子邮件中的链接或附件。

（4）对于可移动的存储设备（如U盘），在使用前最好使用反病毒软件进行检查。

（5）重要数据和文件定期做好备份，以减少损失。

（6）慎用Outlook的图像预览功能。

（7）采用正确的网页访问方式，手动输入希望访问的网页实际地址，个人信息的输入也应该采用同样的方法。

（8）一旦发现病毒，就应该立即着手进行消除，而且不只对发现了病毒的文件进行病毒消除，还要对那些可疑的或者无法确认安全的内容进行检测。

2.2 360杀毒软件

“360杀毒”作为一款免费的云安全杀毒软件，其在检测、查杀病毒和木马、拦截广告、预防新诈骗方式等方面提供了全面、快速的服务，是一款查杀率高、资源占用少、交互体验好、纯净的安全工具。尤其是它的一键扫描功能，能快速、全面地诊断系统安全状况和健康程度，并能够精准修复。

2.2.1 牛刀小试：快速扫描

大多数年轻人喜欢上网下载电影、歌曲或玩网络游戏，那么养成良好的安全防护习惯至关重要。如果发现计算机异常，则一定要及时杀毒。360杀毒极速版（版本为7.0）主窗口的“快速扫描”功能能对用户的系统设置、常用软件、内存活跃程序、开机启动项及磁盘文件进行立体化检测，及时发现病毒并修复由病毒、木马及其他问题引起的系统异常。

操作步骤

（1）如图2-1所示，在“360杀毒”软件主窗口中，单击下方的“检查更新”链接，弹出如图2-2所示的显示升级进度的“360杀毒-升级”对话框。升级完毕后，单击主窗口中的“快速扫描”按钮，在新出现的“360 杀毒-快速扫描”窗口中，我们可以看到扫描的各个阶段，如图 2-3 所示。

图 2-1　“360 杀毒”软件主窗口

图 2-2　“360 杀毒-升级”对话框

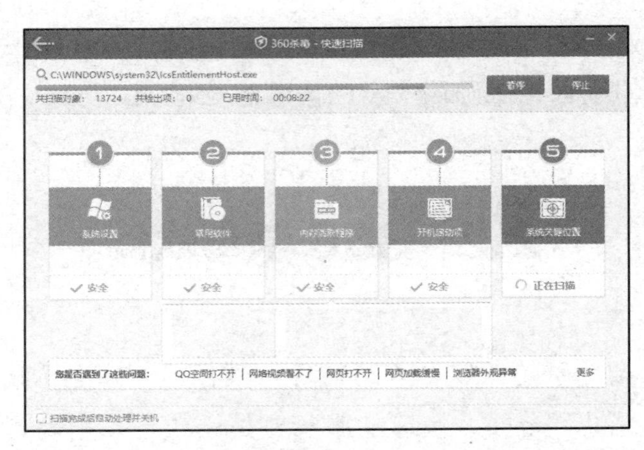

图 2-3　“360 杀毒-快速扫描”窗口

（2）扫描完毕后，勾选待处理项前的复选框，单击“立即处理”按钮，如图 2-4 所示，完成杀毒操作。如果没有发现病毒，则该软件会提示未发现任何安全威胁，如图 2-5 所示。

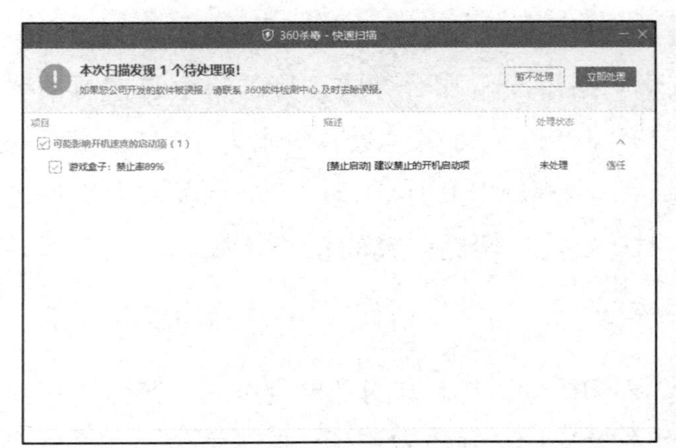

图 2-4　显示待处理项

图 2-5　提示未发现任何安全威胁

2.2.2 知识导航

1. 360 杀毒软件的设置

我们通常对 360 杀毒软件采用默认设置，如登录 Windows 操作系统后自动启动 360 杀毒软件、自动升级病毒库及主程序、发现病毒时由用户选择处理等。在“360 杀毒”软件主窗口中，单击“设置”按钮，进入设置界面，根据需要自行设置，如图 2-6 所示。

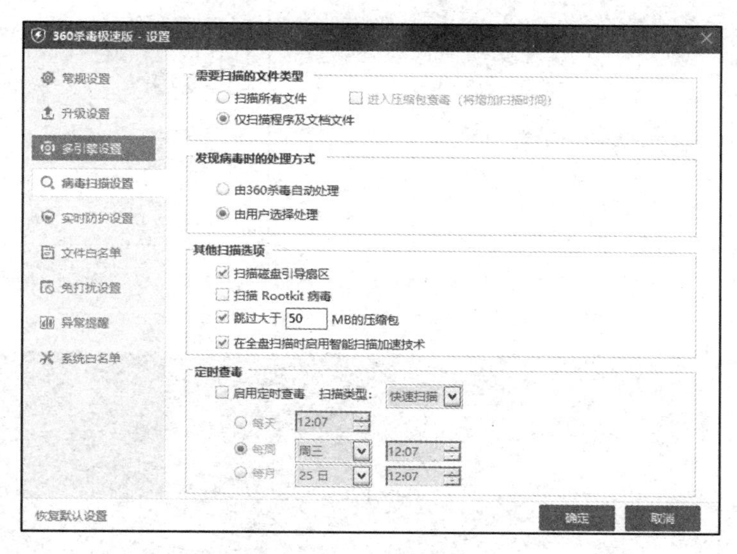

图 2-6　360 杀毒软件的设置界面

2. 病毒查杀

根据不同需求，360 杀毒软件提供了三种病毒扫描方式：快速扫描、全盘扫描和自定义扫描，如表 2-1 所示，计算机用户可选择不同的扫描方式对计算机中的文件进行扫描。

表 2-1　三种扫描方式对比

扫描方式	含　义
快速扫描	快速扫描方式会以最快的速度扫描系统设置、常用软件、内存活跃程序、开机启动项、系统关键位置（如 Windows 系统目录及 Program Files 目录）等，可节约扫描时间
全盘扫描	全盘扫描方式比快速扫描方式更彻底，但耗费时间较长，占用系统资源较多，除扫描引导区、内存外，还会扫描所有的磁盘文件
自定义扫描	自定义扫描方式仅扫描用户指定的目录或文件

除非选择定时查杀功能，软件才会根据设置自动进行查杀。在其他情况下，360 杀毒软件只有在得到用户的确认后，才会对计算机进行扫描。展开“快速扫描”按钮右边的下拉菜单，单击“全盘扫描”按钮即可对计算机的磁盘文件系统进行完整扫描；如果只需要对指定路径的文件进行病毒查杀，则可以单击“自定义扫描”按钮，如图 2-7 所示。在弹出的“选择扫描目录”对话框中，勾选“U 盘(F:)”复选框，如图 2-8 所示。

3．功能大全

单击“360 杀毒”软件主窗口右下方的“功能大全”按钮打开功能展示窗口，我们可以看到 360 杀毒软件拥有“系统安全”“系统优化”“系统急救”三大类功能、二十多种专业软件，用户无须再去寻找软件，就可以优化处理各类计算机问题了，如图 2-9 所示。

图 2-7　“全盘扫描”与“自定义扫描”按钮

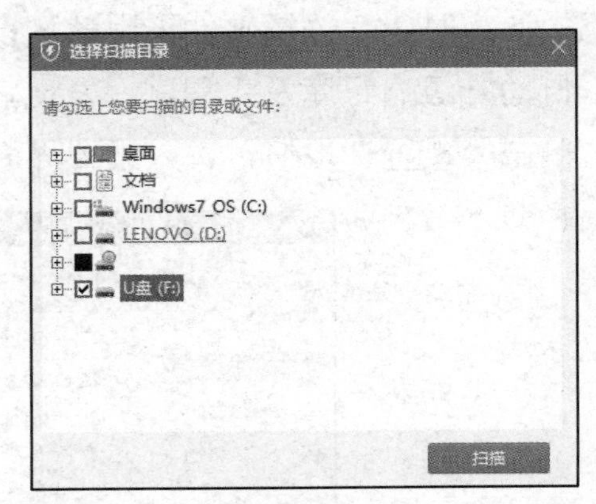

图 2-8　“选择扫描目录”对话框

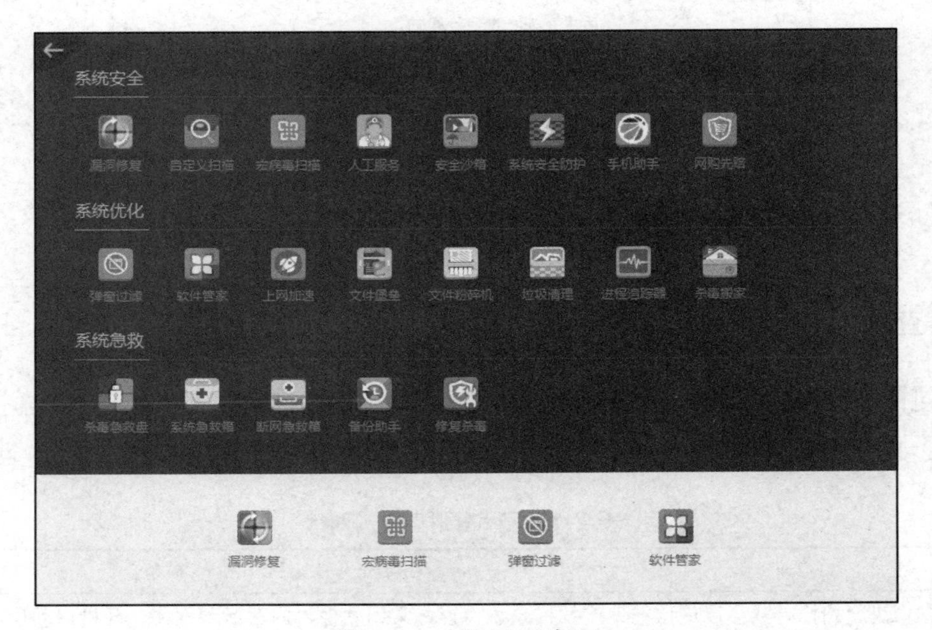

图 2-9　功能展示窗口

4．弹窗过滤

弹窗过滤功能针对当下系统及网页广告泛滥的情况，有效拦截各种软件弹窗、浏览器弹窗、网页广告，还计算机用户一个清净的使用环境。

单击功能展示窗口或主窗口右下方的“弹窗过滤”按钮，即可打开“360 弹窗过滤器”开启窗口，如图 2-10 所示，单击右侧的“开启过滤”按钮，即可以过滤弹窗、净化计算机使用环境，如图 2-11 所示。同时，在打开“360 弹窗过滤器”窗口后，我们能清晰地看到广告来源及软件名称。

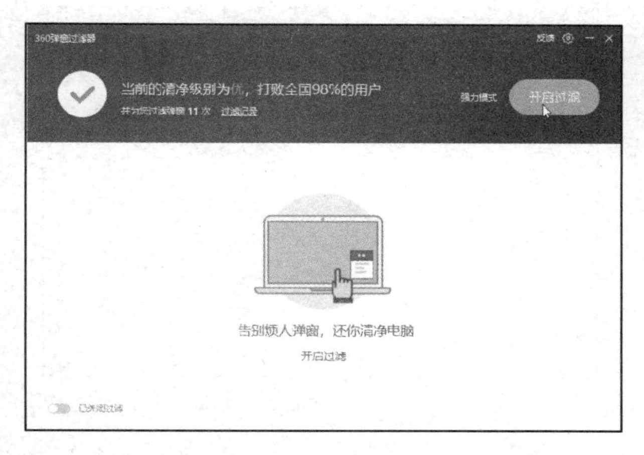

图 2-10 “360 弹窗过滤器”开启窗口

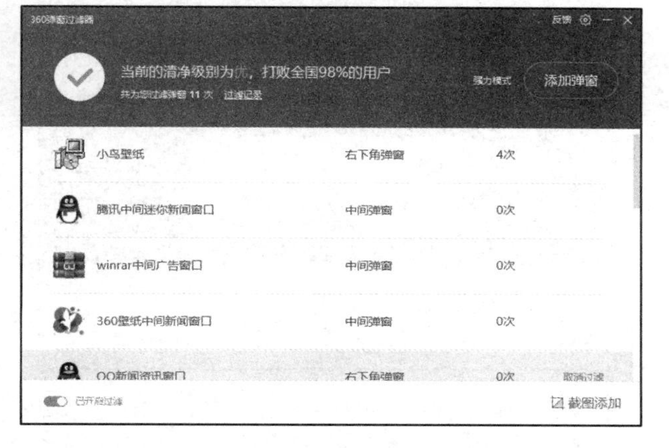

图 2-11 “360 弹窗过滤器”窗口

在对弹窗进行过滤时，用户可单击“360 弹窗过滤器”窗口右上角的“设置”按钮打开设置对话框，如图 2-12 所示，可以根据不同需求进行勾选设置。

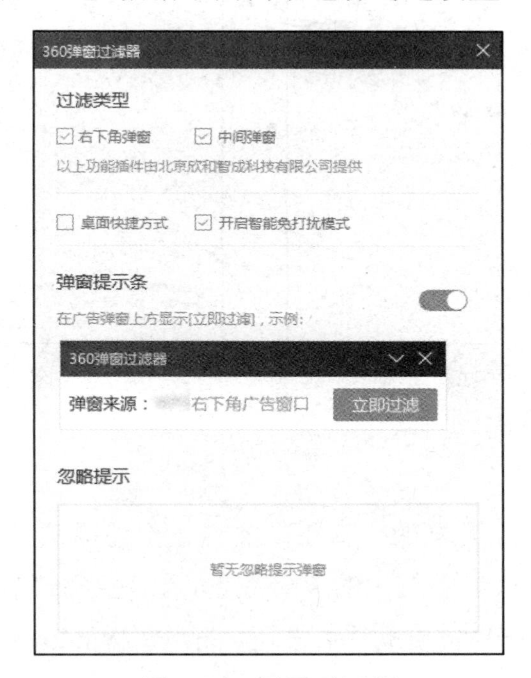

图 2-12 设置对话框

5．宏病毒扫描

Office 是非常普及的办公软件，不少用户在文件操作时会遇到不能正常打印、文件存储路径被封闭或改变、文件名被改、文件的有关菜单被封闭等问题。在某单位内部网络中进行文档传送时，一旦有一台计算机出现了上述问题，病毒往往很快就在此单位的全部计算机上传播了，这就是宏病毒的危害。因此，及时查杀宏病毒尤为重要。

对计算机进行宏病毒查杀前，要注意先关闭所有的 Office 文件，然后单击“360 杀毒”软件主窗口右下方的“宏病毒扫描”按钮。如图 2-13 所示，在弹出的提示框中单击“确定”按钮。这时计算机开始扫描宏病毒，如图 2-14 所示。

图 2-13　确定保存并关闭了已打开的 Office 文档

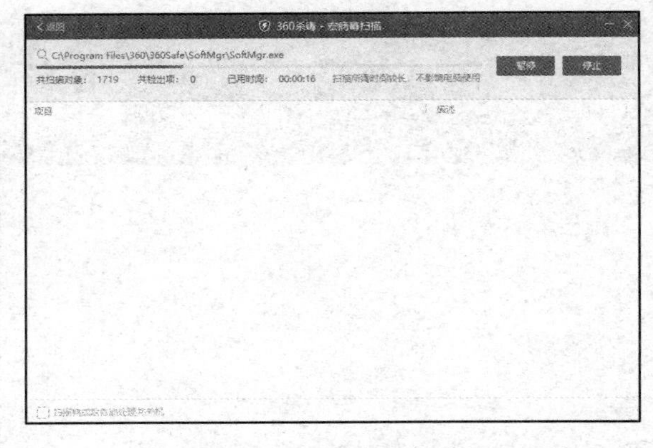

图 2-14　宏病毒扫描

若发现宏病毒，则会显示待处理项，如图 2-15 所示。单击“立即处理”按钮，最后会弹出处理结果，如图 2-16 所示。

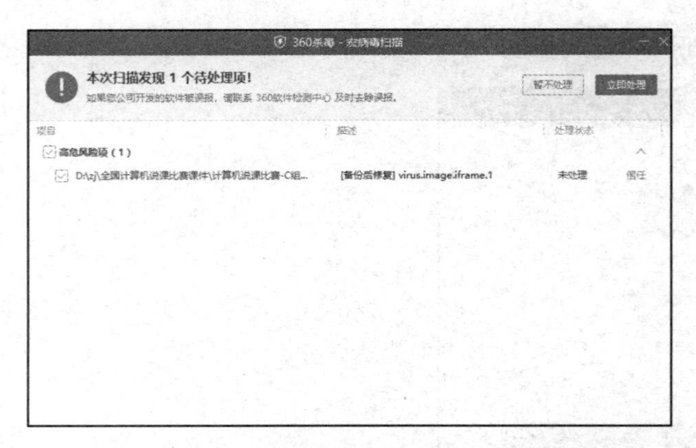

图 2-15　显示待处理项

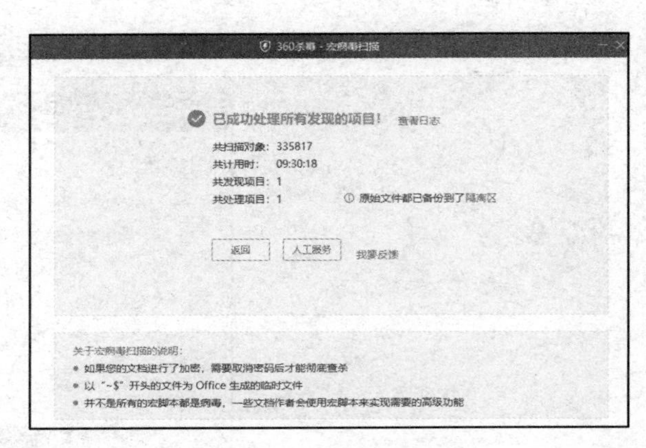

图 2-16　处理结果

6．备份助手

Windows 备份助手是 360 开发的一款系统文件备份还原工具，帮助用户对系统的一些重要文件进行便捷备份，快速修复系统中的重要数据，以免系统出现问题造成不必要的损失。

在功能展示窗口中，单击“备份助手”按钮，打开“Windows 备份助手”窗口，如图 2-17 所示。

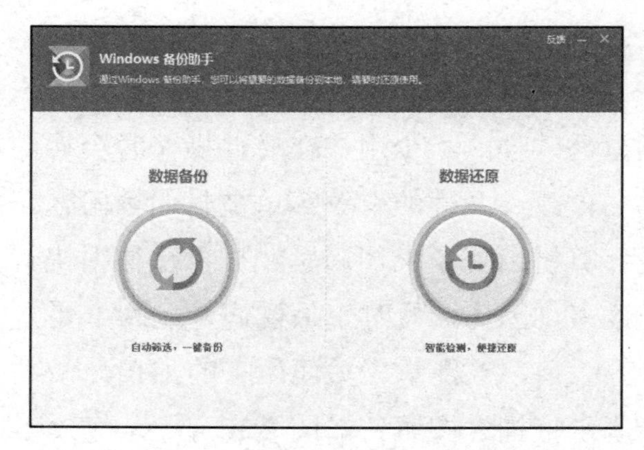

图 2-17　“Windows 备份助手”窗口

单击“数据备份”按钮，程序自动列出目前计算机中可以备份的数据，包括对应的数据大小，这时选择需要的数据即可备份到本地磁盘，如图 2-18 所示；同时，在窗口下方，备份助手会显示建议备份路径、可用空间、已选备份数据大小等信息。

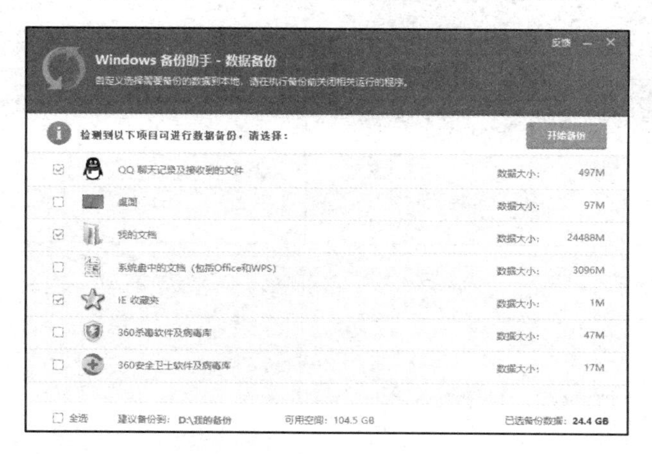

图 2-18 数据备份窗口

单击“数据还原”按钮，在打开的窗口中程序会显示最近一次的备份信息，如果想还原其他数据，则单击“选择其他备份数据”链接，如图 2-19 所示，手动选择历史备份集文件（以.bxp 为后缀的文件）进行还原，如图 2-20 所示。

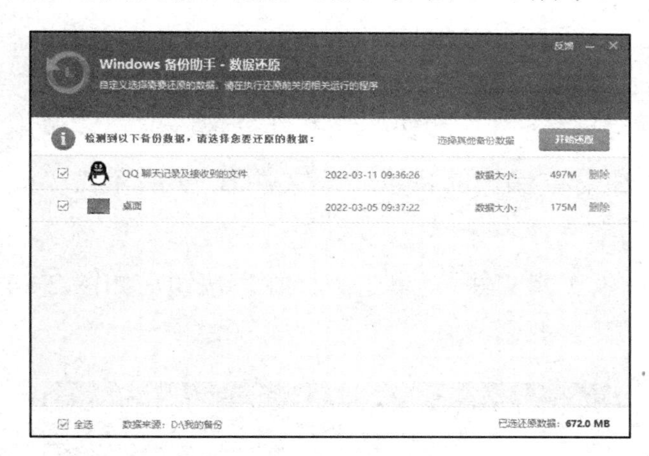

图 2-19 “数据还原”窗口

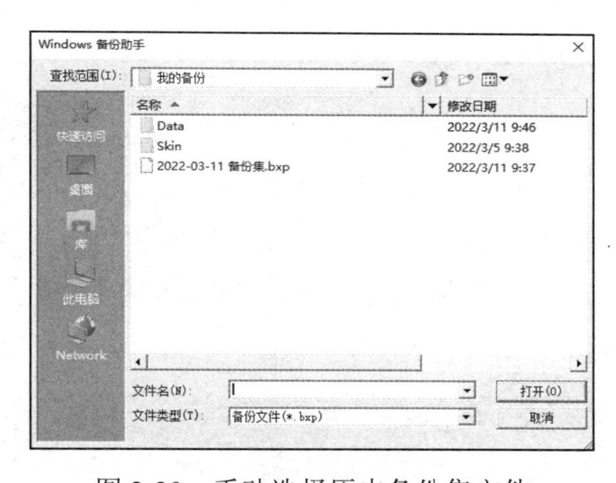

图 2-20 手动选择历史备份集文件

7. 360 恢复区

360 恢复区是一个非常安全的病毒文件“仓库”，在这里的病毒文件不会以任何方式被运行。通常我们对 360 杀毒软件设置自动处理病毒，并将原始文件保留在恢复区备份。

单击主窗口的“隔离风险”按钮，如图 2-21 所示，打开“360 恢复区”窗口，勾选被隔离文件选项，单击选项右侧的“恢复”按钮，可将该文件恢复到原来的目录中，或者恢复到指定的目录中；如果单击“删除”按钮，则该文件从隔离系统中删除；如果单击“清空恢复区”按钮，则会删除所有被隔离的文件，如图 2-22 所示。

图 2-21　隔离风险

图 2-22　“360 恢复区”窗口

2.2.3　更上层楼：文件“助手”

在日常办公中，有些文档、照片或视频等资料至关重要，为避免被用户误删除，可以开启保护措施，将重要文件或目录放入“文件堡垒”中。而对于需要处理的绝密文件，Windows 自带的文件删除功能并不彻底，文件被删除后，仍然可以通过一些工具进行恢复。“文件粉碎器”可以实现彻底删除。

操作步骤

（1）在“360 杀毒”软件主窗口中，单击“功能大全”按钮，打开功能展示窗口，单击“文件堡垒”按钮，在“文件堡垒”对话框中添加需要保护的目录（或文件），然后单击“添加目录”（或“添加文件”）按钮，如图 2-23 所示。

（2）当不需要保护时，选择不需要保护的目录（或文件），单击“移除”按钮，如图 2-24 所示。

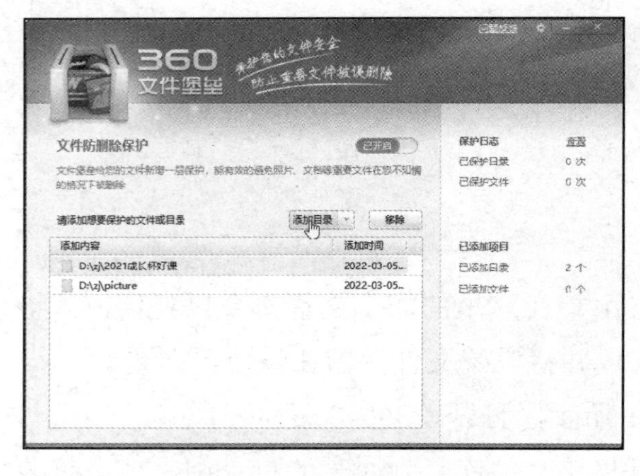

图 2-23　添加保护目录

图 2-24　移除保护目录

（3）单击功能展示窗口中的“文件粉碎机”按钮。

（4）在“文件粉碎机”窗口中，单击左下方的“添加文件”按钮，在弹出的对话框中勾选需要粉碎文件的复选框，如图 2-25 所示。

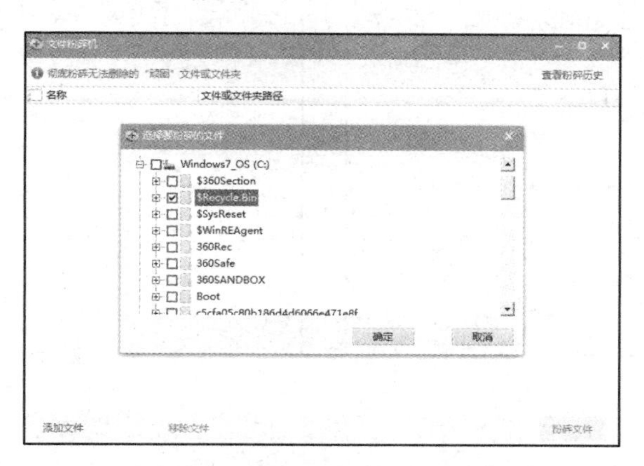

图 2-25　添加粉碎文件

（5）单击“确定”按钮后，需要粉碎的文件就列在粉碎机的任务栏中了。如果出现误选，则可以勾选该文件复选框，单击窗口下方的“移除文件”按钮移除文件；如果确认需要删除，则单击窗口右下方“粉碎文件”按钮即可。

注意：文件粉碎机删除的文件，即使使用反删除工具也无法恢复。

2.3　360 安全卫士

通常除了杀毒软件，我们还需要安装 360 安全卫士和防火墙，组成系统的安全防线。360 安全卫士是一款免费的安全类上网辅助工具，依托 360 安全大脑的大数据、人工智能、云计算、IoT 智能感知、区块链等新技术，可以实现查杀木马、清理插件、修复漏洞、反勒索服务、过滤弹窗、计算机加速、系统清理、安全维护等功能，涉及安全、数据、网络、系统、游戏、实用等方面，提供了集免疫、防御、查杀、解密、赔付于一体的完整解决方案。

2.3.1　牛刀小试：查杀木马

小张的计算机很忙，每天挂在网上，还经常使用外来资源，QQ 号曾被盗号木马盗过。现在她养成了一个习惯，每天一开机就先给计算机做个体检，每周至少做一次木马查杀。

操作步骤

（1）启动 360 安全卫士，在默认界面“我的电脑”中，单击“立即体检”按钮，如图 2-26 所示。体检可以全面检查计算机的各项状况，并会提供优化意见，小张就根据这份意见对计算机做了一些必要的维护。例如，木马查杀、系统修复等。单击“一键修复”按钮能自动修复大多数问题，如图 2-27 所示。定期体检可以有效地保持计算机的健康。

图 2-26 “我的电脑”界面

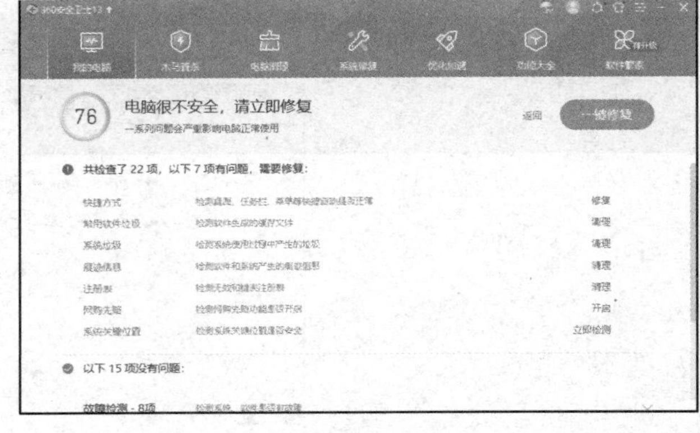

图 2-27 体检结果

（2）木马是具有隐藏性的、自发的、可被人恶意利用的程序，它通常作为一种工具被操纵者用来控制用户的计算机，不但会篡改用户的计算机系统文件，还会使一些重要的信息泄露，因此定期查杀木马非常重要。

在 360 安全卫士的“木马查杀”界面中，单击“快速查杀”按钮，如图 2-28 所示，对默认的关键位置进行扫描。一般来说，常规模式扫描“占用电脑性能较多”，若需要计算机流畅地工作，则可以单击“节能模式”按钮，切换查杀模式，如图 2-29 所示。

图 2-28 “木马查杀”界面

图 2-29 切换查杀模式

（3）扫描完成后，系统显示扫描结果，如图 2-30 所示。如果有木马，则单击“立即处理”按钮进行清除，而且为了防止被木马反复感染，应立刻重启计算机。

图 2-30 扫描结果

2.3.2 知识导航

除了计算机体检和查杀木马，360 安全卫士还提供了计算机清理、系统修复、优化加速、软件管家等功能。

1. 计算机清理

我们经常浏览网页、观看视频等，会产生很多垃圾文件和使用痕迹。如果长期不清理，则越来越多的垃圾文件会影响系统的运行速度，使用痕迹会泄露隐私。因此，建议定期清理垃圾文件，除手动清理外，我们还常用软件来完成清理工作。这样可清理无用的垃圾文件、上网痕迹和各种插件等，使计算机更快、更干净、更安全。

在 360 安全卫士的“电脑清理”界面中，可以单击“一键清理”按钮，也可以针对计算机中存在的问题分别进行清理垃圾、清理插件、清理痕迹、清理软件、系统盘瘦身等单项清理，如图 2-31 所示。

图 2-31 “电脑清理”界面

单击界面右下方的“经典版清理”按钮，可进入如图 2-32 所示的界面；单击“自动清理”按钮，可以在“自动清理设置”对话框中设置清理方式、清理内容等，如图 2-33 所示。

图 2-32 “经典版电脑清理”界面

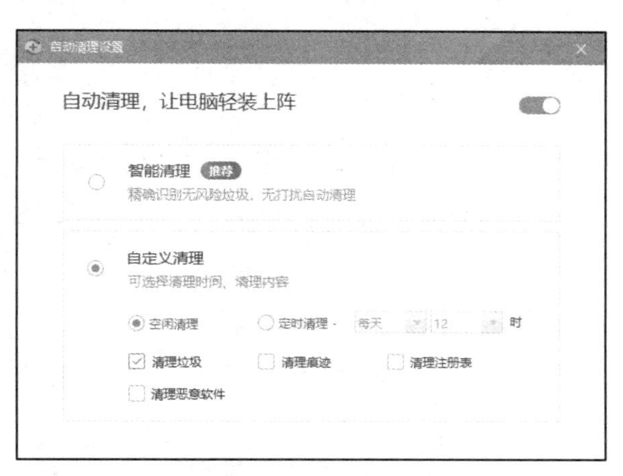

图 2-33 “自动清理设置”对话框

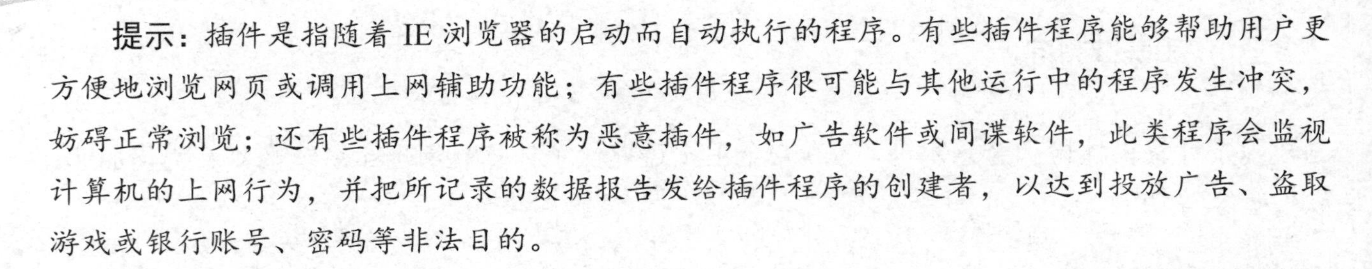

提示：插件是指随着IE浏览器的启动而自动执行的程序。有些插件程序能够帮助用户更方便地浏览网页或调用上网辅助功能；有些插件程序很可能与其他运行中的程序发生冲突，妨碍正常浏览；还有些插件程序被称为恶意插件，如广告软件或间谍软件，此类程序会监视计算机的上网行为，并把所记录的数据报告发给插件程序的创建者，以达到投放广告、盗取游戏或银行账号、密码等非法目的。

2．系统修复

在使用计算机的过程中，当语言栏突然消失、游戏中弹出各种报错信息、浏览器突然崩溃，以及一些程序在操作系统中出现增加插件/控件、右键弹出菜单改变等问题时，都可以使用360安全卫士的“系统修复”功能进行处理。在“系统修复”界面中能进行常规修复、漏洞修复、软件修复、驱动修复和系统升级等多种单项修复，如图2-34所示。单击“一键修复”按钮可以修复漏洞、修复系统故障、及时更新补丁和驱动程序，扫描完成后，可根据需要选择可选项进行修复，如图2-35所示。

图2-34　“系统修复”界面

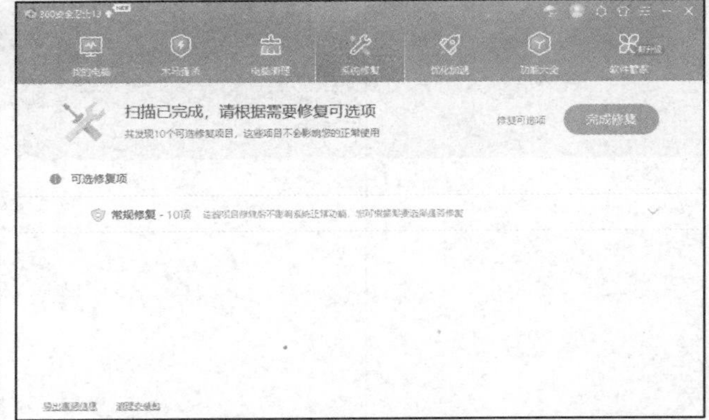

图2-35　选择可选项进行修复

提示：漏洞特指Windows操作系统在逻辑设计上的缺陷或在编写时产生的错误，攻击能够在未授权的情况下利用这些漏洞访问或破坏系统。系统漏洞可以被不法者或计算机黑客利用，通过植入木马、病毒等方式来攻击或控制计算机，从而窃取其中的重要资料和信息，甚至破坏系统。

操作系统在使用了一段时间后，一些程序在操作系统中会出现插件增多等问题，“常规修复”可以对此问题进行修复，“漏洞修复”则用于修复系统本身的缺陷。

注意：不需要的漏洞补丁可以不安装，否则会浪费系统资源，甚至导致系统崩溃。

3．优化加速

优化加速能够提升开机速度、网络运行速度，同时优化网络配置，提高硬盘传输效率，全面提升计算机性能。

在360安全卫士的“优化加速”界面中，单击“一键加速”按钮可以对计算机进行整体优化，也可以分别单击“开机加速”“软件加速”“网络加速”“性能加速”“启动项管理”等按钮进行专项优化加速，彻底解决计算机卡顿、运行速度慢的问题，如图 2-36 所示。

如果要进一步了解系统优化情况，则可以单击“优化记录”按钮进行查询，对于个别程序，可以单击“优化记录”列表相应选项后的“恢复启动”按钮启用，如图 2-37 所示。

图 2-36 “优化加速”界面

图 2-37 “优化记录”列表

4．软件管家

360 安全卫士的“软件管家”功能对用户需要的应用软件提供了全方位的管理，可以为常用软件分类，引导轻松选择、下载各种软件，还为升级和强力卸载各种应用软件提供了方便。在“360 安全卫士”主窗口中单击“软件管家”按钮即可进入“360 软件管家”界面。

（1）宝库。单击“宝库”按钮，进入“宝库”界面。这里首先有对精品软件的推荐，如软件榜单、装机必备等，也分类列举了最常用的软件，如 360 工具箱、聊天工具、视频软件、浏览器、办公软件等。单击“全部软件”选项，显示 360 软件管家所管理的所有软件，在软件选项的右边有“一键升级”“立即开启”“一键安装”“安装”按钮，对于显示“一键安装”按钮的软件，当光标悬停时还会出现“去插件安装”按钮，我们一般选择“去插件安装”，当单击“一键安装”或“安装”按钮右侧的下拉箭头按钮时，会出现下拉菜单，用户可根据需要进行选择，如图 2-38 所示。在列出的软件选项中，如果右侧按钮为“一键升级”，则光标移至此按钮时，其会变为“去插件升级”，为避免插件过多的困扰，我们一般选择“去插件升级”，如图 2-39 所示。

（2）升级。如果想将所使用的软件升级至最新版本，获得更多新功能，杜绝第三方软件漏洞，可以勾选“全选”复选框，再单击“一键升级”按钮。如果用户在查看“爱奇异视频”的“新版功能”后，对这些功能不感兴趣，则也可以单击按钮左侧的“忽略此版本不再提示”按钮，这时再执行“一键升级”命令，就不再升级此软件，如图 2-40 所示。

（3）卸载。选择“卸载”选项卡，在这里可以卸载用户计算机上安装的应用软件，通过“安装时间”和“使用频率”可以看到某个软件的使用情况，勾选需要卸载的软件，如“优酷”，单击其右侧的“一键卸载”按钮即可，如图 2-41 所示。

图 2-38 “宝库”界面

图 2-39 “去插件升级”按钮

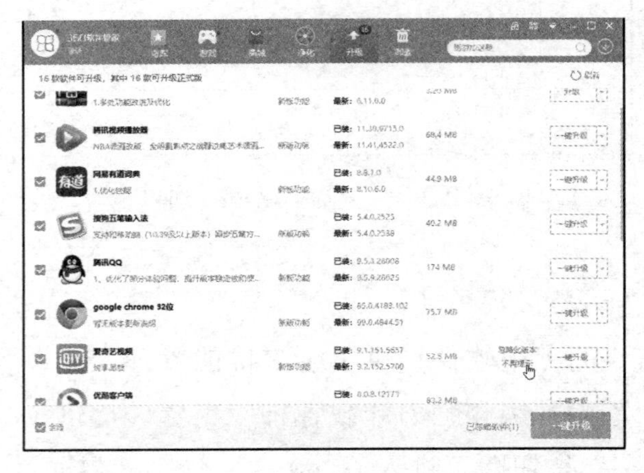

图 2-40 “升级”界面

图 2-41 “卸载”界面

2.3.3 更上层楼：实用功能

“主页被篡改”“出去玩的照片被误删”“计算机上不了网”……相信大家都遇到过此类问题。进入 360 安全卫士的“功能大全”界面，就能够找到轻松解决安全、数据、网络、系统、游戏等类计算机故障的方法，如图 2-42 所示。

图 2-42 “功能大全”界面

操作步骤

1. 修复浏览器主页

在“数据”选项卡中，单击“主页修复”按钮，进入“360 主页修复”界面，单击“开始扫描”按钮，如图 2-43 所示。软件会扫描系统中的活动木马、快捷方式、浏览器插件、可能影响主页锁定的软件等，扫描完成后就可以修复浏览器主页了，按照提示重启计算机即可。

图 2-43 “360 主页修复”界面

如果扫描后主页还未被修复，则可以单击反馈窗口中的“还没有解决”按钮，便可以使用系统急救箱进行检测，并打开解决方案网页。

2. “流量防火墙”

（1）设置。开启 360 加速球，瞬间排除干扰网速的因素。在“网络”选项卡中单击“流量防火墙”按钮，在“360 流量防火墙”界面中单击右上角的下拉三角按钮，弹出“流量防火墙设置”对话框。勾选“显示悬浮窗”复选框，开启 360 加速球，如图 2-44 所示。

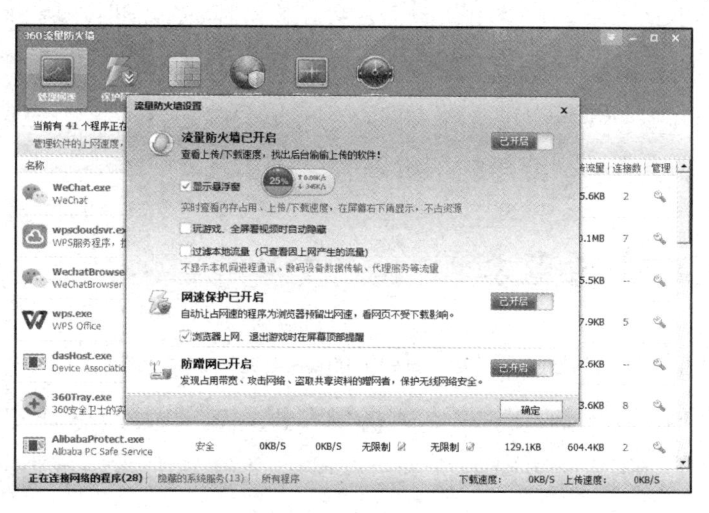

图 2-44 “流量防火墙设置”对话框

（2）防蹭网。“防蹭网”功能可以找出局域网内可疑的蹭网设备。在“360 流量防火墙”界面中单击“防蹭网”按钮，这时会显示正在使用同一网络的其他设备，如果不是允许的设备，则单击“修改密码”按钮，对路由器进行重新设置，如果是允许的设备，则可以“标记为已知”，如图 2-45 所示。

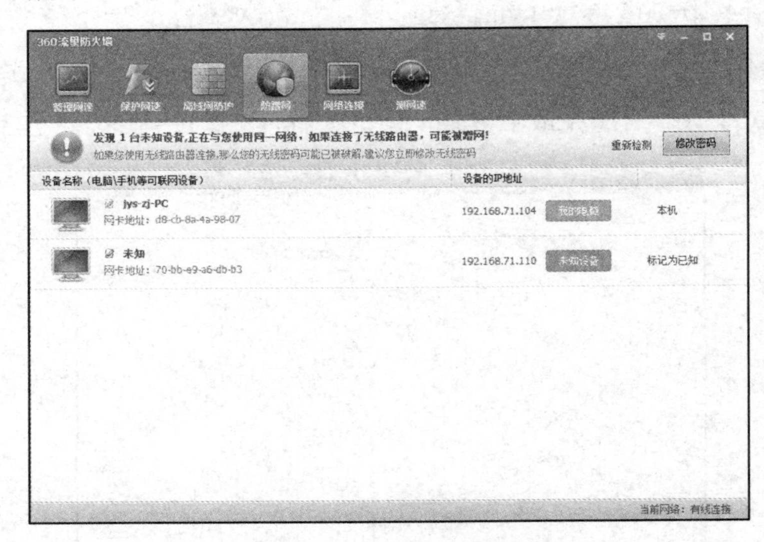

图 2-45　“防蹭网”界面

2.4　火绒安全

火绒安全是一款集杀、防、管、控于一体的安全软件，有面向个人和企业两种产品，并且针对国内安全趋势，自主研发了高性能反病毒引擎，具有界面简洁、干净轻巧、功能较为丰富等特点。

火绒安全有着强大的底层技术和先进的技术支撑，实现了反病毒、主动防御和防火墙三大模块的深度整合，构建起较为严密的多层次安全防御体系，拥有病毒查杀、防护中心、访问控制和安全工具四种基本功能。它的优点之一是轻巧，即系统资源占用极低，工作、游戏时一般不卡顿；二是干净，即不弹窗、不捆绑、不劫持浏览器。它不仅能拦截常见网页广告，还能过滤软件弹窗广告，是一款纯净的病毒防控软件。

2.4.1　牛刀小试：病毒查杀

火绒安全能够帮助安全工程师快速、精准地分析出病毒、木马、流氓软件的恶意行为，为安全软件的病毒库升级和防御程序的更新提供帮助，能在大幅提升安全工程师工作效率的同时，有效降低安全产品的误判和误杀行为。火绒安全最基本的病毒查杀功能包括全盘查杀、快速查杀和自定义查杀。

操作步骤

在桌面上双击“火绒安全软件”图标，启动火绒安全。

（1）在主窗口中，如图 2-46 所示，单击左下方的“病毒查杀”按钮，会显示全盘查杀、快速查杀、自定义查杀三种病毒查杀方式，如图 2-47 所示。全盘查杀比较费时，但更准确；在检查 C 盘（系统盘）时，为节省时间一般选择快速查杀；自定义查杀可以对指定位置查杀。

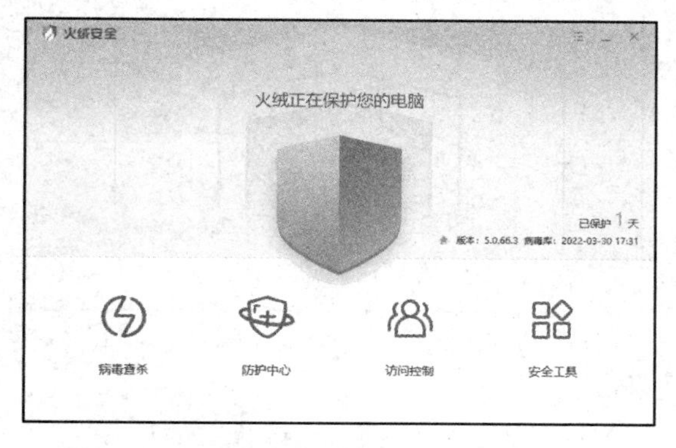

图 2-46　火绒安全软件主窗口

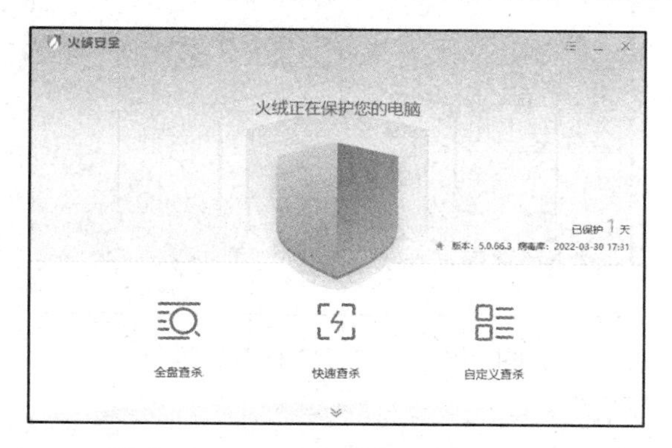

图 2-47　显示三种病毒查杀方式

（2）为了彻底查杀病毒，我们一般选择全盘查杀。单击“全盘查杀”按钮，打开“病毒查杀”窗口，如图 2-48 所示，窗口左上方有“常规”和“高速”两个选项卡。其中，“常规”扫描速度较慢，但不影响计算机运行速度；“高速”扫描速度快，但计算机性能会受到一定的影响。我们可以根据具体情况自行选择。

（3）有时我们也会对指定位置进行查杀，这时单击“自定义查杀”按钮，在弹出的“选择查杀目录”对话框中选择查杀位置，如图 2-49 所示。

图 2-48　“病毒查杀”窗口

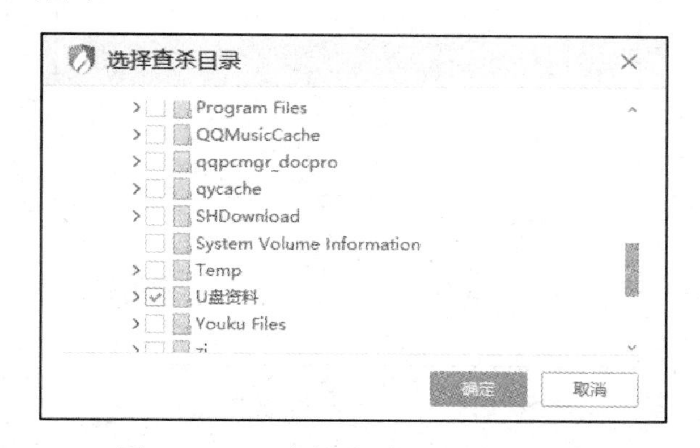

图 2-49　“选择查杀目录”对话框

2.4.2　知识导航

1．防护中心

火绒安全为用户提供了病毒防护、系统防护、网络防护三方面的防护，如图 2-50 所示。

内容包括文件实时监控、恶意行为监控、U 盘保护、下载保护、邮件监控、Web 扫描、系统加固、应用加固、软件安装拦截、网络入侵拦截、对外攻击拦截、横向渗透防护等方面，通常采用默认设置，即除“系统防护”选项中的“联网控制”外，其余防护全部开启，如图 2-51 所示。

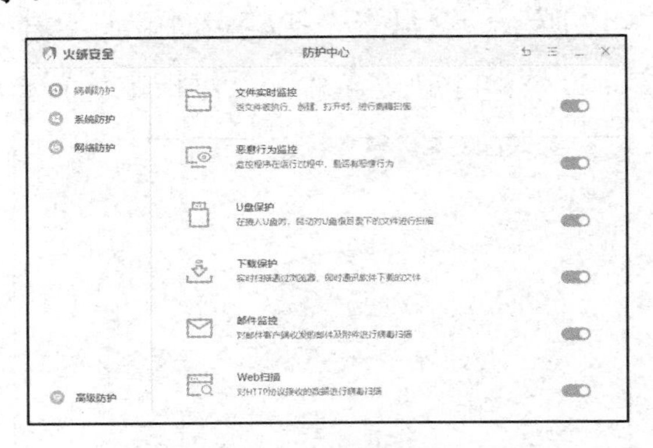

图 2-50　“防护中心”窗口

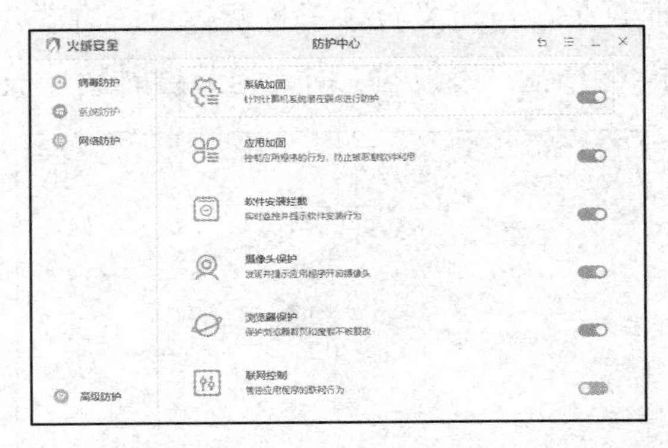

图 2-51　“系统防护”选项

2. 访问控制

一些用户对管理计算机的上网时间、累计时长及访问网站等有较高需求，火绒安全的“访问控制”模块提供了这方面的管理功能。例如，家长可以通过“上网时段控制”功能管理孩子的上网时间或累计上网时长。单击火绒安全主窗口中的“访问控制”按钮，打开“访问控制”窗口，如图 2-52 所示；然后单击“上网时段控制”按钮，在打开的窗口中对上网时段或累计时间进行控制，如图 2-53 所示。这样，可以避免孩子沉迷网络。

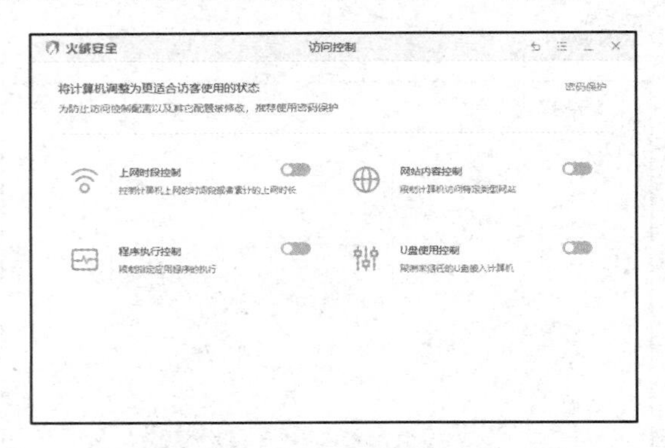

图 2-52　“访问控制”窗口

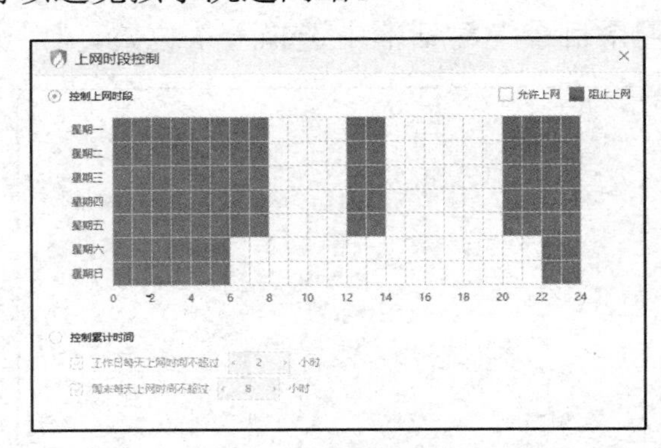

图 2-53　“上网时段控制”窗口

教师和家长可以通过“网站内容控制”功能管理学生或孩子浏览网页的内容，避免未成年人浏览不健康的信息，如图 2-54 所示。这两项内容设置完成后，应在“访问控制”窗口中开启控制按钮，如图 2-55 所示。

为防止上述设置被修改，火绒安全提供了密码保护功能，单击“访问控制”窗口右上方的“密码保护”按钮，打开“设置”窗口，勾选“开启密码保护”复选框，如图 2-56 所示；进入“密码设置”窗口，输入密码，再勾选“访问控制”复选框，如图 2-57 所示。

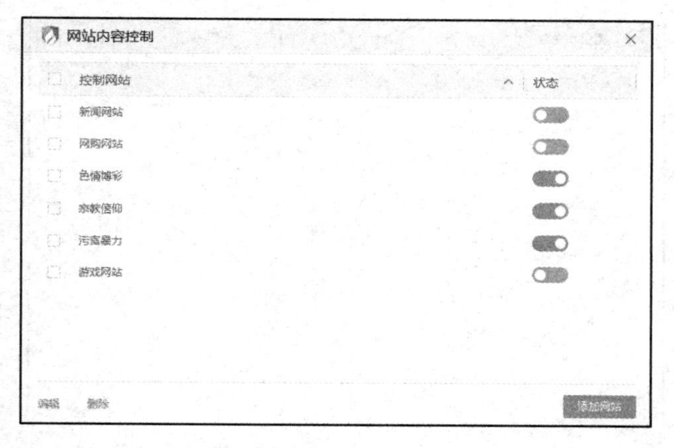

图 2-54 “网站内容控制”窗口

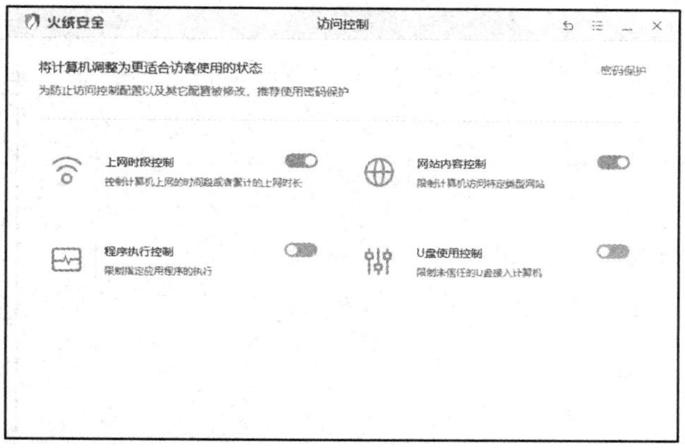

图 2-55 开启控制按钮

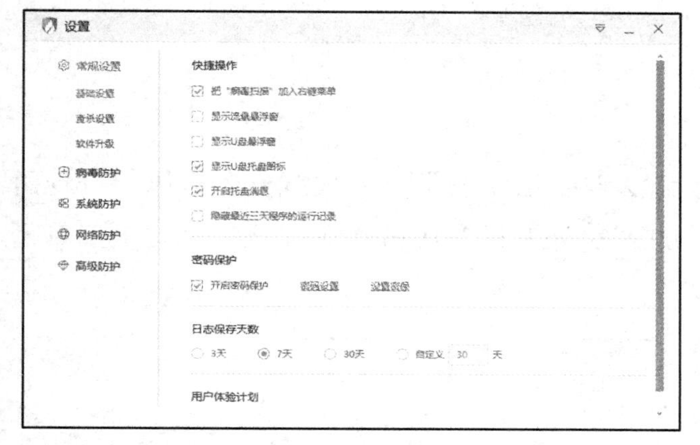

图 2-56 “设置”窗口

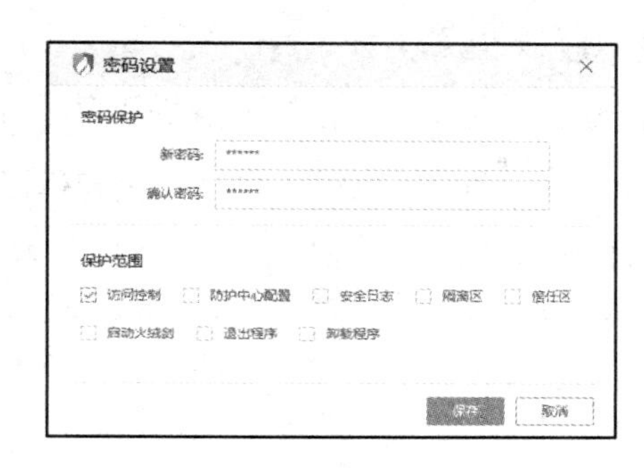

图 2-57 “密码设置”窗口

根据提示设置密保，一步步完成操作即可，如图 2-58、图 2-59 所示。

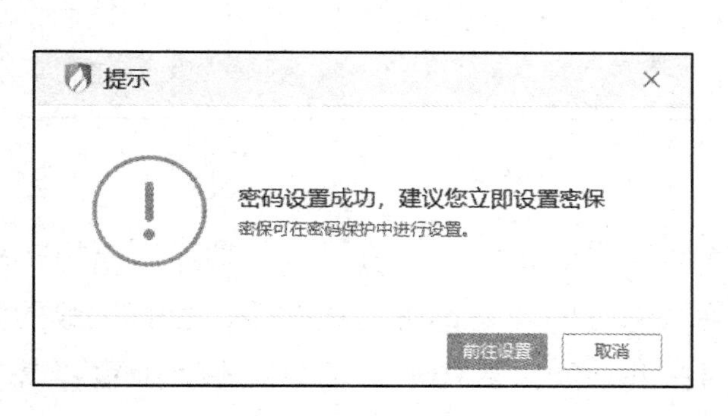

图 2-58 “提示”窗口

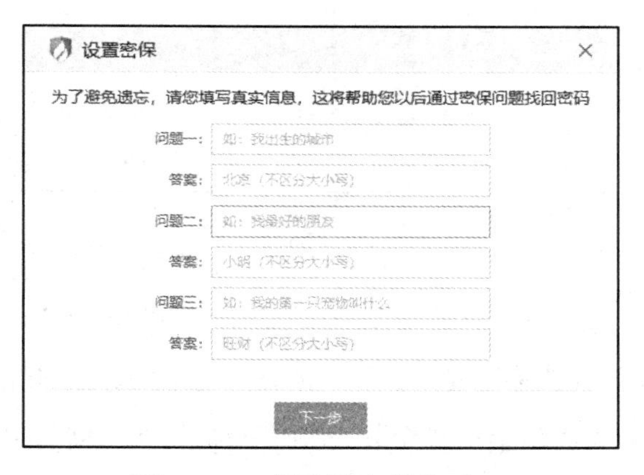

图 2-59 “设置密保”窗口

另外，为了避免来历不明的 U 盘给计算机带来风险，我们可以对用户信任的某个 U 盘添加信任，而其余 U 盘则不能插入此计算机。在“访问控制”窗口中，单击“U 盘使用控制”按钮，如图 2-60 所示；接着插入 U 盘，单击“添加设备”按钮，如图 2-61 所示，勾选信任的设备前的复选框；然后单击“信任 U 盘”按钮即可，如图 2-62 所示。

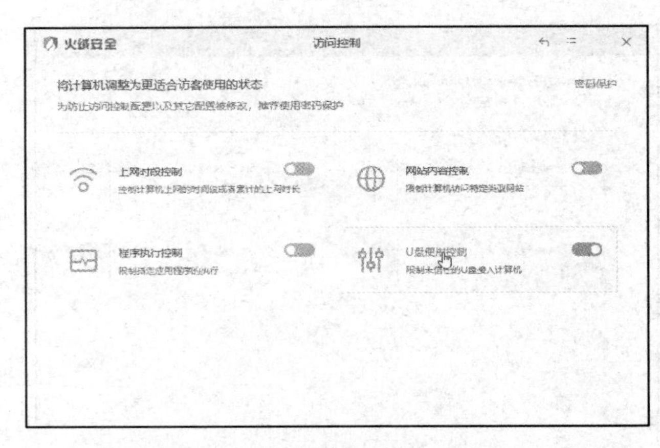

图 2-60　单击“U 盘使用控制”按钮

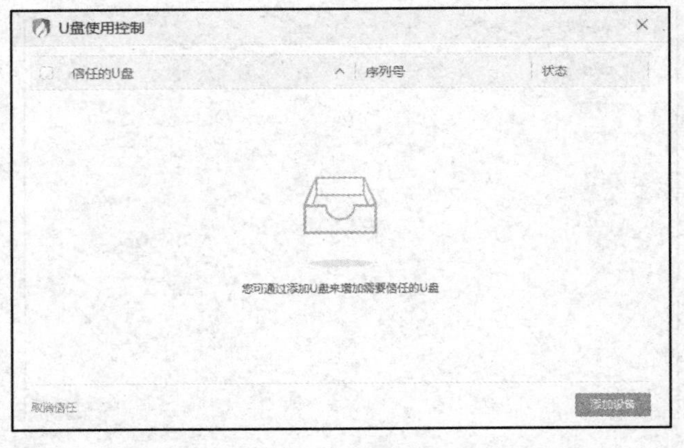

图 2-61　“U 盘使用控制”窗口

3．安全工具

（1）弹窗拦截。

用户经常在上网时受到各类弹窗的困扰，无法专心工作或学习，火绒安全可以很好地解决这类问题。单击“火绒安全”主窗口右下方的“安全工具”按钮，在打开的“安全工具”窗口中单击“弹窗拦截”按钮，如图 2-63 所示。

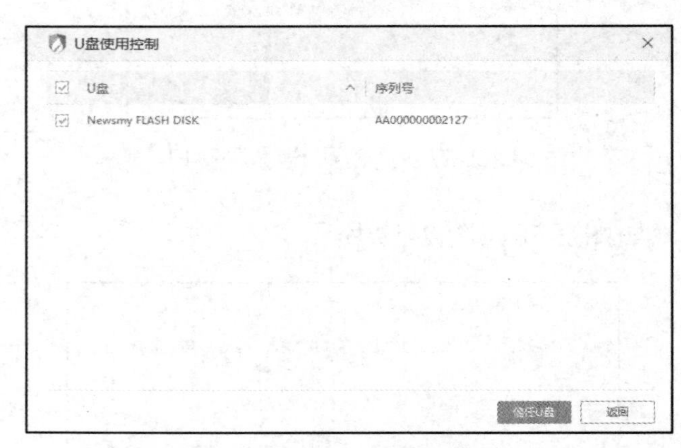

图 2-62　单击“信任 U 盘”按钮

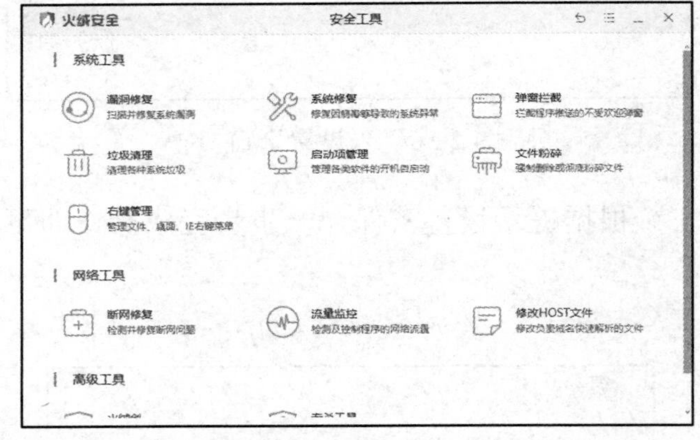

图 2-63　“安全工具”窗口

火绒安全的“弹窗拦截”功能非常强大，能够拦截任意位置的窗口，包括右下窗口、中间窗口、右上窗口等，如图 2-64 所示。此时，绝大部分的弹窗都可以被拦截，也有少数的漏网之鱼，火绒安全提供了一种简单、实用的截图拦截功能。具体地，用户先在“弹窗拦截”窗口中单击“截图拦截”按钮，接着找到需要拦截的弹窗并单击，然后在弹出的对话框中单击“拦截”按钮即可，如图 2-65 所示。

（2）启动项管理。

计算机在使用一段时间后，用户常会遇到开机时间变长等问题，这往往是开机启动项过多引起的。火绒的安全工具之一——启动项管理可以解决这一问题，在“安全工具”窗口中单击“启动项管理”按钮，如图 2-66 所示；打开的“启动项管理”窗口如图 2-67 所示，单击此窗口右上角的“设置”按钮；在弹出的“启动优化-设置”对话框中，勾选“自动扫描可优化项目”复选框，如图 2-68 所示。这样，在发现新的优化项目时，系统会弹出窗口提醒用户，并且及时进行清理。

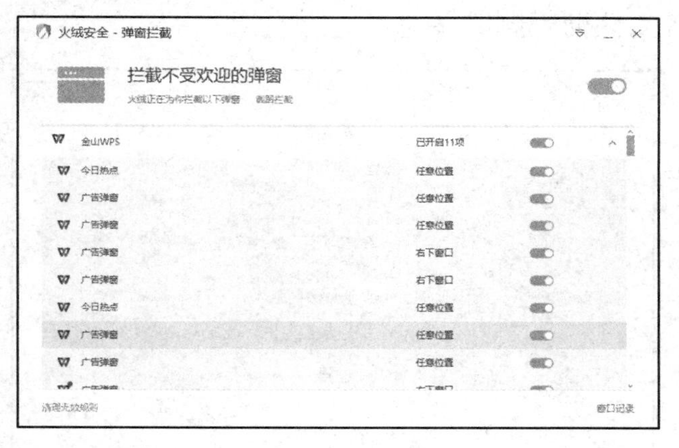

图 2-64 “弹窗拦截”窗口

图 2-65 “截图拦截”对话框

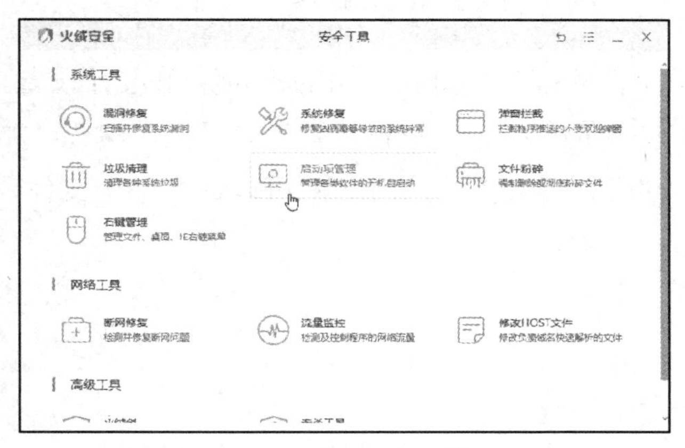

图 2-66 单击“启动项管理”按钮

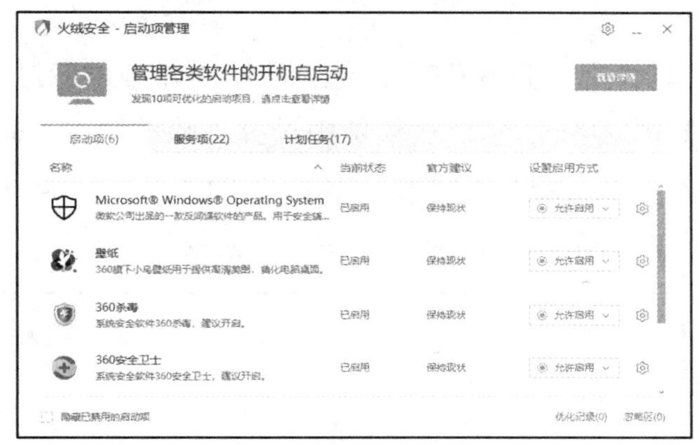

图 2-67 “启动项管理”窗口

图 2-68 “启动优化-设置”对话框

（3）文件粉碎。

当一些文件无法正常删除时，我们就需要借助一些常用的工具软件进行强制删除了。这里可以使用火绒安全的“文件粉碎”功能，在“安全工具”窗口中的“系统工具”分类中，单击“文件粉碎”按钮，打开“文件粉碎”窗口，如图2-69所示；直接将需要彻底删除的文件拖到此窗口中，也可以单击窗口右下方的“添加文件”按钮，在“选择”对话框中选择需要彻底删除的文件，如图2-70所示，就能够将文件彻底删除了。

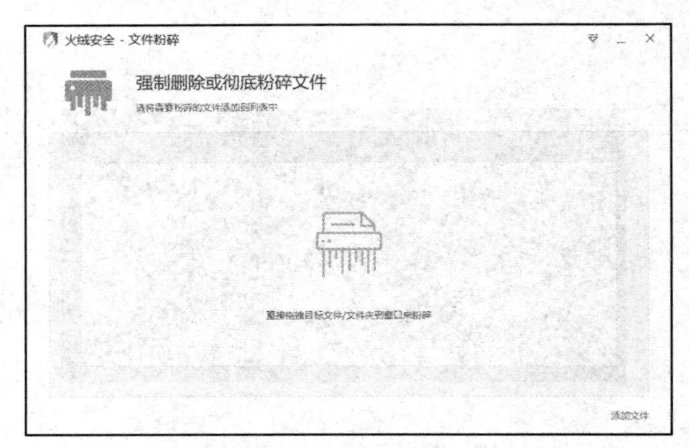

图2-69 “文件粉碎”窗口

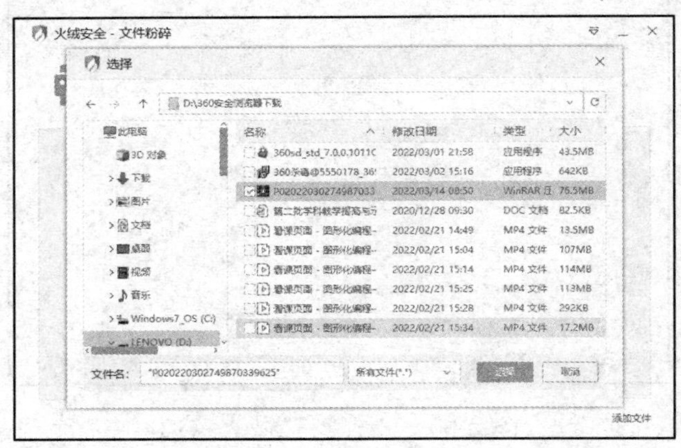

图2-70 “选择”对话框

“文件粉碎”功能会经常使用，可以通过“文件粉碎”窗口右上角的下拉菜单进行设置，如图2-71所示。在菜单中选择“软件设置”命令，打开“文件粉碎-设置”对话框，勾选“加入右键菜单”复选框，如图2-72所示。当需要彻底粉碎某个文件时，就可以选中某个文件，然后右击，从快捷菜单中将其粉碎。

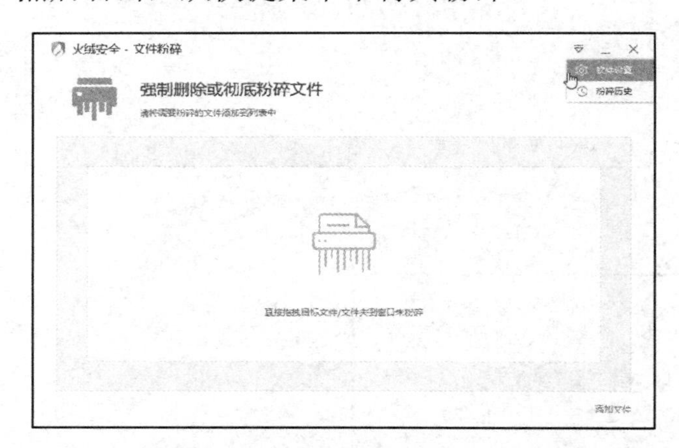

图2-71 “文件粉碎”窗口右上角的下拉菜单

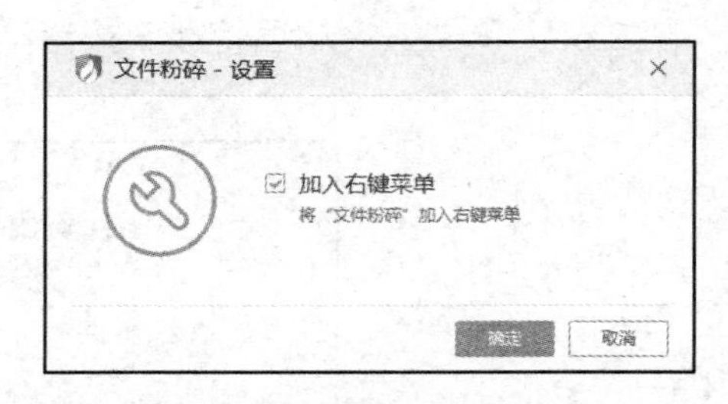

图2-72 “文件粉碎-设置”对话框

（4）火绒剑。

许多专业人士常用火绒剑来分析互联网安全，在“安全工具”窗口中的“高级工具”分类中单击“火绒剑”按钮，即可打开此窗口，如图2-73所示。常用的功能有系统、进程、启动项等。在“系统”模块中可以监控进程，当单击“开启监控”按钮后，系统中的所有软件操作行为都可以在这里被监控到，如图2-74所示，从窗口中的“动作”列表中可以看到进程正在进行的动作，如某一进程的注册表读取操作、网络服务等。若发现暂时无法判断的异常进程，则可以单击“导出日志”按钮导出文档，请更加专业的人士进行详细分析。

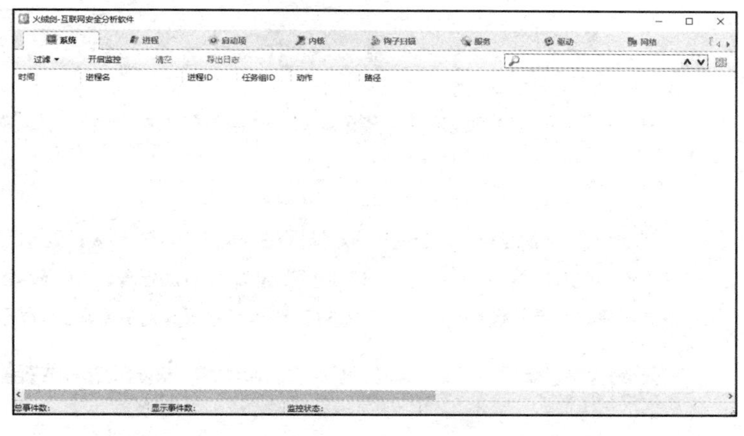

图 2-73　“火绒剑-互联网安全分析软件”窗口

时间	进程名	进程ID	任务组ID	动作	路径
16:40:31:858	ctfmon.exe	5380:5684	0	FILE_touch	C:\Users\jys-zj\AppData\Roaming\Microsoft\InputMethod\Chs\UDP97A1.tmp
16:40:31:859	ctfmon.exe	5380:5684	0	FILE_touch	C:\Users\jys-zj\AppData\Roaming\Microsoft\InputMethod\Chs\UDP97A2.tmp
16:40:31:860	ctfmon.exe	5380:5684	0	FILE_touch	C:\Users\jys-zj\AppData\Roaming\Microsoft\InputMethod\Chs\UDP97A3.tmp
16:40:31:861	ctfmon.exe	5380:5684	0	FILE_touch	C:\Users\jys-zj\AppData\Roaming\Microsoft\InputMethod\Chs\UDP97A4.tmp
16:40:31:861	ctfmon.exe	5380:5684	0	FILE_touch	C:\Users\jys-zj\AppData\Roaming\Microsoft\InputMethod\Chs\UDP97A5.tmp
16:40:31:862	ctfmon.exe	5380:5684	0	FILE_touch	C:\Users\jys-zj\AppData\Roaming\Microsoft\InputMethod\Chs\UDP97A6.tmp
16:40:31:862	ctfmon.exe	5380:5684	0	FILE_touch	C:\Users\jys-zj\AppData\Roaming\Microsoft\InputMethod\Chs\UDP97A7.tmp
16:40:31:863	ctfmon.exe	5380:5684	0	FILE_touch	C:\Users\jys-zj\AppData\Roaming\Microsoft\InputMethod\Chs\UDP97A8.tmp
16:40:31:864	ctfmon.exe	5380:5684	0	FILE_touch	C:\Users\jys-zj\AppData\Roaming\Microsoft\InputMethod\Chs\UDP97A9.tmp
16:40:31:864	ctfmon.exe	5380:5684	0	FILE_touch	C:\Users\jys-zj\AppData\Roaming\Microsoft\InputMethod\Chs\UDP97AA.tmp
16:40:31:865	ctfmon.exe	5380:5684	0	FILE_touch	C:\Users\jys-zj\AppData\Roaming\Microsoft\InputMethod\Chs\UDP97AB.tmp
16:40:31:866	ctfmon.exe	5380:5684	0	FILE_touch	C:\Users\jys-zj\AppData\Roaming\Microsoft\InputMethod\Chs\UDP97AC.tmp
16:40:31:866	ctfmon.exe	5380:5684	0	FILE_touch	C:\Users\jys-zj\AppData\Roaming\Microsoft\InputMethod\Chs\UDP97AD.tmp
16:40:31:867	ctfmon.exe	5380:5684	0	FILE_touch	C:\Users\jys-zj\AppData\Roaming\Microsoft\InputMethod\Chs\UDP97AE.tmp
16:40:31:867	ctfmon.exe	5380:5684	0	FILE_touch	C:\Users\jys-zj\AppData\Roaming\Microsoft\InputMethod\Chs\UDP97AF.tmp
16:40:31:868	ctfmon.exe	5380:5684	0	FILE_touch	C:\Users\jys-zj\AppData\Roaming\Microsoft\InputMethod\Chs\UDP97B0.tmp
16:40:31:869	ctfmon.exe	5380:5684	0	FILE_touch	C:\Users\jys-zj\AppData\Roaming\Microsoft\InputMethod\Chs\UDP97B1.tmp
16:40:31:869	ctfmon.exe	5380:5684	0	FILE_touch	C:\Users\jys-zj\AppData\Roaming\Microsoft\InputMethod\Chs\UDP97B2.tmp
16:40:31:870	ctfmon.exe	5380:5684	0	FILE_touch	C:\Users\jys-zj\AppData\Roaming\Microsoft\InputMethod\Chs\UDP97B3.tmp
16:40:31:871	ctfmon.exe	5380:5684	0	FILE_touch	C:\Users\jys-zj\AppData\Roaming\Microsoft\InputMethod\Chs\UDP97B4.tmp
16:40:31:871	ctfmon.exe	5380:5684	0	FILE_touch	C:\Users\jys-zj\AppData\Roaming\Microsoft\InputMethod\Chs\UDP97B5.tmp
16:40:31:872	ctfmon.exe	5380:5684	0	FILE_touch	C:\Users\jys-zj\AppData\Roaming\Microsoft\InputMethod\Chs\UDP97B6.tmp

总事件数：16257　显示事件数：16257　监控状态：开启

图 2-74　监控软件操作行为

在“进程”模块中，我们可以单击某个进程，通过下方的模块列表可以看到它的子进程状态，如图 2-75 所示，很多子进程呈绿色，这是做过签名的文件或系统文件，这类文件一般是安全的，当发现子进程呈红色时，我们就要查看其路径，分析它有无异常。火绒安全的“启动项”模块中分情况详细列出了系统的启动项，如图 2-76 所示，如“登录”状态、“资源管理器”状态等的启动项都被标识清楚，对于一些可疑项可以从“描述”列表或“路径”列表中查找和分析，也可以结合“进程”模块的数据一起分析。

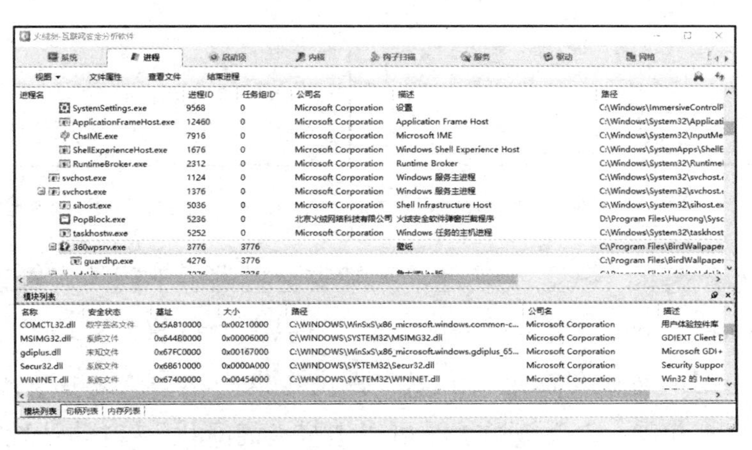

图 2-75　通过模块列表查看子进程状态

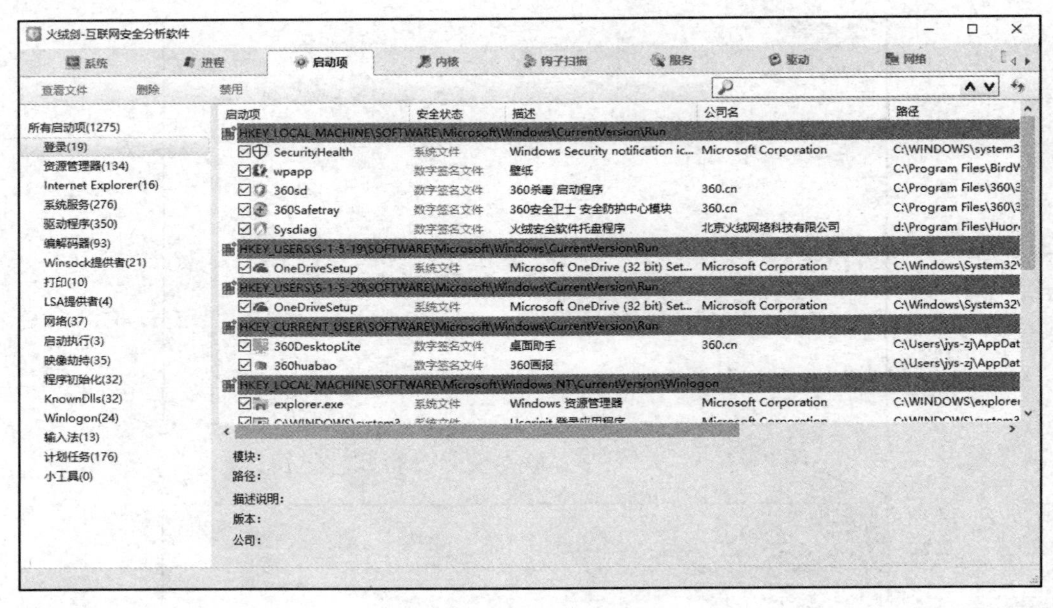

图 2-76 “启动项”列表

2.4.3 更上层楼：安全设置

为了更加方便、快捷地使用火绒安全，我们可以改变一些安全参数。

展开火绒安全软件主窗口右上角的菜单，如图 2-77 所示，选择“安全设置”命令，即可以打开“设置”窗口，这时我们就可以进行一些“基础设置”了，如勾选“显示流量悬浮窗”复选框，此时系统就会显示出实时上传、实时下载的流量信息，还可以通过“查看详情”按钮进一步了解流量的使用情况，如图 2-78 所示。

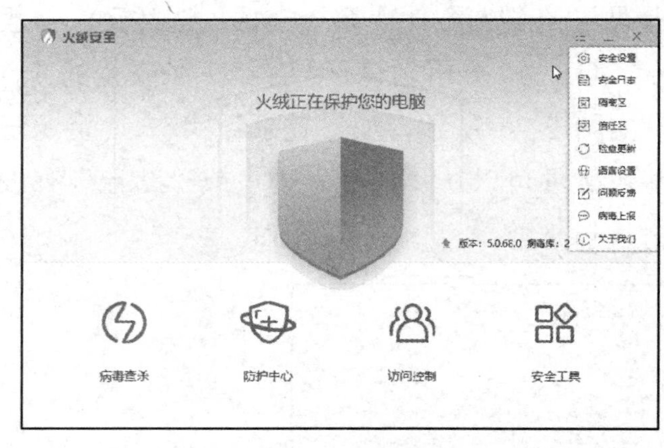

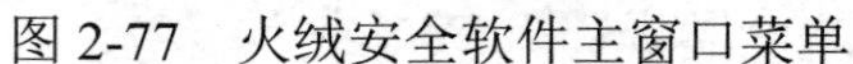
图 2-77 火绒安全软件主窗口菜单

图 2-78 流量悬浮窗

病毒查杀是杀毒软件的一种常用功能，火绒安全提供了不同的病毒查杀方式。例如，当需要快速查杀某种隐藏在.exe 文件中的病毒时，可以在“设置”窗口的“查杀设置”界面中勾选“仅扫描”复选框，然后在指定扩展名文件文本框中填写“.exe”。另外，我们还可以选择自己喜欢的病毒处理方式，如查杀病毒时可以选择“询问我”“自动处理”等方式，如图 2-79 所示。火绒安全的升级方式我们一般选择“自动升级”，如图 2-80 所示。

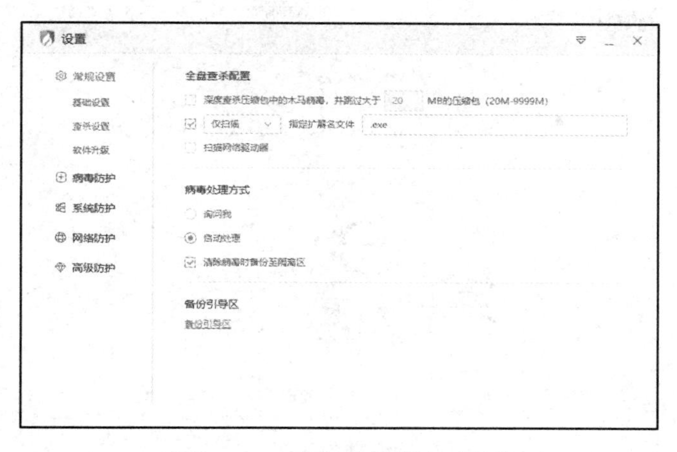

图 2-79 “查杀设置”界面

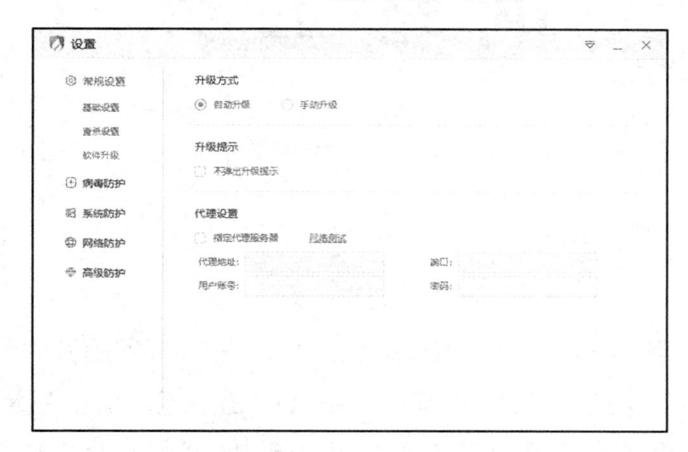

图 2-80 软件升级方式选择

第3章 网络工具

随着技术的迅速发展，Internet 应用领域不断扩大，人们的工作和生活方式都发生了巨大变革。只要进入 Internet，我们就可以浏览和下载其中无穷无尽的信息资源，跨越时间和空间同世界各地的人们自由通信和交换信息，享受 Internet 为我们提供的便捷服务。

3.1 360 安全浏览器

万维网（World Wide Web，WWW）是目前应用最广泛的 Internet 服务之一，用户只要通过浏览器的交互式应用程序就可以非常方便地访问 Internet，获得所需的信息。浏览器是常用的客户端程序。

个人计算机上常见的网页浏览器有 360 安全浏览器、Internet Explorer（简称 IE）、Firefox、Opera、Chrome、世界之窗、腾讯 TT、搜狗浏览器等。其中，360 安全浏览器是使用率较高、安全性较好的一款浏览器。

3.1.1 牛刀小试：设置 360 安全浏览器主页

网络已经成为人们搜索、浏览信息及娱乐、休闲的主要场所，浏览器则是我们畅游网络世界的导航站和大门。主页是浏览器启动时自动打开的网页。360 安全浏览器 13.1 版本是一款速度快、内存低、稳定、好用的双核浏览器，基于 Chromium86 内核，可以智能切换内核，兼容各种不同类型网站。在提供高速、稳定、安全浏览功能的同时，它还具有美观的界面，使用户获得完美的上网体验。360 安全浏览器的主页可以自行设置。

操作步骤

（1）启动 360 安全浏览器，单击展开窗口右上方的“菜单”，在菜单中选择“工具”命令，然后在子菜单中选择“Internet 选项”命令，如图 3-1 所示。

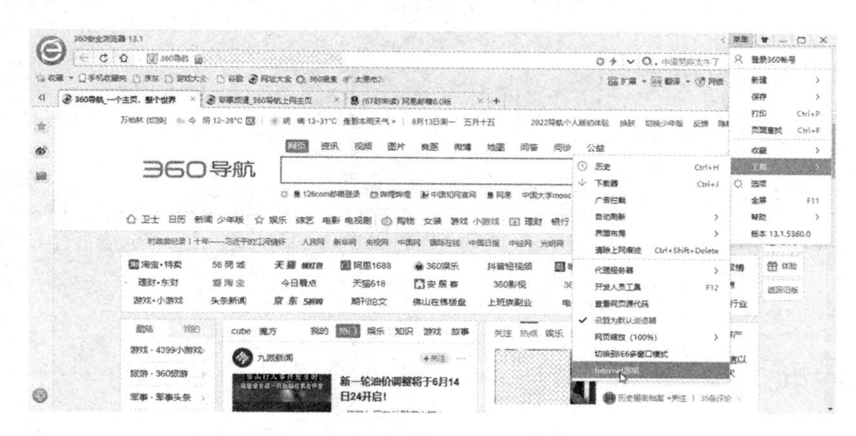

图 3-1　启动 360 安全浏览器

（2）设置主页：单击“常规”选项卡，在“主页”选区中，输入主页网址，单击“使用新标签页”按钮，如图 3-2 所示。如果主页已经锁定，则需要先解除锁定。

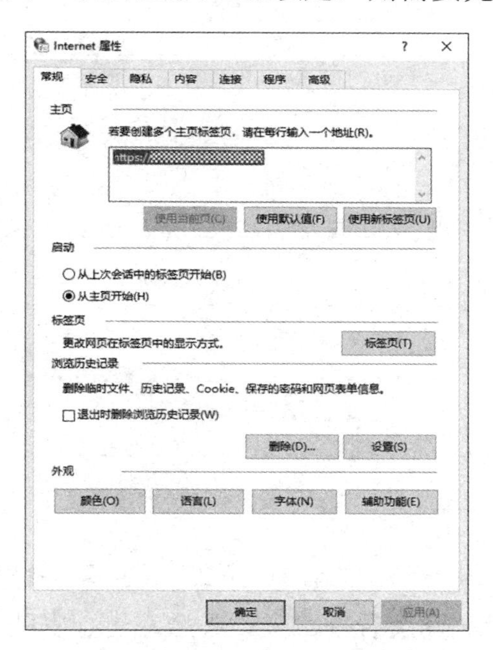

图 3-2　设置主页

（3）在“常规”选项卡下方的“浏览历史记录”选区中，单击“设置”按钮，在弹出的“网站数据设置”对话框中，设置 Internet 临时文件，如图 3-3 所示；还可以根据实际需要设置在历史记录中保存网页的天数，如图 3-4 所示。

图 3-3　设置 Internet 临时文件

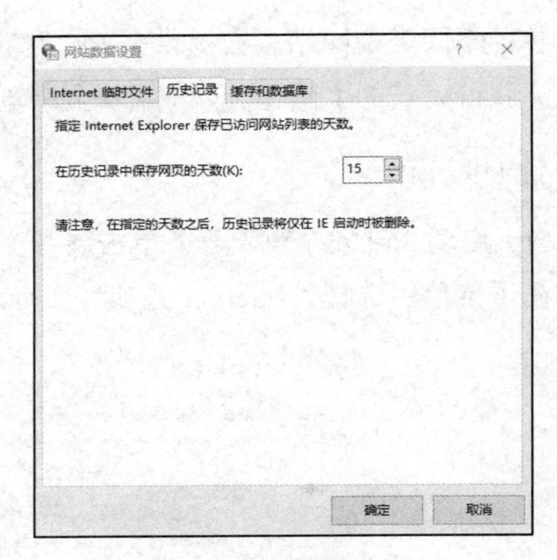

图 3-4　设置历史记录

3.1.2　知识导航

1．360 安全浏览器窗口的组成

启动 360 安全浏览器，打开它的主窗口，如图 3-5 所示。

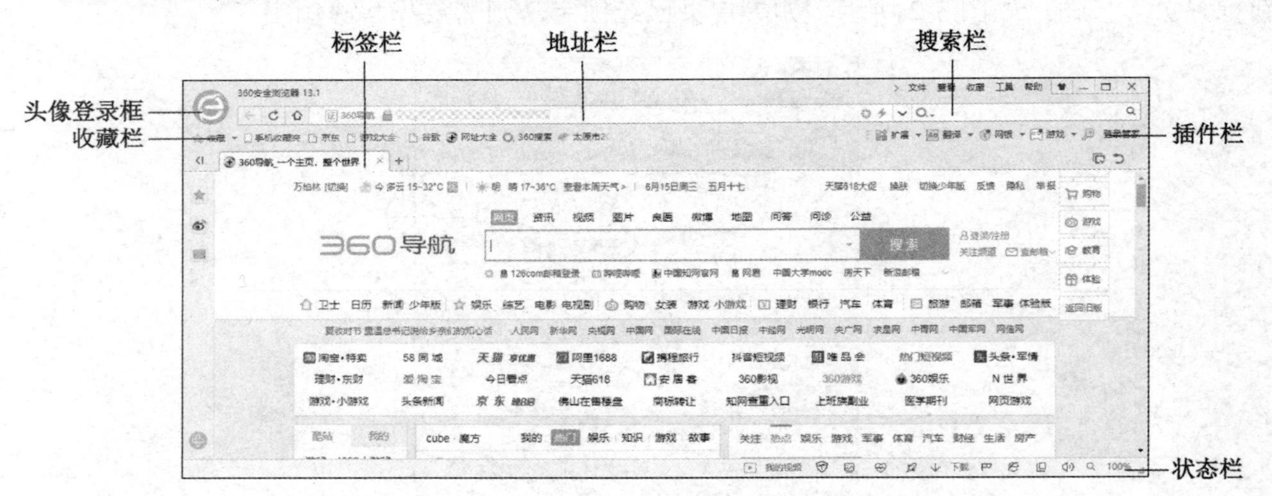

图 3-5　“360 安全浏览器”主窗口

（1）头像登录框：在“360 安全浏览器”主窗口的左上角单击图标，用手机号、用户名等进行登录，如图 3-6 所示，登录后收藏夹、账号密码、皮肤等都能在不同的设备上同步，而且登录后的图标也会相应改变。

（2）地址栏：用于输入要访问网站的地址。如果历史记录中有访问过该网站的记录，则当输入该网站的地址时，会自动匹配相近地址，实现快速输入并打开网页，如图 3-7 所示。

图 3-6　登录界面

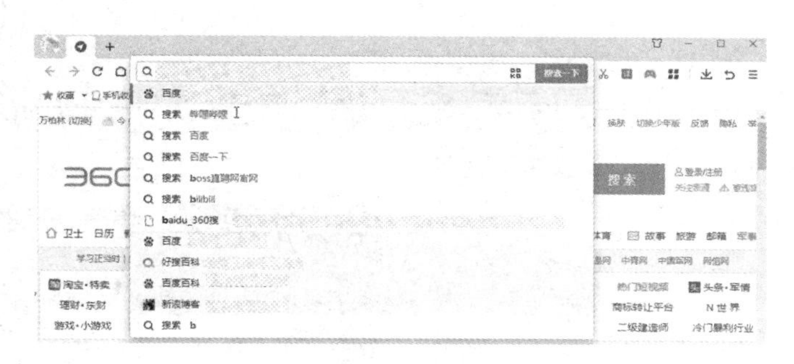

图 3-7　输入网站地址

（3）菜单栏：360 安全浏览器的各项功能都可以通过菜单栏实现。

（4）搜索栏：在搜索框中输入任意的搜索内容后，搜索框下方会即时呈现搜索建议（需要搜索服务提供商支持），它可以让用户更快地找到自己需要的内容，如图 3-8 所示。单击“…”按钮展开的下拉菜单中具有各类网页常用工具，如图 3-9 所示，我们可以快速地使用“添加收藏”“网页翻译”“网页内查找”“分享网址”等工具高效地完成搜索任务。

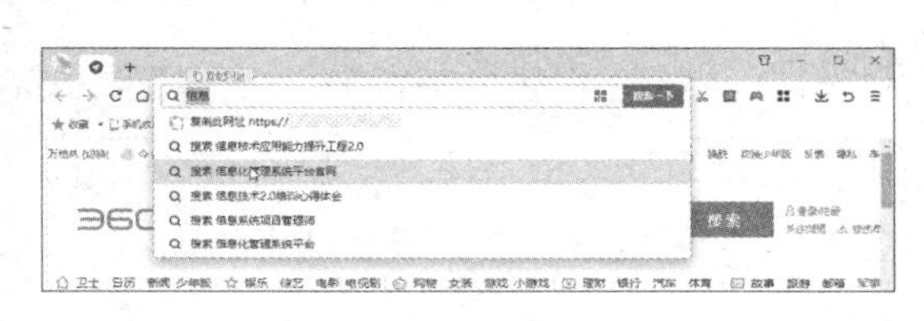

图 3-8　输入搜索内容

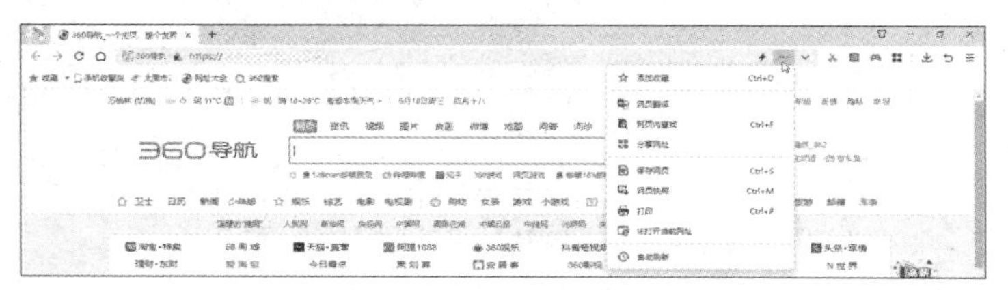

图 3-9　各类网页常用工具

（5）收藏栏：被收藏的网站会在收藏栏中显示，只需要单击该网站的名称，就可以转到该网站页面，而不必键入网站地址。如果单击“»”按钮，则可以显示其他被收藏的网站，如图 3-10 所示。

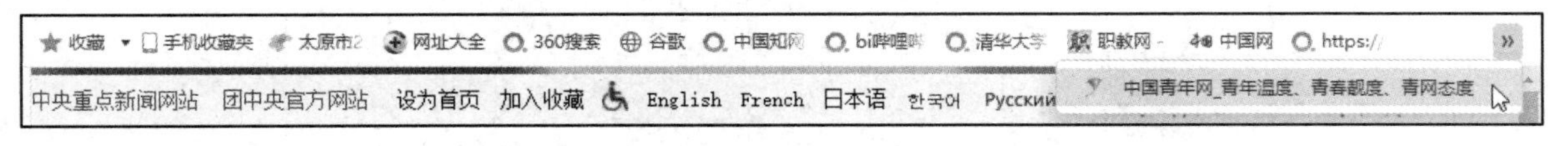

图 3-10　显示其他被收藏的网站

打开“中国大学 MOOC”网站首页，单击浏览器收藏栏中的“收藏”按钮，在弹出的“添加收藏”对话框中确定文件夹后，单击“添加”按钮，如图 3-11 所示。这样，“中国大学 MOOC”网站的地址就被添加到“收藏夹”中了。

（6）插件栏：为了方便使用，我们用工具插件扩展浏览器的功能。单击插件栏中的“扩展”按钮，展开“扩展程序”菜单，如图 3-12 所示；选择“管理”命令，进入“扩展管理”界面，如图 3-13 所示。用户可以修改现有工具插件的使用状态；还可以选择菜单中的“添加”命令，进入 360 应用市场，如图 3-14 所示，在“全部分类”界面的左栏中有比价优惠、休闲娱乐等多种类型的应用程序，用户可以根据实际需要选取。我们为了解决广告弹窗的问题，选择“实用工具”类中的“广告拦截”应用程序，安装后添加到插件栏即可。

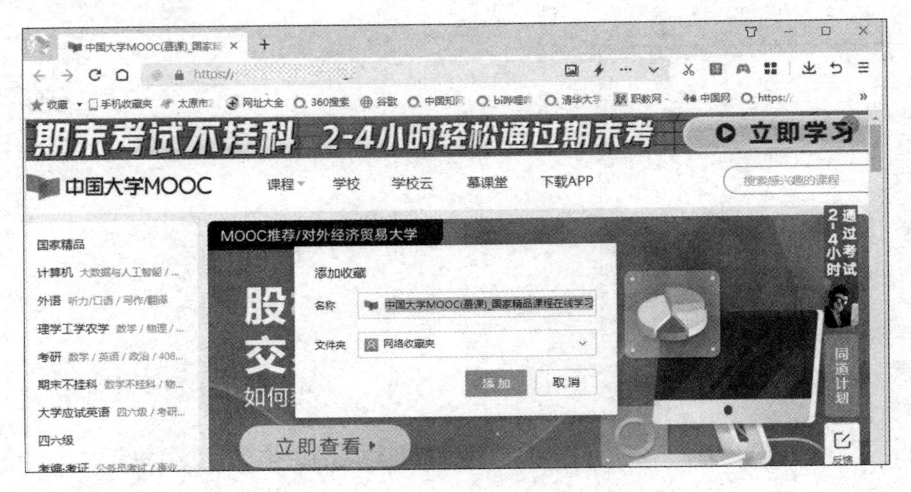

图 3-11 “添加收藏”对话框

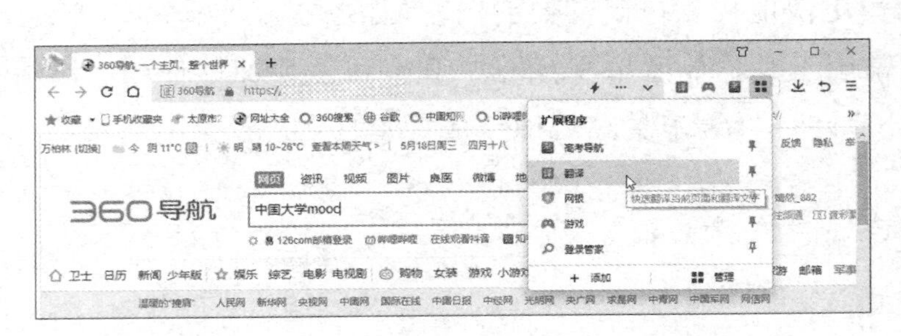

图 3-12 展开“扩展程序”菜单

图 3-13 “扩展管理”界面

图 3-14 360 应用市场

注意：单击插件栏中的“截图”按钮可以轻松截图。

（7）标签栏：360 安全浏览器提供了选项卡式浏览方式，用户不需要打开多个窗口，可在一个窗口中浏览多个网页。

（8）状态栏：用于显示所浏览网站的地址和相应的下载信息。

2. 设置浏览器

（1）调整浏览器布局。

如图 3-15 所示，用户可以通过右击标题栏空白处弹出的快捷菜单调整浏览器布局，即可以根据使用习惯显示或隐藏头像登录框、菜单栏、搜索栏、收藏栏、插件栏、状态栏等。如果想恢复默认设置，则选择快捷菜单中的“恢复到默认布局”命令即可。

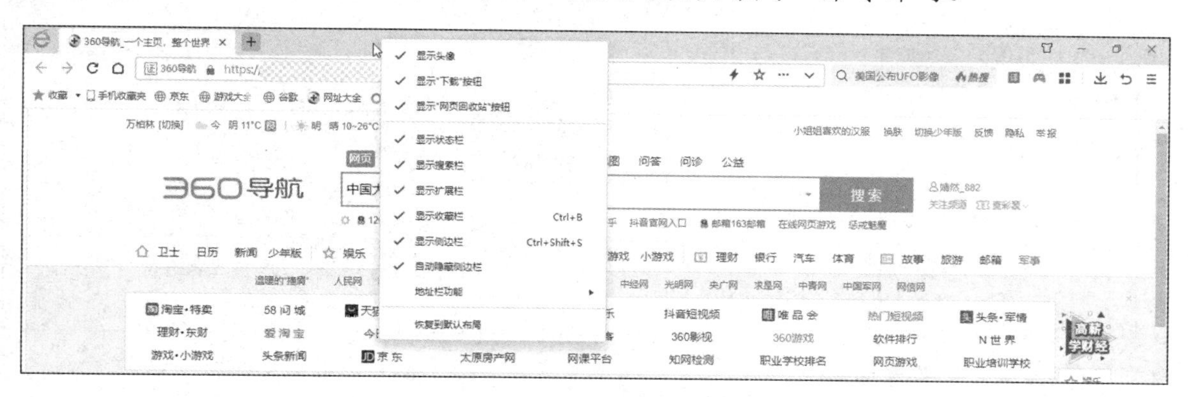

图 3-15　调整浏览器布局

此外，用户还可以通过“工具”菜单中的“设置”命令打开“选项-界面设置”窗口，如图 3-16 所示，根据需要设置浏览器选项，包括基本设置、界面设置、标签设置、优化加速等。

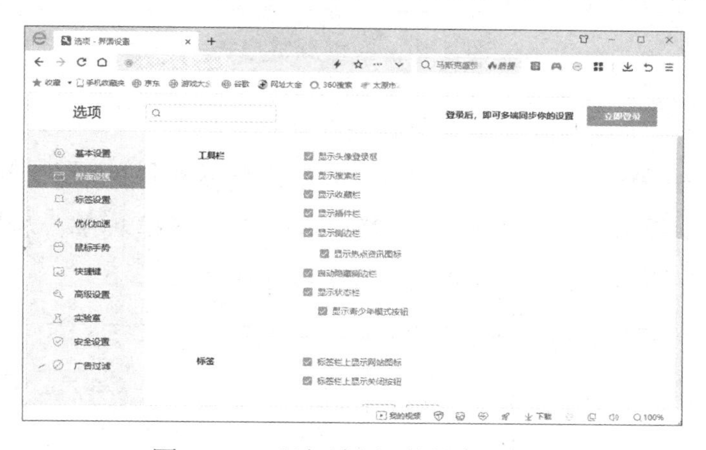

图 3-16　“选项-界面设置”窗口

（2）进入无痕模式。

进入无痕模式的浏览器不会记录任何浏览痕迹，如网页浏览历史、Cookies 等，但会保留用户下载的文件或添加的收藏。如果使用公用计算机上网或不愿意被人看到浏览记录，则可以使用无痕模式。

单击浏览器右上方的“≡”按钮，展开工具及常用设置选项菜单，选择“打开新的无痕窗口”命令，如图 3-17 所示，即可在无痕窗口中不留痕迹地浏览信息，如图 3-18 所示。

（3）设置网页浏览模式。

360 安全浏览器内置了两种网页浏览模式：极速模式和兼容模式。它会自动选择适合网站的浏览模式，如图 3-19 所示。

由于部分网页（论坛、网上银行等）在极速模式下会出现兼容性问题，不能正常显示，360 安全浏览器会在访问这些网站时自动切换成兼容模式。

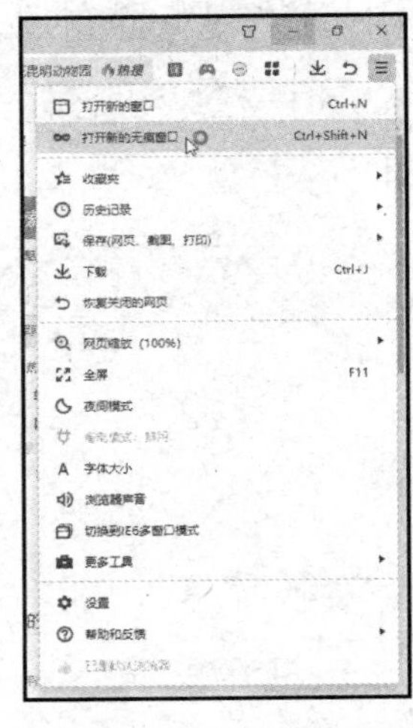

图 3-17　工具及常用设置选项菜单

图 3-18　无痕窗口

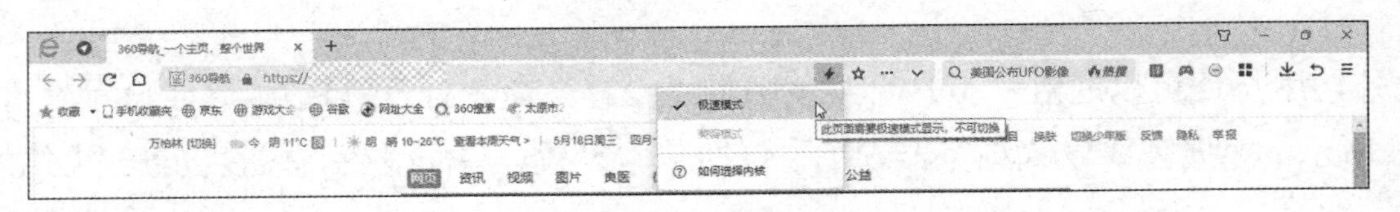

图 3-19　网页浏览模式

（4）设置新标签页。

单击标签栏的“+”按钮打开新标签页（或者右击标签栏的空白处，通过快捷菜单打开新标签页），如图 3-20 所示。在已有标签上右击可以弹出快捷菜单，如图 3-21 所示，此时我们可以进行关闭标签、恢复关闭的标签、添加收藏夹等操作。

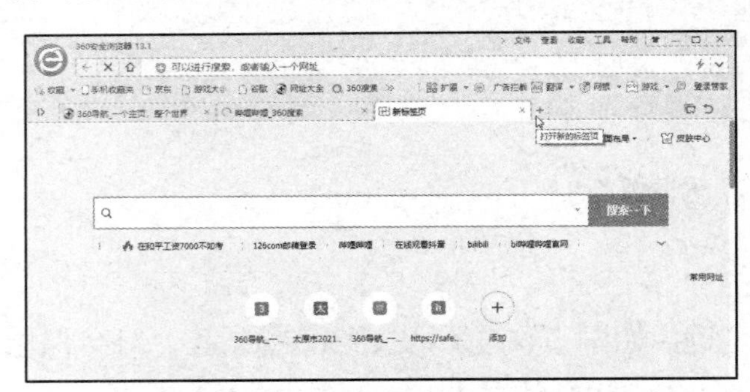

图 3-20　新标签页

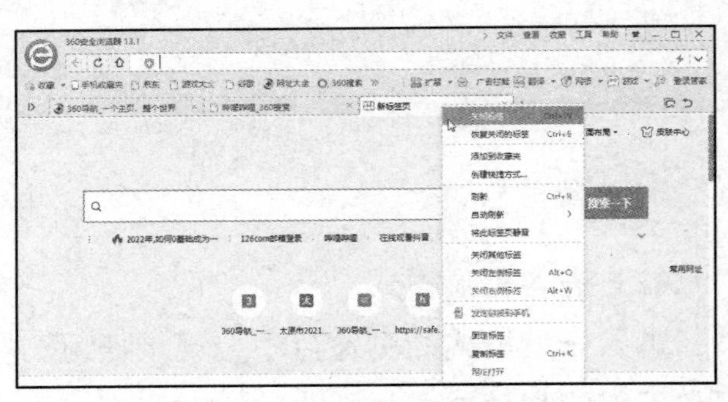

图 3-21　已有标签页的快捷菜单

3．浏览网页

网页是全球广域网上的基本文档，用 HTML（超文本标记语言）编写，包含文本、图片、动画、音乐、超链接等元素。网页可以是网站的一部分，也可以独立存在。每一个网站都是由若干网页组成的，各网页之间通过链接联系在一起。主页是一个网站的起点或主目录，是一个网站中最重要的部分，被频繁访问。主页是一个网站的标志，体现了整个网站的制作风格和性质。

（1）识别网页是否安全。

在地址栏输入网址，通过地址栏左侧的显示状态，可以轻松辨别网页的安全性。对于安全级别较高的网页，地址栏左侧用绿色背景显示它的名称或类型，比如打开网易，地址栏会显示绿色网页名称，如图 3-22 所示。如果网页存在安全隐患，地址栏左侧用红色标识，页面内容被大大的提示框所覆盖。对于安全性未知的网页，地址栏左侧显示异常图标，如图 3-23 所示，对于这类网页请勿泄露个人信息。

图 3-22　安全网页

图 3-23　未知网页

（2）超级拖拽。

拖动链接、图片或选中的文字等在页面上的其他地方放开即超级拖拽，可以在新标签页中打开对应的链接、图片或搜索选中的文字。熟练使用超级拖拽功能可以大大改善浏览体验，提高浏览速度。

（3）浏览网页。

打开网页后，我们可以通过单击网页中的“超链接”来打开相关内容的网页或网站，还可以利用功能按钮来实现网页的其他操作。

单击“主页”按钮，可返回进入 360 安全浏览器时显示的第一个网页；单击“后退”按钮，可从当前网页返回上次访问的网页；单击“刷新”按钮，可重新传送该页面的最新内容。

4. 保存网页信息

我们可以对网页中的文本、图像等元素单独进行保存，也可以保存整个网页的内容，以便日后查阅或与其他用户共享。

（1）保存网页。

在打开的网页中执行“文件”→“保存网页”命令，弹出“另存为”对话框，如图 3-24 所示，在对话框中选择保存路径，输入文件名，单击“保存”按钮，这样就可以将网页保存下来了。我们也可以在网页的某一处右击，在弹出的快捷菜单中选择“网页另存为”命令，如图 3-25 所示，在随即弹出的对话框中选择保存路径，输入文件名，就可以保存该网页了。

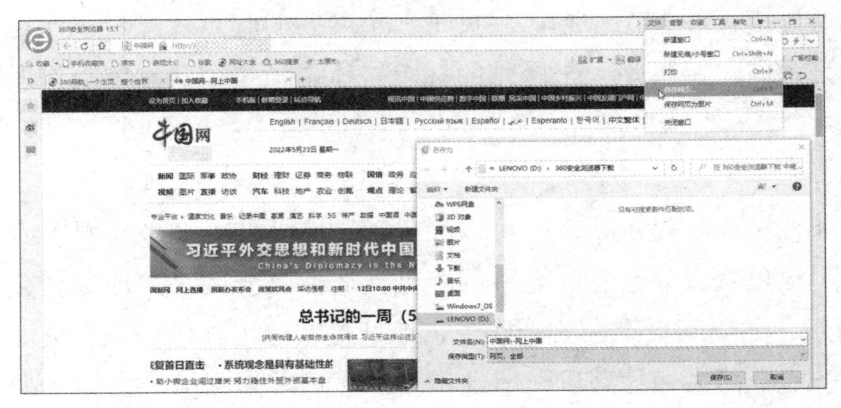

图 3-24　保存网页

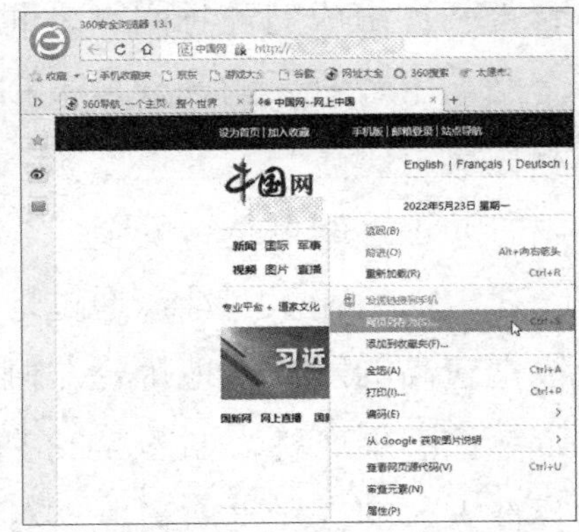

图 3-25　保存网页的快捷菜单

（2）保存图像信息。

要保存网页中的图像，只需要将光标移至待保存的图像上，单击鼠标右键，在弹出的快捷菜单中选择相应的命令即可。

（3）保存文本信息。

除了保存整个网页中的文本信息，我们还可以根据需要选择一部分文本进行保存。

选择网页中的文字，单击鼠标右键，在弹出的快捷菜单中选择“复制”命令，再打开文字处理软件，新建文档，将其“粘贴”到新文档上，并将文档保存。

5. 用 360 安全浏览器下载文件

我们经常用浏览器下载一些文件。打开“太平洋科技_专业 IT 门户网站”主页，在窗口右上方的搜索栏中输入要下载的文件名，如“万能五笔输入法”，单击“搜索”按钮，在列表中选择适合自己的版本，如图 3-26 所示，这里选择最新版。进入下载中心的“万能五笔输入法”下载页面，直接单击绿色的“安全下载”按钮，或者右击“万能五笔输入法官方下载”链接，在弹出的快捷菜单中选择“使用 360 安全浏览器下载”命令，如图 3-27 所示，在弹出的对话框中单击“下载”按钮即可。

图 3-26　“万能五笔输入法”列表

图 3-27　使用 360 安全浏览器下载

3.1.3 更上层楼：利用搜索引擎检索信息

为了宣传校园文化，同学们想找一些关于校园文化的 PPT 做参考。

操作步骤

（1）在搜索栏中输入关键词“校园文化 filetype:ppt”，使用“百度”搜索引擎搜索。

（2）这样可以搜索出文件类型为 PPT 的文件，如图 3-28 所示。

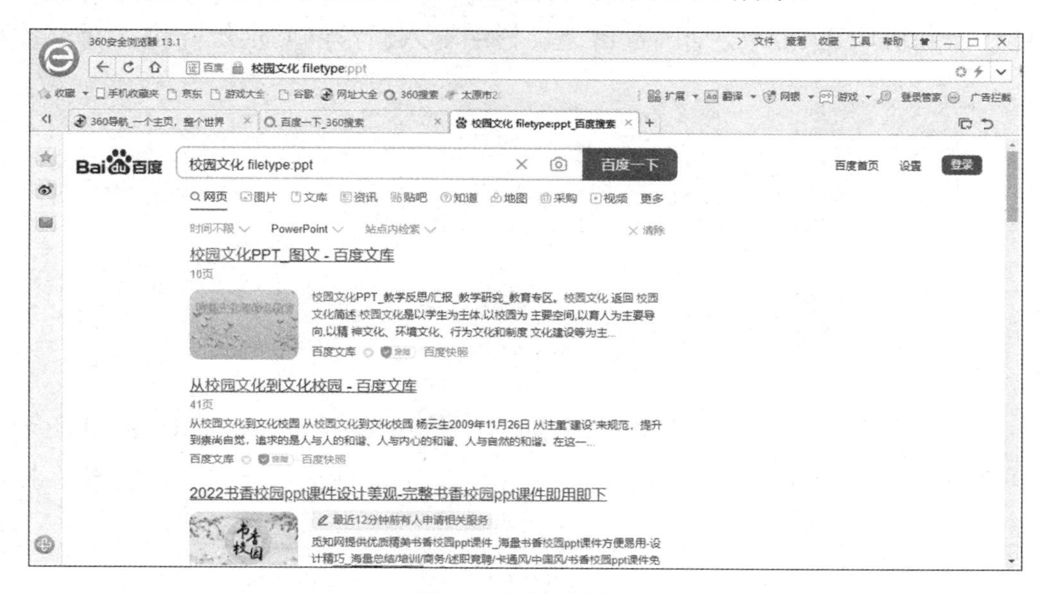

图 3-28 搜索结果

注意：搜索引擎指能够自动从互联网上搜集信息，并将整理过的结果提供给用户的系统。例如，百度、搜狐等都是国内著名的搜索引擎。

搜索技巧：①添加关键词可缩小搜索范围；②只要给搜索的词组加上引号就可以得到精确的搜索结果；③使用减号“-”可以从结果中排除那些包括特定词或短语的页面；④使用 intitle 进行标题搜索，限定筛选出标题中含有特定关键词的页面；⑤使用 filetype 指定文件类型；⑥当搜索不到理想的结果时，试着用另外一个搜索引擎。

3.2 在线收发电子邮件

电子邮件（E-mail）是 Internet 上使用非常广泛的一种服务。通过电子邮件系统，我们可以快捷地与世界上任何一个角落的网络用户联系。电子邮件可以是文字、图像、声音等各种形式。我们通过电子邮件系统可以得到大量免费的新闻、专题邮件，并能轻松地对它们进行搜索，这是任何传统的通信方式都无法相比的。由于电子邮件发送简单、接收迅速、易于保存、全球畅通无阻，所以被广泛地应用。

3.2.1　牛刀小试：申请免费的电子邮箱

要想给客户发送邮件或接收客户的邮件，首先自己得有电子邮箱。目前，很多网站都提供免费的邮件服务。

操作步骤

（1）打开计算机，在 360 安全浏览器地址栏中输入新浪网站地址，进入新浪首页，如图 3-29 所示。

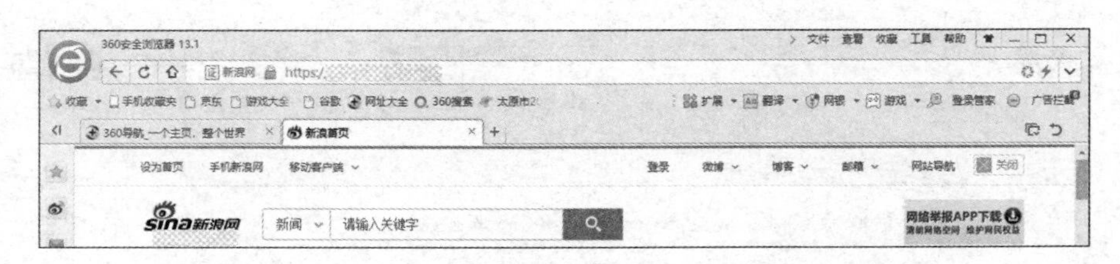

图 3-29　新浪首页

（2）展开页面右上方的“邮箱”菜单，选择“免费邮箱”命令，如图 3-30 所示。页面上会弹出“免费邮箱登录”对话框，如图 3-31 所示。单击对话框右下方的“注册”按钮，会弹出“欢迎注册新浪邮箱”对话框，如图 3-32 所示。

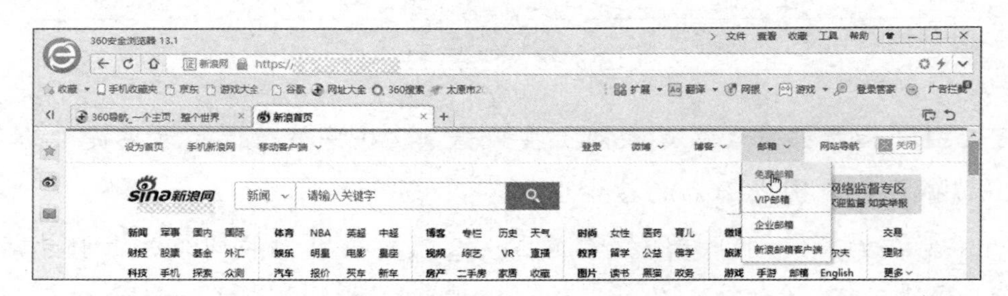

图 3-30　展开“邮箱”菜单

图 3-31　“免费邮箱登录”对话框

图 3-32　“欢迎注册新浪邮箱”对话框

（3）输入邮箱地址、密码、确认密码、手机号码、图片验证码和短信验证码等信息，并勾选“我已阅读并接受……”复选框，然后单击“立即注册”按钮注册新浪邮箱。

注意：

① 邮箱地址中的用户名可以包含字母、数字、下画线等字符，但不能与他人相同。

② 在填写注册信息时，带“*”的为必填项。

（4）所填写的资料完整且合规后，系统会提示邮箱申请成功，并指引用户使用手机客户端激活邮箱，如图 3-33 所示。之后单击“首次进入邮箱”按钮，系统会弹出“绑定手机提醒”提示框，如图 3-34 所示。为避免密码忘记后邮箱无法使用的问题，我们建议在这里绑定手机，之后会进入新浪邮箱，如图 3-35 所示，此时就可以进行收发邮件等操作了，同时尽享新浪邮箱提供的其他服务。

图 3-33　指引用户使用手机客户端激活邮箱

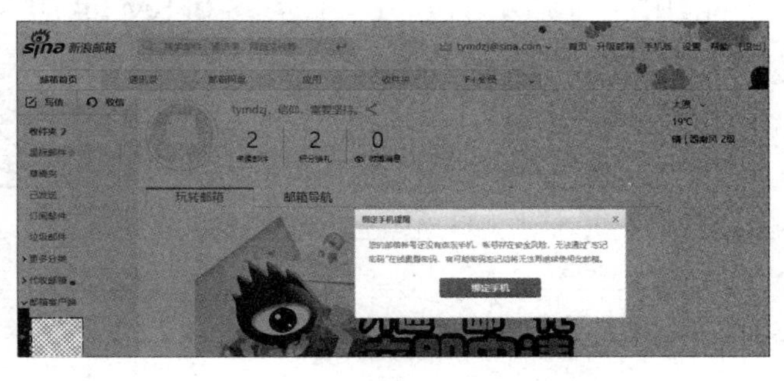

图 3-34　“绑定手机提醒”提示框

图 3-35　新浪邮箱

3.2.2　知识导航

1. 电子邮件地址

每个电子邮箱有一个唯一可识别的电子邮件地址。电子邮件地址的格式是，<用户名>@<主机域名>。它由收件人用户名、字符@（读作 at）和电子邮箱所在的主机域名三部分组成。例如，ty×××j@sina.com 就是一个电子邮件地址，它是以“ty×××j”为用户名在新浪网站上申请到的（×××可为字母、数字、下画线等字符）。

2．POP 与 SMTP

POP 是一种电子邮件传输协议，POP3 是它的第三个版本。POP3 是规定了怎样将个人计算机连接到 Internet 邮件服务器上和下载电子邮件的电子协议，也是 Internet 电子邮件的第一个离线协议标准。简单点说，POP3 就是一个简单、实用的邮件信息传输协议，POP3 服务器就是接收邮件服务器。

SMTP 即简单邮件传输协议。它是一组用于从源地址到目的地址传输邮件的规范，通过它能控制邮件的中转方式。SMTP 协议属于 TCP/IP 协议簇，它帮助每台计算机在发送或中转邮件时找到下一个目的地。SMTP 服务器就是遵循 SMTP 协议的发送邮件服务器。

常用免费邮箱的 POP3 服务器和 SMTP 服务器地址（所有 SMTP 服务器都需要身份验证）如表 3-1 所示。

表 3-1　常用免费邮箱的 POP3 服务器和 SMTP 服务器地址

邮箱	POP3 服务器	SMTP 服务器
sina.com	pop.sina.com	smtp.sina.com
163.com	pop.163.com	smtp.163.com
126.com	pop.126.com	smtp.126.com
netease.com	pop.netease.com	smtp.netease.com
yeah.net	pop.yeah.net	smtp.yeah.net
qq.com	pop.qq.com	smtp.qq.com

3．邮箱设置

登录免费邮箱，单击“设置”按钮。

（1）常规设置。

在“写信设置”区域中，如果希望将收件人邮件地址自动保存到通讯录中，则勾选“发送邮件时：收件人自动保存到通讯录”复选框；如果希望将发送的邮件自动保存到“已发送”文件夹，则勾选“发送邮件时：邮件自动保存到‘已发送’”复选框，如图 3-36 所示。

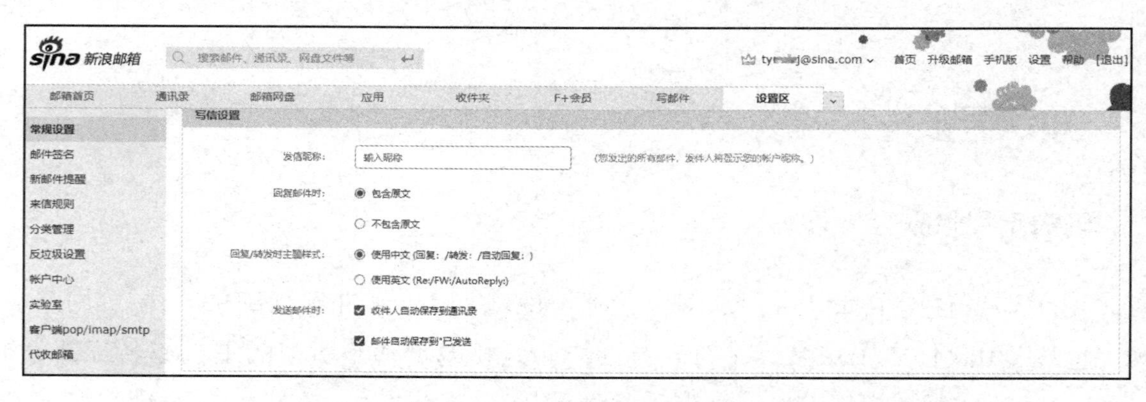

图 3-36　“写信设置”区域

在“自动回复”区域中，如果收到邮件后想自动告知发件人，则选中“启用”单选按钮，并在自动回复模板中输入文字，如“来信已收到，谢谢!”，如图 3-37 所示。

单击页面下方的“保存”按钮，完成常规设置。

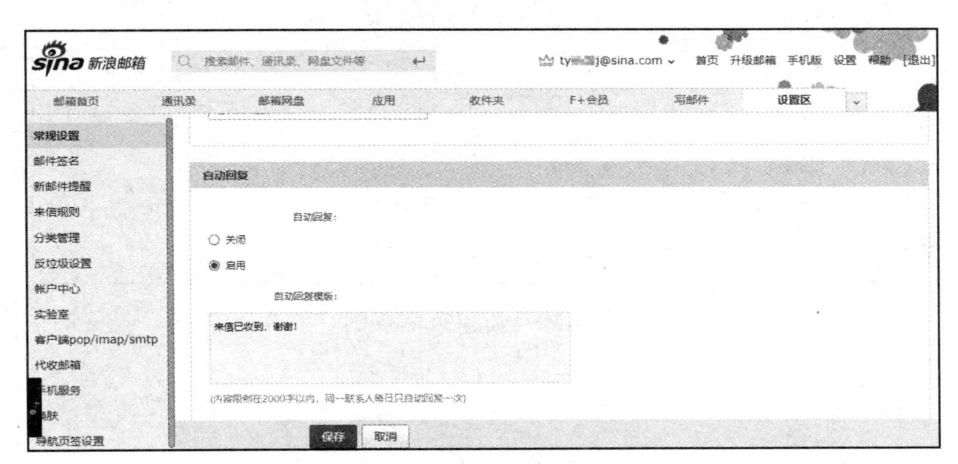

图 3-37 “自动回复”区域

（2）分类管理。

系统为邮件设置的分类有收件夹、垃圾邮件、订阅邮件等，这些分类并不能满足我们的日常需求，邮件全部堆放在收件夹中会造成查找邮件困难。为实现对来信的分类管理，我们可以新建分类，使来信自动归类。在“分类管理”设置界面中，开启“分类标签显示”功能，新建“工作”“家人”“同学”等分类，如图 3-38 所示。

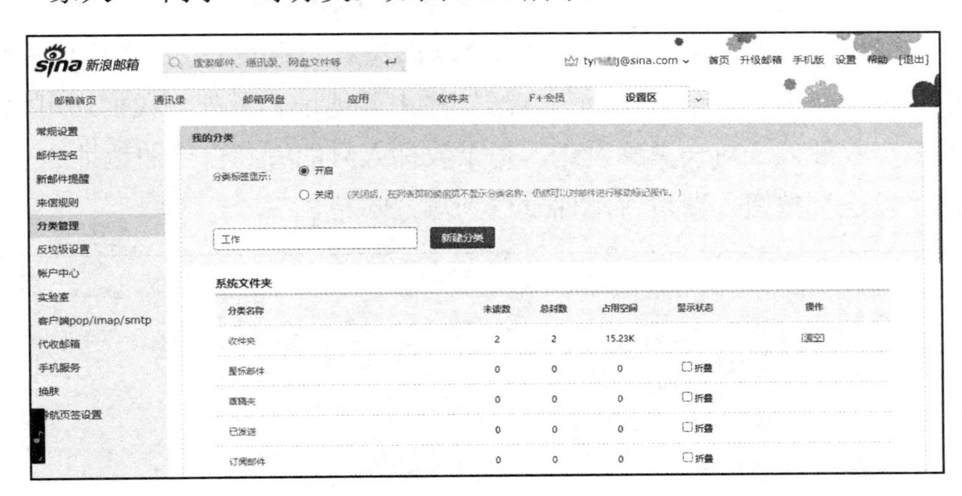

图 3-38 新建分类

（3）新建“来信规则”。

通过“来信规则”设置，我们可以针对发件人的地址、主题等进行规则定义，以使满足某一条件的邮件被存放到指定位置，同时方便对家人、同学、工作等相关邮件进行分类。如图 3-39 所示，规则建立后，对于已收到的邮件，只要地址中包含“zhiyejiaoyu”，就可以被移动到“工作”分类中，今后收到的邮件都会按此规则自动执行。

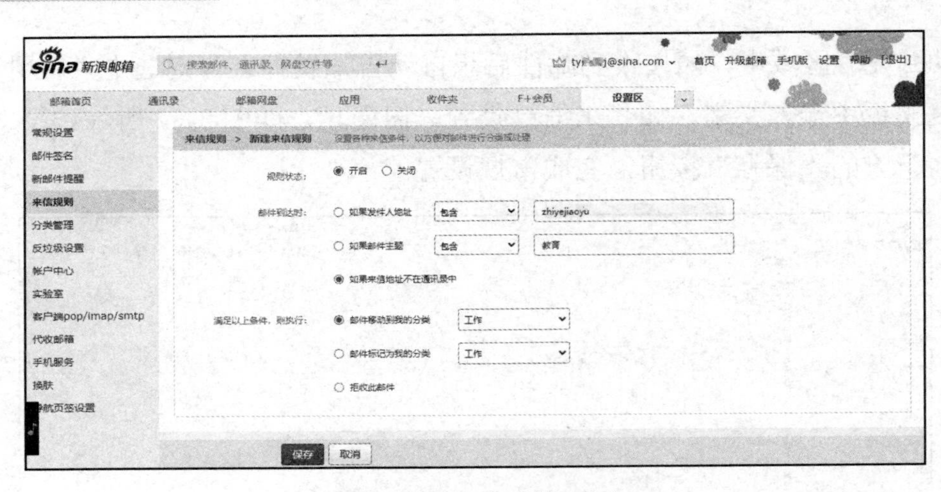

图 3-39　新建来信规则

4．编辑并发送

如果给对方发邮件，则必须知道对方的地址。即使对方不在线，也可以发送邮件。发送邮件的时候，邮件首先被送到收件人的邮件服务器，存放在属于收件人的邮箱里。所有的邮件服务器都是全天候工作的，随时可以接收或发送邮件。发件人可以随时上网发送邮件，收件人也可以随时上网阅读邮件。由此可知，收发电子邮件不受地域和时间的限制，非常方便。

（1）单击“邮箱首页”选项卡，然后单击“写信”按钮，进入邮件编辑状态：在“收件人”文本框中输入邮件地址；在“主题”文本框中输入邮件主题；在“正文”文本框中输入邮件内容；如果有附带的文件，则可以“添加附件”，如图 3-40 所示。

在“收件人”“抄送”“密送”栏中，我们可以输入多个地址。收件人可以看到“收件人”和“抄送”栏中的所有地址，但看不到“密送”栏中的地址。另外，我们还可以使用群发单显功能，即对多个收件人一对一单独发送，每个收件人只能看到自己的地址。

（2）单击“发送”按钮，即可将邮件发送到对方邮箱。

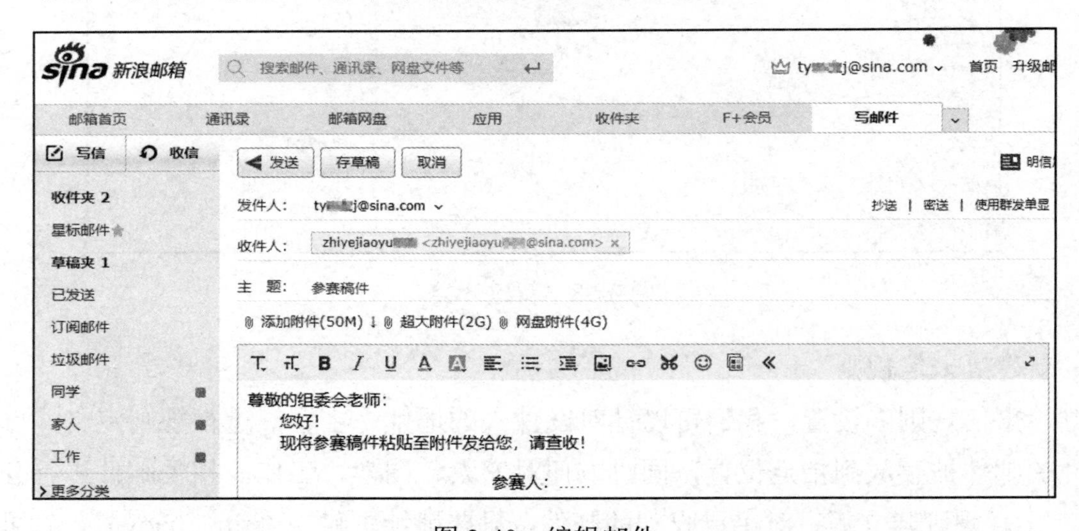

图 3-40　编辑邮件

注意：附件可以是文本、图像、声音等，我们可以添加多个附件到邮件中。不同的邮箱对附件的大小有不同的限制。附件不应过大，否则将不能发送。一般情况下，50MB 以下的文件可以通过单击“添加附件”按钮添加到邮件中并发送；大于 50MB、小于 2GB 的文件以“超大附件”发送；大于 2GB、小于 4GB 的文件以“网盘附件”发送。若要删除不想发送的附件，则可以单击相应附件的“删除”按钮将其删除。

5. 接收并回复邮件

（1）单击“收信”按钮，打开“收件夹”，可看到接收到的邮件列表。

（2）单击邮件选项，就可以查看邮件内容了，如图 3-41 所示。

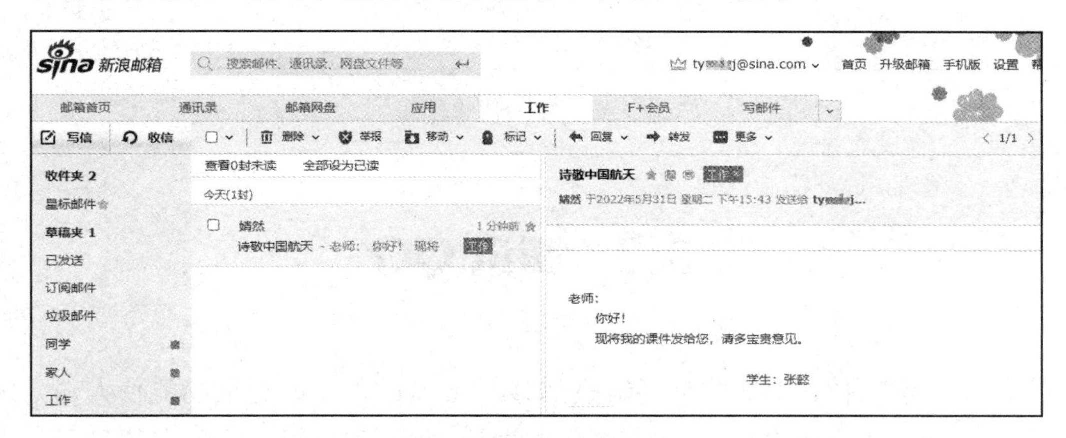

图 3-41　查看邮件内容

（3）单击“回复”按钮，进入“写邮件”页面，编写回复内容后，单击“发送”按钮。

（4）根据前面的例子，如果我们收到一封地址中含有“zhiyejiaoyu”的邮件，则该邮件会自动发送到“工作”分类下。

注意：对于“收件夹”中的过时邮件，我们可以将其选中，单击“删除”按钮，被删除的邮件将被移至“已删除邮件”分类中；或者单击“彻底删除”按钮，将邮件永久删除。

3.2.3　更上层楼：设置新浪代收邮箱

如果一个人有多个邮箱，那么他很可能会登录不同的邮箱收取邮件。“代收邮箱”功能可以只通过一个邮箱轻松收取其他邮箱的来信。只要输入其他邮箱的地址和密码，就可以在新浪免费邮箱中收取、管理其他邮箱的邮件了。

操作步骤

（1）在新浪免费邮箱中执行“设置”→“代收邮箱”→“添加代收邮箱”命令。

（2）填写其他邮箱的地址和密码。

（3）单击“保存”按钮，代收邮箱添加成功。如果代收邮箱中的邮件较多，则推荐勾选“第一次只收取最近一个月的邮件”复选框，如图 3-42 所示。

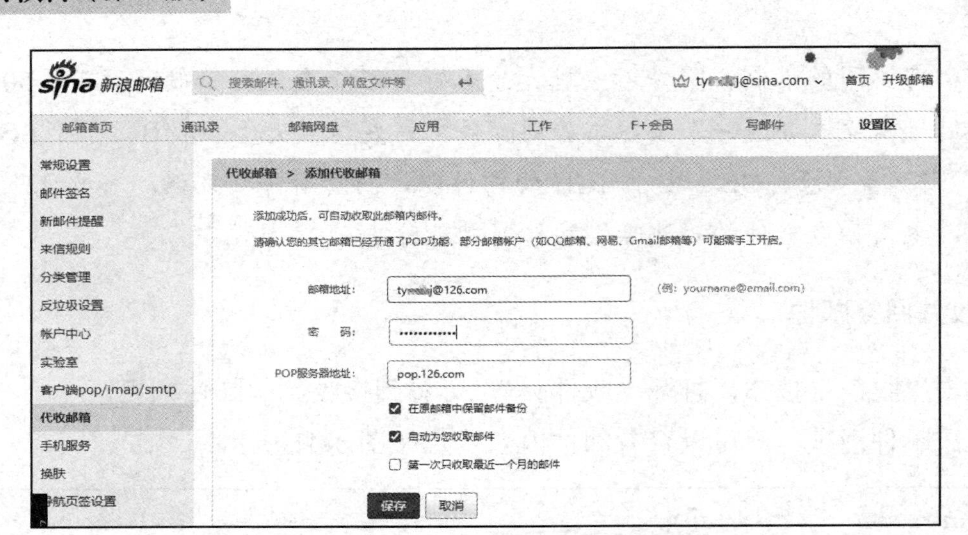

图 3-42　添加代收邮箱

3.3　腾讯 QQ

信息交流是人们工作、生活的重要组成部分，Internet 的即时通信功能使人与人之间的交流变得越来越方便、越来越多样化。通过即时通信软件，我们可以实现在线聊天，进行信息交流。目前，国内流行的即时通信软件有腾讯的 QQ、微信等。

QQ 是一款基于 Internet 的即时通信（IM）软件。它支持在线聊天、视频电话、点对点断点续传文件、共享文件、网络硬盘、邮箱、远程协助等多种功能，并能与移动通信终端相连，是目前国内最流行的即时通信工具之一。

3.3.1　牛刀小试：查找并添加好友

新同事将 QQ 号发给小张，将其加为好友。

操作步骤

（1）登录 QQ。

启动 QQ，进入登录界面，输入账号、密码，如图 3-43 所示。单击“登录”按钮，经过密码验证，QQ 登录成功，弹出主窗口。在 QQ 主窗口中，我们可以看到历史消息，如图 3-44 所示。

（2）查找并添加好友。

单击 QQ 主窗口下方的“加好友/群”按钮，弹出“查找”窗口，单击“找人”选项卡，在搜索框中输入 QQ 号码，如图 3-45 所示。单击“查找”按钮，QQ 将显示出该号码的用户信息。单击“+好友”按钮，输入验证信息，再单击“下一步”按钮，如图 3-46 所示。

图 3-43　QQ 登录界面

图 3-44　QQ 主窗口

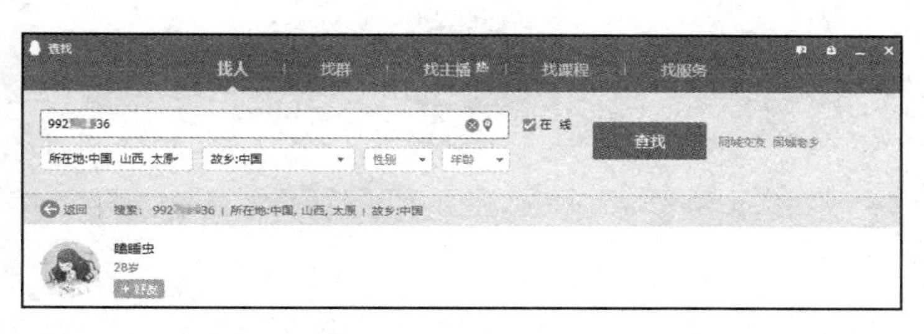

图 3-45　“查找”窗口

图 3-46　“添加好友”对话框

注意：在“找人”时，我们还可以按条件查找，自由组合“在线”“所在地”“故乡”“年龄”等多个条件。

接下来，我们需要为好友设置“备注姓名”和“分组”，然后单击“下一步”按钮，如图 3-47 所示。之后，在弹出提示“你的好友添加请求已经发送成功……”的对话框中，单击“完成”按钮，如图 3-48 所示。对方同意后，就能将其添加到自己的 QQ 好友名单中了。

图 3-47　设置“备注姓名”和“分组”

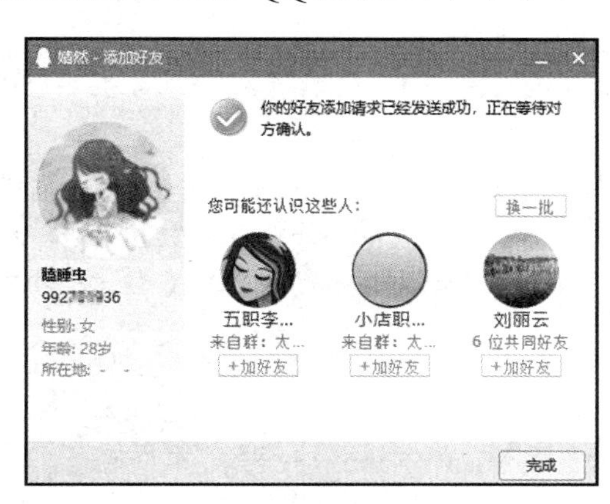

图 3-48　好友添加请求已经发送成功

（3）查找课程。

除查找好友外，QQ 还提供了“找课程”功能。在“查找”窗口中单击“找课程”选项卡，如图 3-49 所示，界面左侧导航栏中列出了课程类别，如果我们查找“设计·创作”类课程，则窗口中会显示多种相关课程的信息。我们可以选择自己需要的课程进行学习。

图 3-49 “找课程”界面

3.3.2 知识导航

1. 常用的即时通信软件

即时通信（Instant Messaging，简称 IM）是一个终端服务，允许两人或多人使用网络即时地传递文字、档案、语音与视频进行交流。

即时通信按用途分为企业即时通信和网站即时通信，根据装载的对象分为手机即时通信和 PC 即时通信。

除了 QQ，微信也是目前流行的一款手机即时通信软件。它由腾讯公司于 2011 年推出，可以通过手机、平板电脑、网页快速发送语音、视频、图片和文字，支持多人语音对讲。微信提供公众平台、朋友圈、消息推送等功能。用户可以通过摇一摇、搜索号码、附近的人、扫描二维码等方式添加好友和关注公众平台，同时也可以将精彩内容分享给好友或分享到朋友圈。

2. 设置 QQ 个性化面板

为了使 QQ 的界面更加个性化，单击 QQ 主窗口上的“个性装扮”按钮，就可以进行更换“皮肤”、设置“气泡”等操作了，如图 3-50、图 3-51 所示。

图 3-50　个性装扮之皮肤设置

图 3-51　个性装扮之气泡设置

3．与好友互动

（1）与好友聊天。

添加 QQ 好友之后，就可以开始聊天了。双击好友头像后会弹出聊天窗口，我们在文本框中输入聊天信息，单击“发送”按钮，就可以将信息发送给好友了，如图 3-52 所示。

如果想查看最近的聊天记录，则可以单击聊天窗口工具栏中的“显示消息记录”按钮，查看与好友最近的聊天记录。

（2）给好友传送文件。

通过 QQ 可以向好友传送任何格式的文件，如图片、文档、歌曲等。由于 QQ 支持断点续传，传送大文件也不用担心中途中断了。

在聊天窗口的文本框中，单击工具栏中的“发送文件”按钮，选择“发送文件”命令，如图 3-53 所示，在弹出的“打开”对话框中选择要发送的文件，并单击“打开”按钮，这时 QQ 开始给好友发送文件传输请求并等待对方接收文件。

图 3-52　聊天窗口

图 3-53　发送文件

如果好友在线，则在其选择接收文件后，QQ 开始传送文件，传送过程中显示文件大小和传送进度；如果好友不在线，则可以发送离线文件。文件发送完毕后，QQ 聊天窗口中会提示成功发送文件。

注意：QQ 支持多个文件同时传送，只要在“打开”对话框中一次选择多个文件就可以了。

（3）语音聊天。

使用 QQ 语音聊天，能够拉近和好友的距离，使网上聊天更亲近、更轻松。单击聊天窗口上方工具栏中的“语音聊天”按钮，如图 3-54 所示，在好友接受语音聊天请求后，聊天窗口出现连接成功提示，这时就可以使用麦克风进行语音聊天了。在结束聊天时，单击窗口右边的“挂断”按钮即可。

除了实时的语音聊天，我们还可以用 QQ 发送语音信息。

注意：与好友进行视频聊天同语音聊天的方法类似。

（4）远程协助。

在使用计算机的过程中，我们会遇到各种各样的问题。对于不能独立解决的问题，我们只能求助专业的技术人员或经验丰富的朋友。但当他们不在现场时，有什么可行的办法呢？QQ 远程协助功能可以在用户申请并授权的情况下，让好友监视或控制用户的计算机，远程帮助用户解决问题。

单击聊天窗口上方工具栏中的“远程协助”按钮，选择“邀请对方远程协助”命令，如图 3-55 所示。当控制方“接受”请求后，申请方的计算机便能由控制方操控了，控制方结束操作后，可单击“断开”按钮。当然，控制方也可以请求控制对方的计算机解决问题。

图 3-54　语音聊天请求

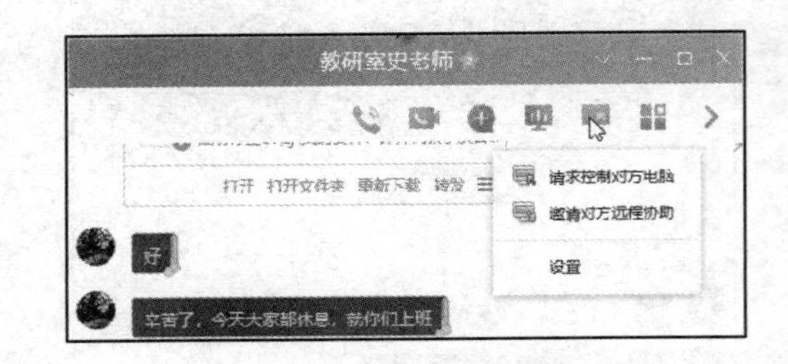

图 3-55　申请方请求远程协助

（5）屏幕分享。

在工作和学习中，“屏幕分享”功能非常实用。利用这个功能，我们可以给同事或领导演示工作文件、解答问题。

单击聊天窗口工具栏中的“屏幕分享”按钮，选择“分享屏幕”命令，如图 3-56 所示。

进入等待好友接受邀请界面，如图 3-57 所示。好友单击“接听”按钮后，就可以看到你的屏幕了。

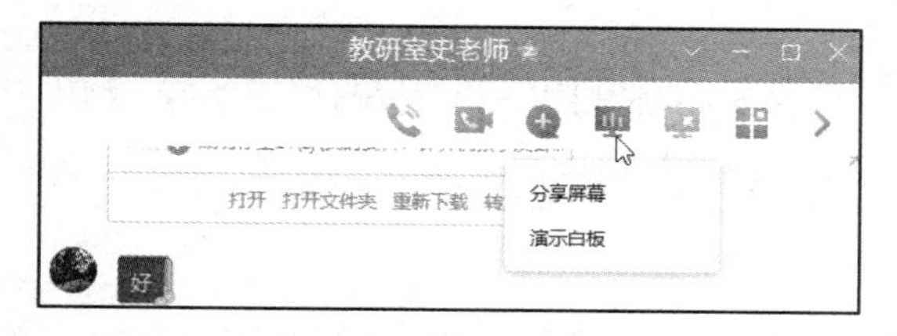

图 3-56　屏幕分享

图 3-57　等待好友接受邀请

（6）截屏。

打开一个聊天窗口，单击剪刀形状的按钮，选择“屏幕截图”命令，或者使用快捷键 Ctrl+Alt+A，都可以实现截屏。如果截屏时聊天窗口遮挡了想要截取的内容，则选择“截图时隐藏当前窗口”命令，即可在截图时不显示 QQ 的聊天窗口，如图 3-58 所示。

利用 QQ 的截屏功能我们不仅能对屏幕截图，还可以对截取的图像进行简单的编辑，如图 3-59 所示，编辑工具包括矩形、椭圆形、箭头、画刷、马赛克、文字、序号笔、撤销编辑、长截图、翻译、屏幕识图、钉在桌面、屏幕录制、保存、发送到手机、收藏等。

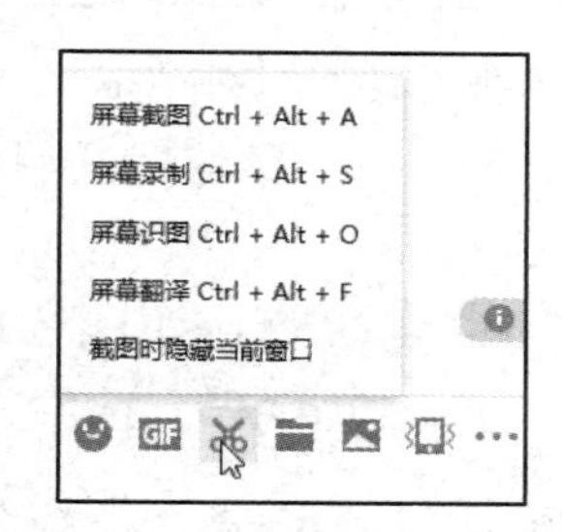

图 3-58　选择截屏命令

图 3-59　编辑截图

下面详细介绍几种常用工具。

矩形工具：绘制矩形，并且可以调节边框的粗细、颜色。

椭圆工具：绘制椭圆形，并且可以调节边框的粗细、颜色。

箭头工具：绘制箭头，并且可以调节箭头的颜色、长短、指示位置。

画刷工具：在截取区域上随意涂写。

马赛克工具：遮盖住不想让别人看到的内容，并且可以通过调整马赛克的模糊程度来改变涂抹遮盖的程度。

文字工具：在截取区域上添加文字，同时可以调整文字的大小和颜色。

注意：如果不能使用快捷键截屏，则原因可能是截屏快捷键和其他软件的快捷键产生了冲突，关闭其他软件就可以了。

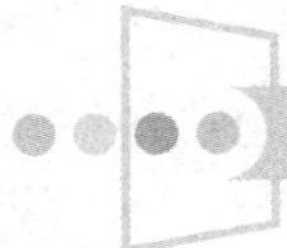

4．群互动

群是腾讯公司推出的多人交流服务。群主在创建群以后，可以邀请朋友或有共同兴趣爱好的人到一个群里面聊天。群内除了聊天功能，还有群空间功能。在群空间中，用户可以使用论坛、相册、共享文件等多种交流方式。

（1）创建群。

在QQ主窗口中，单击“联系人”选项卡，然后单击右侧的“+”按钮，在下拉菜单中选择“创建群聊”命令，如图3-60所示。在弹出的“创建群聊”对话框中，选择类别、填写信息、邀请成员，如图3-61所示，即可创建一个群。

图3-60　选择“创建群聊”命令

图3-61　“创建群聊”对话框

（2）查找添加群。

进入“找群”界面：在“群聊”下拉菜单中，选择“查找添加群”命令，如图3-62所示；或者在QQ主窗口中单击“联系人”选项卡，然后单击右侧的“+”按钮，在下拉菜单中选择“加好友/群”命令，如图3-63所示。在搜索框中输入群号码或群名称，单击“查找”按钮，QQ将列出该群的相关信息，如图3-64所示。

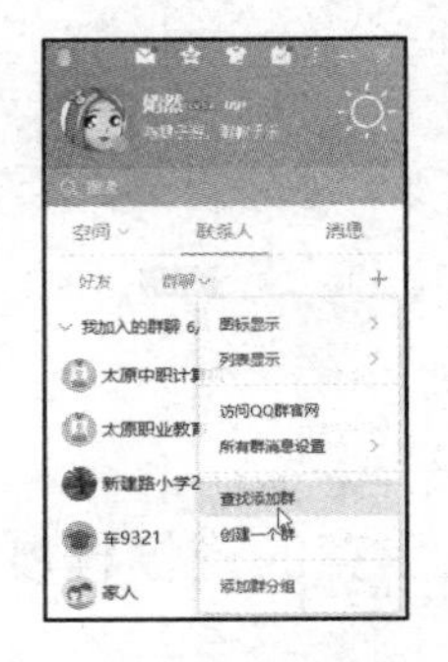

图3-62　查找添加群

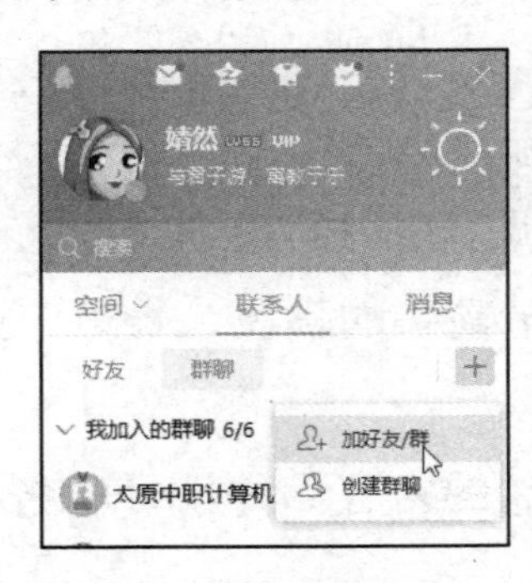

图3-63　加好友/群

图3-64　群相关信息

单击“加群”按钮，并发送请求信息，待群主或管理员同意后，就加入该群了。双击QQ主窗口中的群名称，就能够打开聊天窗口，这样就可以在群里聊天了。

3.3.3 更上层楼：在 QQ 群中多人协作编辑 Excel 文档

在日常班级管理中，我们经常有统计多人信息的需求。利用腾讯文档，我们可以实现多人协作编辑，便捷地完成信息统计。

操作步骤

（1）单击 QQ 主窗口下方的“ ”按钮，进入“腾讯文档”主界面，单击“模板库”按钮，如图 3-65 所示。在模板页面的最上方有文档、表格、幻灯片、收集表、思维导图、流程图等选项卡，腾讯为每种文档都设计了许多模板，其中有一部分是免费的，还有一部分是会员专享，这里我们单击“表格”选项卡，如图 3-66 所示。

图 3-65 “腾讯文档”主界面

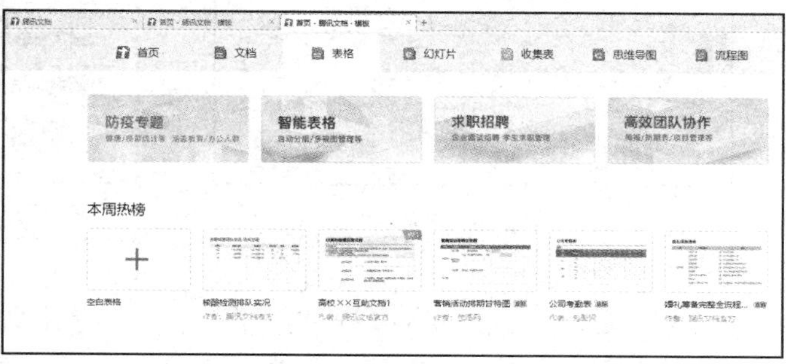

图 3-66 “表格”选项卡

（2）将光标移至“高校××互助文档 1”模板，单击“立即使用”按钮，即可打开此模板，如图 3-67 所示。

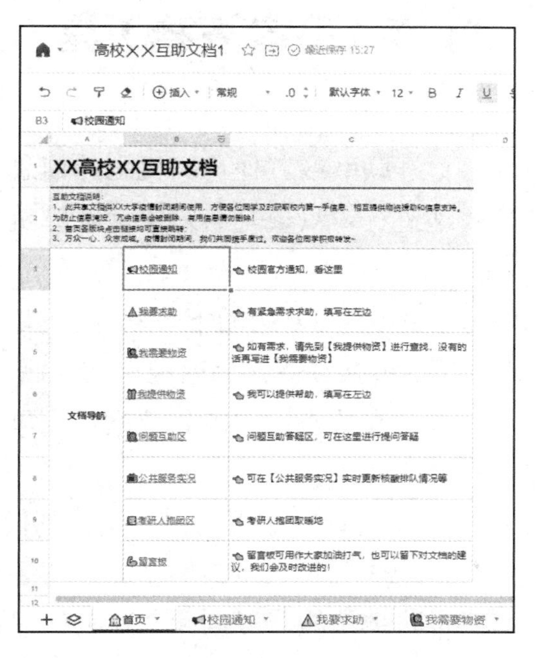

图 3-67 “高校××互助文档 1”模板

（3）这是一个带有超链接的多人协作表格模板，在首页将光标移至 B3 单元格“校园通知”超链接处，如图 3-68 所示，单击该超链接，就可以打开“校园官方通知公告区”工作表，如图 3-69 所示。其他工作表也是这种打开方法。创建好文档后，单击“分享”按钮，就可以在这个文档里共同编辑信息了。在此过程中，修改的内容会同步显示在各自的屏幕上，并标记出人员名字。还可以使用“查看修订记录”功能，随时回滚历史文档并保存。

图 3-68 “校园通知”超链接

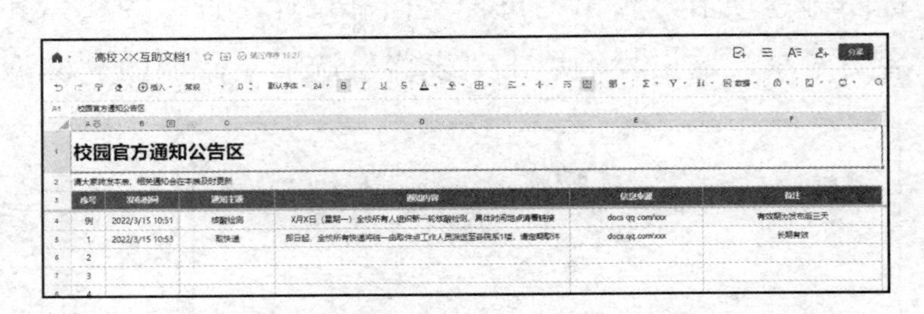

图 3-69 “校园官方通知公告区”工作表

（4）填好信息后，执行“文件”→“导出为”→“本地 Excel 表格”菜单命令。

注意：腾讯文档具有一键实时翻译全文功能，准确率高。被翻译的内容也可以一键生成文档，方便大家查看和保存。

3.4 迅雷下载工具

下载是通过网络传输文件，把互联网或其他计算机上的信息保存到本地计算机上的一种网络活动。下载可以显式或隐式地进行，只要是获得本地计算机上所没有的信息的活动，都可以认为是下载，如在线观看。

除了使用浏览器下载，我们还可以使用专门的下载软件。迅雷是一款新型的基于 P2SP（多资源超线程技术）的下载软件，下载链接如果是“死链”，迅雷则会搜索其他链接下载所需要的文件。迅雷支持多节点断点续传，支持不同的下载速度，还可以智能分析并选择速度快的节点进行下载，从而提高我们的下载速度。

作为“宽带时期的下载工具”，迅雷针对宽带用户做了特别优化，能够将网络上存在的服务器和计算机资源进行有效整合，构成独特的迅雷网格，使得各种数据文件能够以最快的速度进行传输。迅雷网格还具有病毒防护功能，可以和杀毒软件配合，确保下载文件安全。

3.4.1 牛刀小试：利用迅雷下载视频

迅雷最直接、最重要的功能就是快速下载文件，它可以将网络上各种资源下载到本地磁盘中。下面以下载视频为例，介绍迅雷的基本操作方法。

操作步骤

（1）打开迅雷软件，搜索下载关键词，如“神州十四号”，右击资源列表中的“神州十四号发射全过程”视频选项，在弹出的快捷菜单中选择“复制视频地址”命令，如图 3-70 所示。

（2）在弹出的“添加链接或口令”对话框中，粘贴视频地址，选择存储到“迅雷下载”目录后，单击“立即下载”按钮进行下载，如图 3-71 所示。

图 3-70 复制视频地址

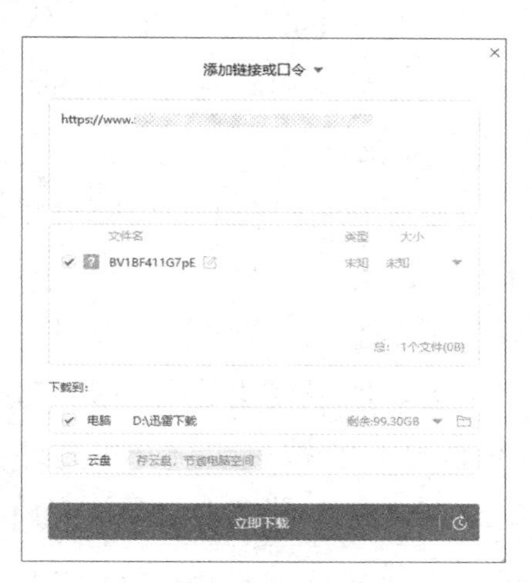

图 3-71 “添加链接或口令”对话框

（3）下载完成后，视频会在“已完成”列表中显示，如图 3-72 所示，我们可以根据下载路径打开视频。

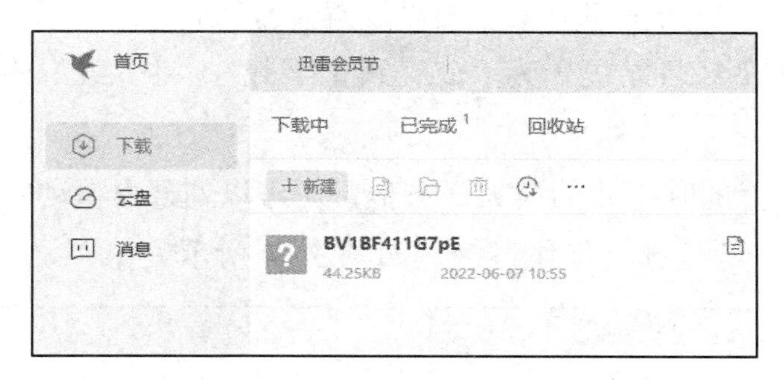

图 3-72 “已完成”列表

3.4.2 知识导航

1. 常见的文件下载方式

在互联网中，下载文件最常见的方式有 HTTP、FTP、BT 等。在这些方式里，HTTP 下载和 FTP 下载类似，都能够通过浏览器直接下载，即用户通过协议和提供文件的服务器取得联系，将服务器上的文件传输到本地计算机中，从而实现下载；BT 下载则需要专业的下载软件来实现。

（1）HTTP 下载。

通过浏览器下载资源是最常见的网络下载方式之一。在保存网页或网页中的文字、图片、短片等资源的时候，使用浏览器非常方便。此外，还有大量可以下载的资源是以超链接的形式在网页上提供的，下载这些资源时也可以直接在浏览器中进行。由于资源是直接从服务器下载的，当下载该资源的人数较多，或者网络的带宽情况较差时，下载速度较慢。

（2）FTP 下载。

FTP（File Transfer Protocol，文件传输协议）采用客户机/服务器的工作模式。其中，用户本地计算机叫作 FTP 客户机，提供 FTP 服务的计算机叫作 FTP 服务器。访问 FTP 服务器可以通过浏览器，也可以通过专用的 FTP 工具，如 CuteFTP Pro 等。

（3）BT 下载。

BT（BitTorrent，比特流）是一种基于 P2P（Peer to Peer，对等网络）技术的下载方式，它克服了传统下载方式的局限性，不需要服务器，文件在用户计算机之间进行传播。可以说每台计算机都是服务器，每台计算机在下载其他计算机上的文件的同时，也会向其他计算机提供下载服务，所以使用这种下载方式的用户越多，下载速度就会越快。

P2SP 是对 P2P 技术的进一步延伸，它不但支持 P2P 技术，还通过“多媒体检索数据库”这个桥梁将原本孤立的服务器资源和 P2P 资源整合在一起，这样下载速度更快，同时下载资源更丰富，下载稳定性更强，充分利用了宽带的特点。迅雷就是基于这种技术的下载软件。

2. 迅雷设置中心

（1）打开迅雷软件，单击窗口右上方的“设置”按钮，进入“设置中心”界面。

（2）下载设置：将下载目录设置为“D：\迅雷下载”，将下载方式设置为“立即下载”，如图 3-73 所示。

（3）任务管理：设置同时下载的最大任务数，还可以勾选“自动将低速任务移动至列尾”“下载完成后自动打开”等复选框优化下载，如图 3-74 所示。

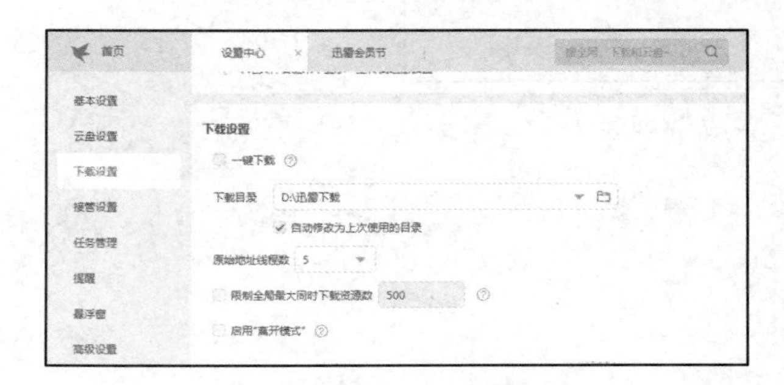

图 3-73　下载设置

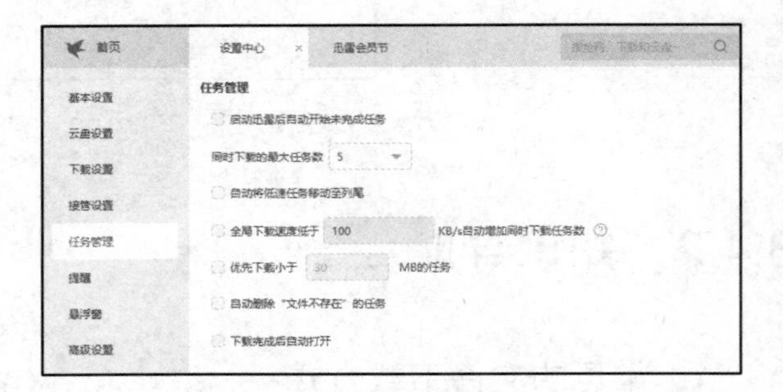

图 3-74　任务管理

3．使用迅雷进行批量下载

迅雷提供了批量下载文件的功能，对具有共同特征的下载对象可以批量下载。

（1）使用迅雷下载全部链接。

打开浏览器，搜索“中国宇航员”图片，并进一步筛选出高清、中等尺寸的图片。如果想一次性下载，则右击图片，在弹出的快捷菜单中选择“使用迅雷下载全部链接”命令，如图 3-75 所示。在打开的“新建下载任务”对话框中，选择下载文件类型为“jpg”，并勾选“图片任务组_20220607_1535”复选框，然后单击“立即下载”按钮，如图 3-76 所示。

图 3-75　选择“使用迅雷下载全部链接”命令

图 3-76　“新建下载任务”对话框

（2）批量下载。

当我们要下载一组图片、一张专辑或一部连续剧时，下载链接会有很多共同特征，只是编号不同，这时可以使用迅雷的批量下载功能。

打开迅雷软件，单击“＋”按钮，弹出“添加链接或口令”对话框，展开任务添加菜单，选择“添加批量任务”命令，如图 3-77 所示。在“新建下载任务”对话框中输入链接“http://×××.××.××××××.×××/Files/pic/pic6/pic25(*).jpg”，设置过滤范围为 21~30、“通配符长度”为“2”，单击“确定”按钮，如图 3-78 所示。设置存储路径等常规项目后，单击“立即下载”按钮。

图 3-77　添加批量任务

注意：在设置“通配符长度”后，需要检查起始值和结束值是否超限。

4．任务管理

迅雷软件主窗口的左侧是任务管理窗格，其中包含一个目录树。目录树通常有“正在下载”“已完成”“垃圾箱”三个分类。没有下载完成或错误的任务都在“正在下载”这个分类中。当下载一个文件时，单击“正在下载”按钮可以查看该文件的下载状态；下载完成后该任务会自动移动到“已完成”分类中；用户在“正在下载”和“已完成”分类中删除的任务都存放在“垃圾箱”分类中，但如果任务被“彻底删除”，则该任务就不会出现在“垃圾箱”分类中了。在“垃圾箱”分类中删除任务时，系统需要用户确认是否删除。

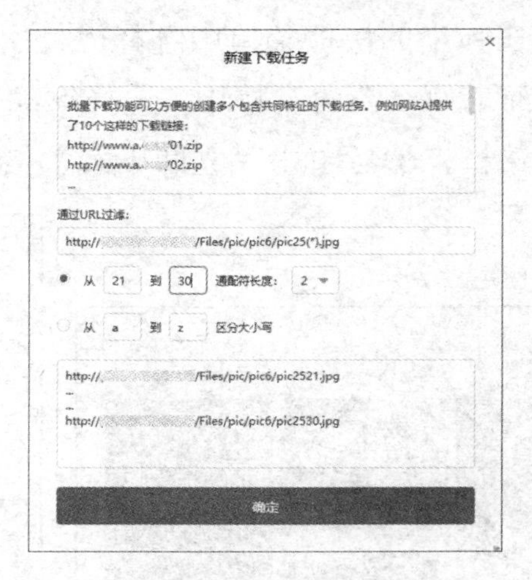

图 3-78　批量下载设置

3.4.3　更上层楼：迅雷的高级设置

操作步骤

打开迅雷的“设置中心”界面，单击“高级设置”选项，如图 3-79 所示。

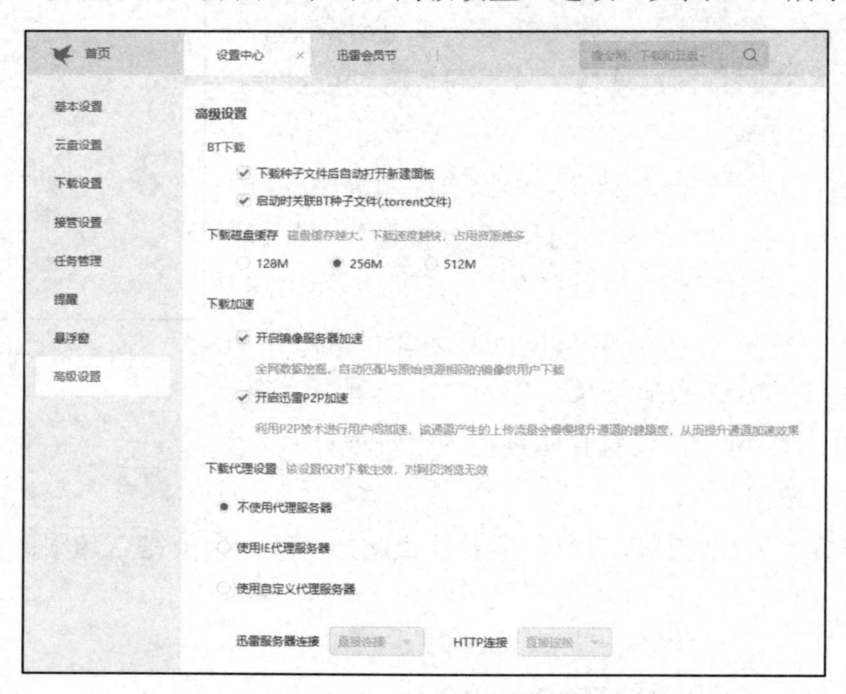

图 3-79　迅雷的高级设置

在“BT 下载”选区中，勾选“下载种子文件后自动打开新建页面”复选框，可以使下载任务更加清晰、便于操作；勾选“启动时关联 BT 种子文件”复选框，可以使下载任务更顺利、快速地完成。

BT 种子是一种“.torrent”文件，含有 BT 下载时必需的文件信息，作用相当于 HTTP 下载的 URL 链接。如果要利用 BitTorrent 协议下载文件，则需要先下载一个包含该文件相关信息的“.torrent”文件，即 BT 种子文件。

种子文件是记载了所下载文件的存放位置、大小、服务器地址、发布者地址等数据的一个索引文件。种子文件并不是最终要下载的文件（如电影），但是有了种子文件，就能高速下载到所需要的文件了。

3.5 云盘

云盘是互联网存储工具，是云技术的产物。它通过互联网为企业和个人提供信息的储存、访问、备份、共享等服务，具有安全稳定、海量存储的特点。目前比较流行的云盘有百度网盘、腾讯微云、坚果云等。

云盘有超大存储空间，只要将文件存放到云盘，用计算机和手机都可以访问，随时随地查看，非常方便，还可以通过提取码轻松分享资源，提高办公效率。

3.5.1 牛刀小试：让超大容量的免费网络 U 盘用起来

当你的计算机上存放了大量的文件，硬盘不堪重负时，百度网盘会给你一个很好的解决方案——把文件上传到网盘，既安全，又方便。

百度盘网是一个超大容量的免费网络 U 盘，支持对常规格式的图片、音频、视频、文档文件的在线预览，无须下载文件到本地就可以轻松查看、修改、保存。

操作步骤

（1）登录百度网盘，如图 3-80 所示，进入“百度网盘”首页。

图 3-80 “百度网盘”登录窗口

（2）在首页中，单击“新建文件夹”按钮，新建“办公”文件夹，如图3-81所示。

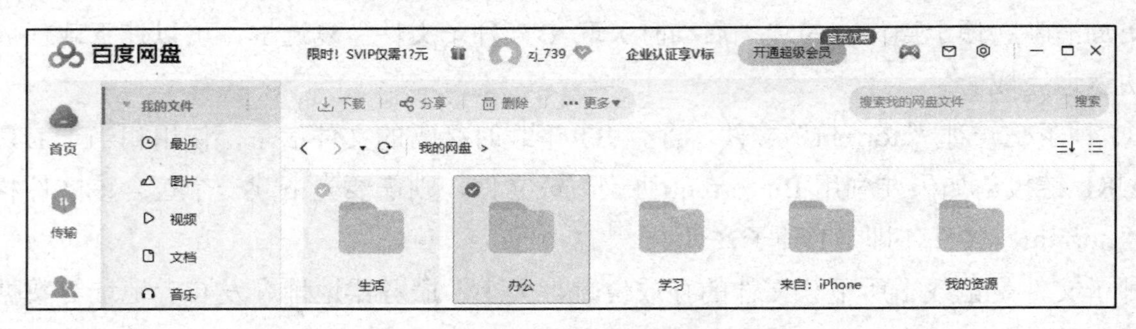

图3-81　新建文件夹

（3）双击进入“办公”文件夹，单击“上传”按钮，在弹出的对话框中选择需要上传的文件或文件夹，然后单击“存入百度网盘”按钮，如图3-82所示。

图3-82　上传文件

（4）双击打开上传到百度网盘中的文件，可直接进行编辑，并保存到网盘上。

3.5.2　知识导航

1. 文件管理

对百度网盘中的文件或文件夹，可以进行复制、粘贴、删除、移动等操作；还可以对重要文件进行加密存放。先单击窗口左侧的“隐藏空间”按钮，然后单击“启用隐藏空间”按钮，在弹出的对话框中填写二级密码后单击“创建”按钮即可打开“隐藏空间”，如图3-83所示。这时可将重要文件上传到“隐藏空间”，如图3-84所示，上传成功后单击“立即上锁”按钮。如果想进入“隐藏空间”，则需要输入密码。

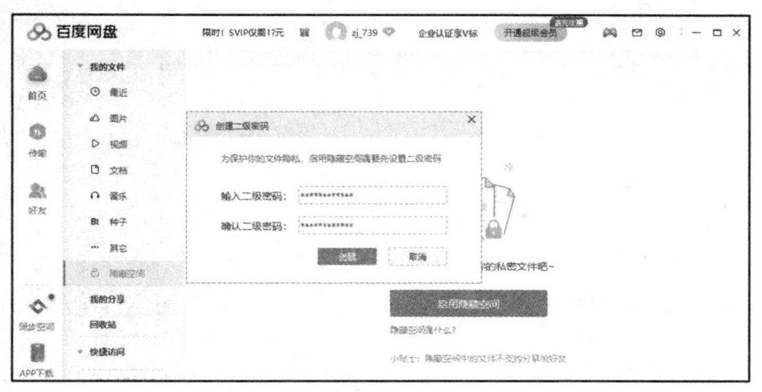

图 3-83　创建隐藏空间的二级密码

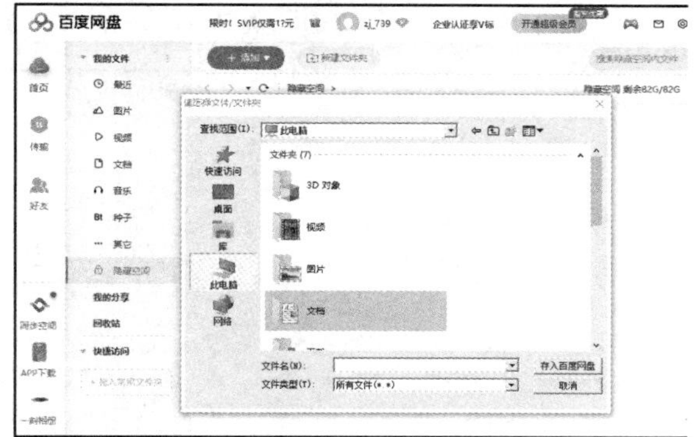

图 3-84 将重要文件上传到“隐藏空间”

2. 文件分享

百度网盘为大家提供了多元化的数据存储服务，让用户能够方便、快捷地将文件上传到网盘上，并能在另一终端上查阅与分享。例如，我们经常会收集到一些好看的电影、电视剧，各种精美的图片或有趣的小说，并希望把这些文件分享给好友，这时就会用到百度网盘的分享功能。

（1）进入网盘，右击要分享的文件或文件夹，在弹出的快捷菜单中选择“分享”命令，如图 3-85 所示。

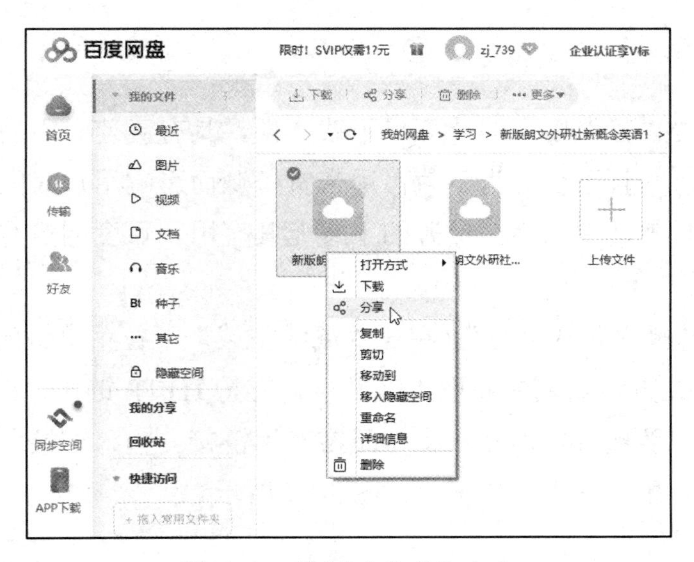

图 3-85　选择“分享”命令

（2）分享的方式有两种，链接分享和发给好友。

在“链接分享”中，一般选择“有提取码”的分享形式，只有拥有提取码的用户才可以查看文件，更加安全。提取码的生成方式有两种：系统随机生成和自定义。如果选择后者，则要承担重复使用同一提取码的风险。除了以上内容，还需要设置“提取方式”等，最后单击“创建链接”按钮，如图 3-86 所示。这时就会看见我们创建的链接，单击“复制链接及提取码”按钮，就可以将其分享给朋友了，如图 3-87 所示。

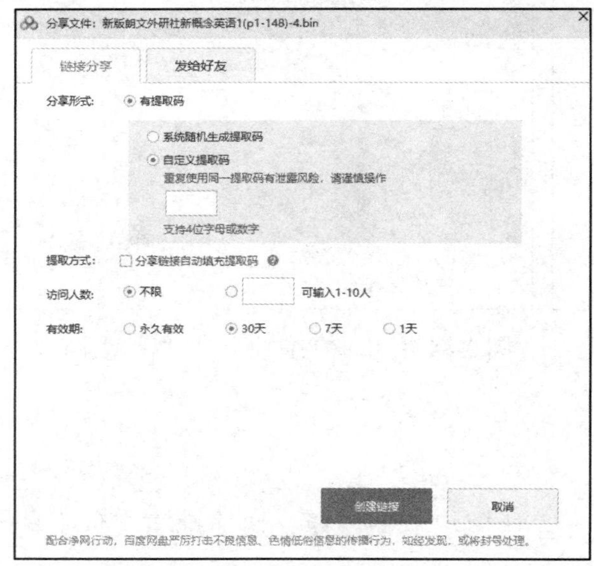

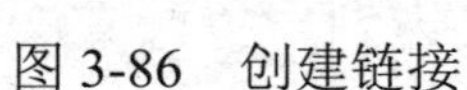
图 3-86　创建链接

图 3-87　复制链接及提取码

如果选择“发给好友”方式，则需要将分享对象加为好友，然后单击“分享”按钮。

（3）将链接发送至好友的 QQ、微信、手机或邮箱。朋友打开链接后，既可以将分享的文件保存到自己的百度网盘，又可以单击“下载”按钮选择目录后下载。

3．离线下载

离线下载即服务器“替”用户的计算机下载文件，具有高速、不用开机的优点。离线下载可以减少等待时间，并且不会因为下载占用带宽资源而影响用户对网络的使用，也不用彻夜开机，省电环保，对大文件和冷门资源的下载尤其有用。百度网盘有两种离线下载方式：普通下载和 BT 下载。

（1）普通下载。选择“我的网盘”，单击“离线下载”下拉菜单中的“添加普通下载”命令，如图 3-88 所示。此方法需要先获取下载链接，支持 HTTP 链接、FTP 链接、磁力链接、电驴（eDonkey 网络）链接等，但是不支持迅雷专用链接。输入链接之后可根据个人需要选择保存位置，并单击“开始下载”按钮，如图 3-89 所示。

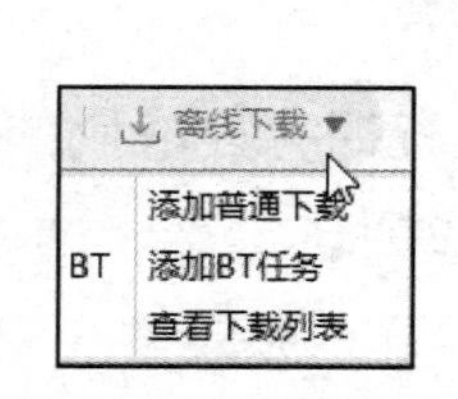

图 3-88　离线下载

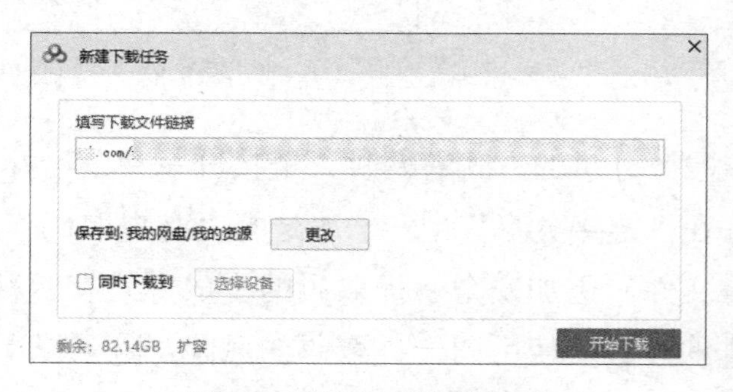

图 3-89　输入链接并下载

（2）BT 下载。选择已经准备好的种子，存入网盘，在“新建离线 BT 任务”对话框中选择保存位置，然后单击“开始下载”按钮。

（3）查看“正在下载”列表，观察下载进度。

3.5.3 更上层楼：享受文件同步的乐趣

云盘的文件同步功能能够使云端文件夹内容和对应的本地文件夹内容保持一致。也就是说，无论是本地文件发生变化，还是云端文件发生变化，两者都会保持一致。例如，用户在本地创建一个文件，那么云端也会同步创建这个文件；同样地，用户在云端创建一个文件，本地也会同步创建这个文件。

坚果云是一款便捷、安全的专业云盘产品，通过文件自动同步、共享、备份功能，帮助用户实现智能文件管理，提供高效办公解决方案。它支持多文件夹同步、多人同步、增量同步等技术（只上传文件被修改的部分而不必重新上传整个文件），这样可以大大提高同步的速度和效率。

操作步骤

（1）安装坚果云客户端，本地计算机上会自动创建名为“我的坚果云”的文件夹。与其他文件夹不同的是，该文件夹下的文件，会自动上传到坚果云，客户端主窗口如图 3-90 所示。

（2）进入“我的坚果云”文件夹后，可以进行编辑操作，如创建、修改、删除、重命名、移动等，如图 3-91 所示。这些操作坚果云都会同步到服务器上，并让服务器中保存的内容与本地“我的坚果云”文件夹中的一致。

图 3-90 “坚果云”客户端主窗口

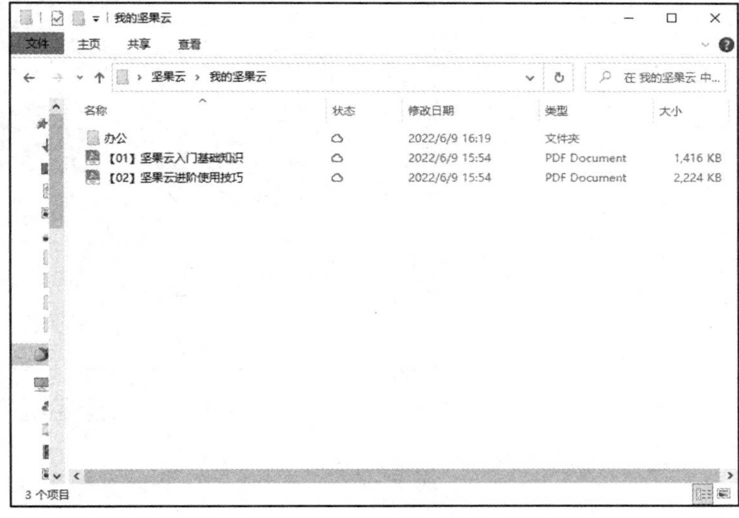

图 3-91 编辑“我的坚果云”文件夹

（3）同步文件夹：在本地计算机中选中文件夹，右击鼠标，在弹出的快捷菜单中执行“坚果云”→“同步该文件夹”命令，如图 3-92 所示。同步后，坚果云中会增加一个文件夹，如

图 3-93 所示。

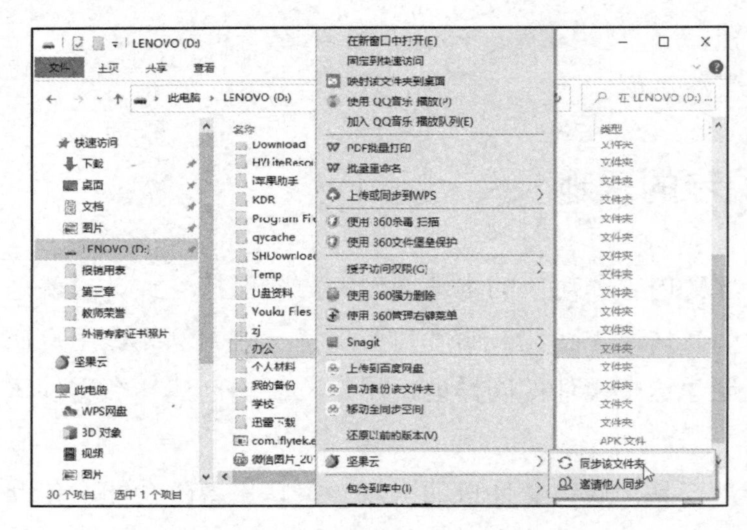

图 3-92　同步文件夹

图 3-93　同步文件夹到坚果云

（4）坚果云的多人同步功能比较适合多台计算机间的文件操作。例如，在多台计算机上安装坚果云客户端，并分别启动、登录同一账户。当用户在其中任何一台计算机的坚果云文件夹中进行操作时，该操作会被同步到坚果云服务器，进而同步到其他计算机的坚果云文件夹。具体操作如下：选中文件夹，右击鼠标，在弹出的快捷菜单中执行“坚果云”→“邀请他人同步”命令，在弹出的“权限设置”对话框中输入共享人的邮箱后，单击“添加”按钮，如图 3-94 所示。

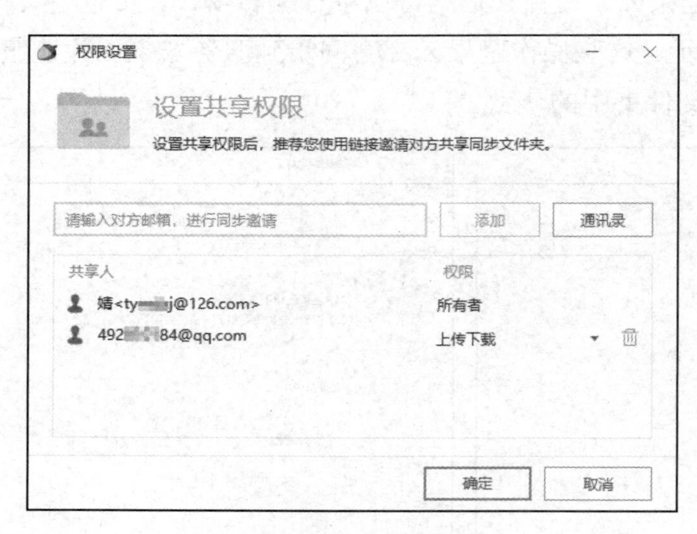

图 3-94　邀请他人同步

第4章

影音工具

随着多媒体技术的发展，多媒体文档格式也随之增多。对于计算机用户来说，为了观看各种影音资源不得不安装多种播放器，内存空间不断被占用。针对此问题，一批支持多种影音格式的播放软件悄然兴起。它们以相对较小的系统资源占用和极多的媒体类型支持，获得了广大用户的喜爱。

4.1 影音播放——QQ影音

目前流行的影音播放软件很多，功能及使用上并无太大差异，而且大部分都支持视频和音频播放。用户可以根据自己的实际需要，从支持的格式、播放界面及个人爱好等角度来选择。本节以“QQ影音”为例，介绍影音播放软件的使用方法。

4.1.1 牛刀小试：播放音频

公司刚刚召开了重要会议，需要将会议录音整理成文字材料。小张通过语音识别软件将会议录音转化为文本后，为确保文字资料的准确性，还需要重听会议录音，对部分识别错误或识别不准确的内容进行人工校对纠错。

操作步骤

（1）启动QQ影音，其主界面如图4-1所示。

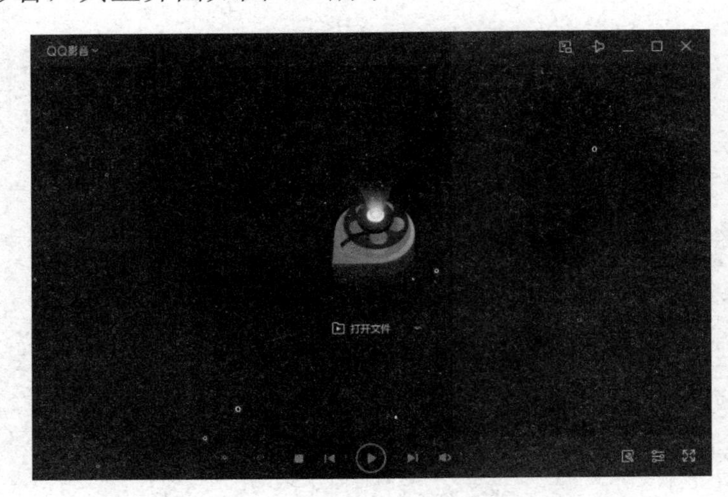

图4-1　“QQ影音”主界面

（2）单击主界面中间的“打开文件”按钮，并通过弹出的“打开”对话框打开需要整理的音频文件进行播放，如图4-2所示。同时，使用文字处理软件对相应文字进行校对。

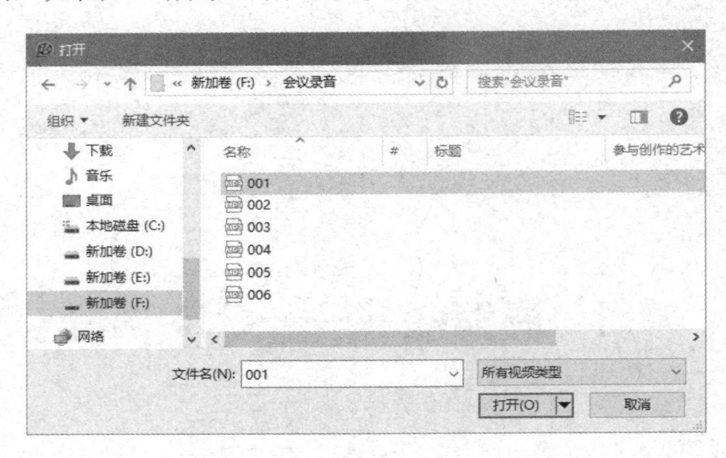

图4-2　“打开”对话框

（3）在播放过程中，用户可以通过界面下方的控制按钮，对播放进度、音量大小等进行调整。

注意：在播放过程中，如果遇到听不清楚的地方，则可以采取以下方式进行解决。

① 在播放过程中，按键盘上的“↑”“↓”键，升高、降低播放的音量。当音量指示已达到最大时（100%），还可以继续按“↑”键，将QQ影音的播放音量再放大，最多可放大10倍（1000%）。

② 拖动或单击进度条调整播放进度；或者按键盘上的“←”“→”键，进行快退、快进操作，方便重复收听。

③ QQ影音提供了“A-B重复”功能。执行“QQ影音”→“播放”→“A-B重复”命

令，设置需要重复收听的起点（A点）和终点（B点），如图4-3所示。设置成功后，进度条的相应位置上将显示“Ⓐ”和“Ⓑ”，并在两点之间进行重复播放，如图4-4所示。

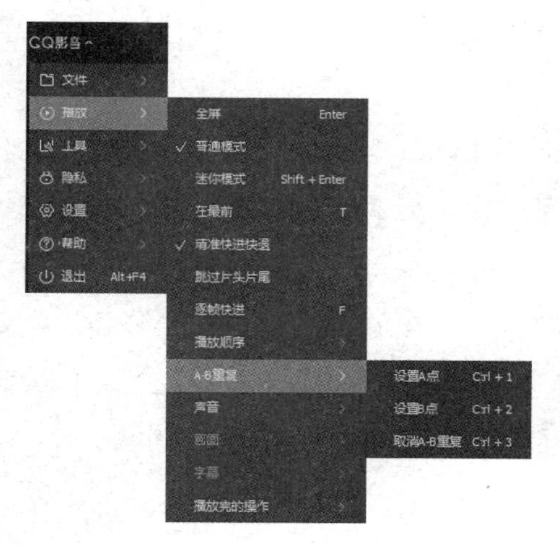

图4-3 “A-B重复”设置

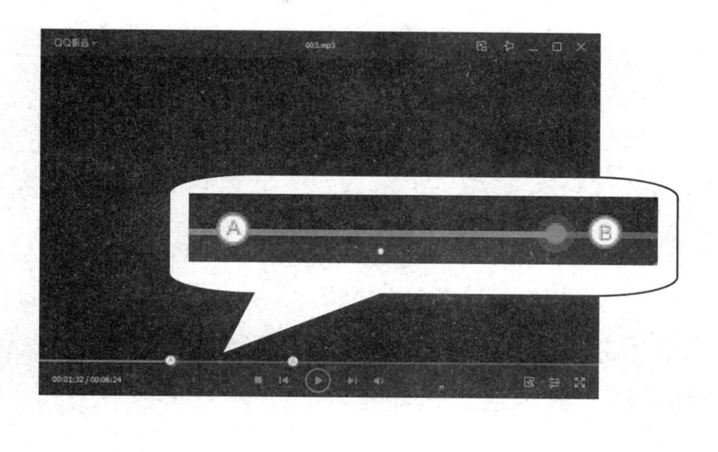

图4-4 设置“A-B重复”后的进度条

4.1.2 知识导航

1. 常见的音频格式

（1）CDA。在多数播放软件的“打开文件类型”中，都可以看到*.cda格式，即CD音轨。其实，CDA文件是CD音轨信息记录文件，一个CD音轨为一个*.cda文件。所以，无论CD音乐的长短，在计算机中看到的*.cda文件均为44字节长。因为CD音轨是近似无损的，所以它的声音基本上是忠于原声的。

（2）WAV。WAV是微软和IBM共同开发的PC标准声音格式，文件后缀为.wav，是一种通用的音频数据文件格式。人们通常使用WAV格式保存一些没有压缩的音频，依照声音的波形进行存储（波形文件），占用存储空间较大。

（3）MP3。MP3是一种音频压缩技术，被用来大幅降低音频数据量，可以将音乐以1∶10甚至1∶12的压缩率压缩成容量较小的文件，而对于大多数用户来说重放的音频质量与最初不压缩的音频相比没有明显的下降。用MP3格式存储的音乐被称为MP3音乐，其优点是压缩后占用空间小，适合移动设备存储和使用。

（4）WMA。WMA是微软公司推出的与MP3格式齐名的一种音频格式，音质要强于MP3，远胜于RA，在较低的采样频率下也能产生较好的音质。其压缩率一般可以达到1∶18左右。同时，WMA还可以加入防复制保护。

（5）RA。RA采用的是有损压缩技术。由于其压缩比相当高，因此音质相对较差，但是文件也相对较小。此外，RA可以随网络带宽的不同而改变声音质量，以使用户在得到流畅声音的前提下，尽可能地提高声音质量，适合在传输速度较低的互联网上使用。

（6）MIDI。MIDI 是编曲界流行的音乐标准格式，其文件可被称为“计算机能理解的乐谱”。MIDI 传输的不是声音信号，而是音符、控制参数等指令。它指示 MIDI 设备要做什么、怎么做，如演奏哪个音符、用多大音量演奏等。所以，MIDI（*.mid）文件重放的效果完全依赖于声卡的档次。

（7）AAC。AAC 是一种专为声音数据设计的文件压缩格式。与 MP3 不同，它采用了全新的算法进行编码，更加高效；还可以提供 48 个全音域声道。与 MP3 相比，AAC 音质更佳，文件更小。

（8）M4A。M4A 是 MPEG-4 音频标准文件的扩展名。一般来说，普通的 MPEG-4 文件的后缀是“.mp4”。自从 Apple 开始使用“.m4a”以区别 MPEG-4 的视频和音频文件以来，M4A 这个扩展名得以流行。目前，几乎所有支持 MPEG-4 音频的软件都支持 M4A。

2. 常见的视频格式

（1）AVI。AVI 是音频视频交错（Audio Video Interleaved）的英文缩写，是微软公司发布的视频领域最悠久的格式之一。AVI 文件调用方便、图像质量好、压缩标准可任意选择，是应用最广泛、应用时间最长的格式之一。

（2）WMV。WMV（Windows Media Video）是微软公司开发的一组数位视频编解码格式的通称。其主要优点在于，可扩充的媒体类型、本地或网络回放、可伸缩的媒体类型、流的优先级化、多语言支持、扩展性等。

（3）MKV。MKV 是全称为 Matroska Video 的新型多媒体封装格式，是一种开放标准的自由容器和文件格式。MKV 的最大特点是能容纳多种不同类型编码的视频、音频及字幕流。

（4）FLV。FLV（Flash Video）流媒体格式是一种新的视频格式。由于它形成的文件极小、加载速度极快，使得在线观看视频文件成为可能。它的出现有效地解决了视频文件导入 Flash 后，导出的 SWF 文件体积庞大、不能在网络上很好地使用等缺点。

（5）F4V。作为一种更小、更清晰、更利于网络传播的格式，F4V 已经逐渐取代了传统 FLV。它和 FLV 的主要区别在于，FLV 采用的是 H.263 编码，而 F4V 支持 H.264 编码的高清晰视频。在同等体积的前提下，F4V 能够实现更高的分辨率，并支持更高的比特率，观看效果更清晰、更流畅。

（6）MOV。MOV 是 QuickTime 影片格式，是 Apple 公司开发的一种音频、视频文件格式，具有较高的压缩率和较完美的视频清晰度等特点。另外，它还具有跨平台性，即不仅支持 MacOS，还支持 Windows。

（7）MP4。MP4（MPEG-4 Part 14）是一种常见的、描述较为全面的多媒体容器格式，被认为可以在其中嵌入任何形式的数据。但是，常见的 MP4 文件大多存放的是 AVC（H.264）或 MPEG-4（Part 2）编码的视频、AAC 编码的音频。

3. QQ影音简介

QQ影音是由腾讯公司推出的一款几乎支持任何格式影片和音乐文件播放的本地播放器。其首创的轻量级多播放内核技术，充分挖掘和发挥了新一代显卡的硬件加速能力；清爽的界面风格及播放时无广告、插件干扰等优点，为用户带来了更快、更流畅的视听体验。

（1）主界面。

“QQ影音”主界面及各功能分区如图4-5所示。

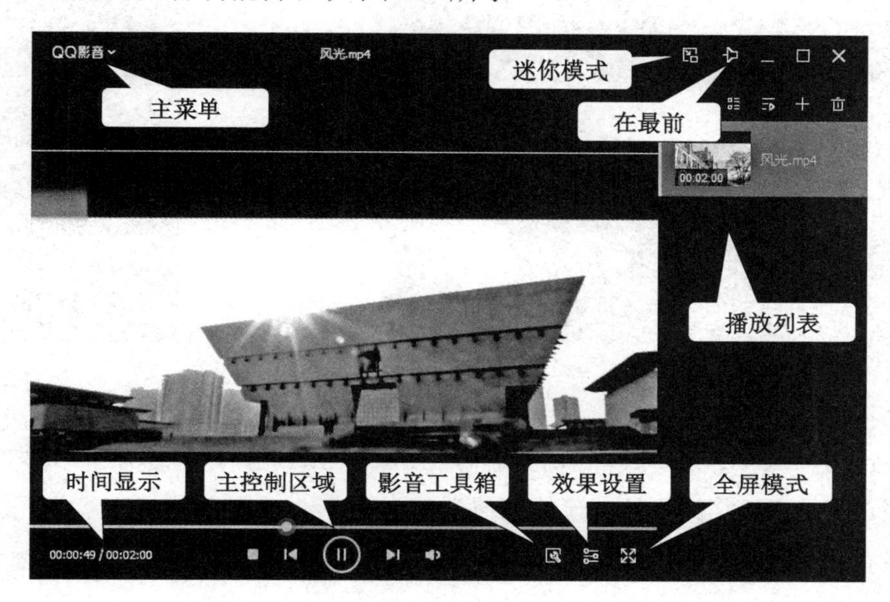

图4-5 “QQ影音”主界面及各功能分区

（2）播放模式。

QQ影音有三种播放模式，分别为全屏模式、普通模式和迷你模式。

① 全屏模式是指影片在播放过程中充满整个屏幕，使用户拥有更好的视觉体验。

② 普通模式是指影片在播放过程中始终保持窗口显示，用户操作起来更快捷、方便，如图4-5所示。

③ 迷你模式是指将播放窗口变小、变简单，方便用户同时做其他事情，将光标移动到影片上时，控制栏会自动出现，如图4-6所示。

在使用普通模式或迷你模式时，用户还可以通过“在最前”按钮使播放界面始终保持在其他所有窗口的上面，不受其他窗口遮挡。

（3）切换播放模式。

QQ影音的三种播放模式可以通过相应的按钮、菜单、快捷键或鼠标操作完成切换。

① 在影音文件的播放过程中，通过主界面中的相应按钮进行切换。

② 通过快捷菜单（右击影片播放区域）进行切换，如图4-7所示；或者在播放界面中执行“QQ影音”→“播放”命令，在展开的菜单中单击相应的命令选项进行切换。

图 4-6　迷你模式

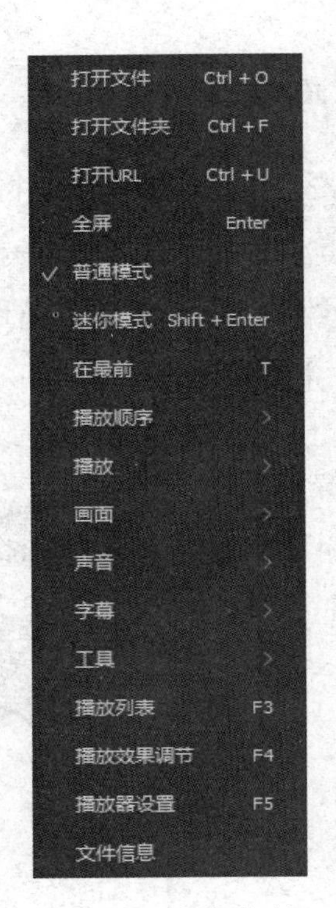

图 4-7　快捷菜单

③ 按 Enter 键可以实现全屏模式切换，按 Shift+Enter 键可以实现迷你模式切换。

④ 双击播放画面可以实现全屏模式切换。

（4）部分特色功能。

① 进度条预览。

大多数视频网站都提供了鼠标悬停时进度条上显示预览图的功能，方便用户快速定位或预览影片。QQ 影音也提供了这个功能。当用户将光标移到进度条上时，进度条上会自动出现类似于画中画的视频框，显示光标所在进度处的影片预览图，如图 4-8 所示。

注意：用户可以自行设置是否开启“鼠标悬停时进度条上显示预览图”功能，执行“QQ影音”→“设置”→“播放设置”命令，在弹出的“播放器设置”对话框中即可进行相应设置，如图 4-9 所示。

图 4-8　显示光标所在进度处的影片预览图

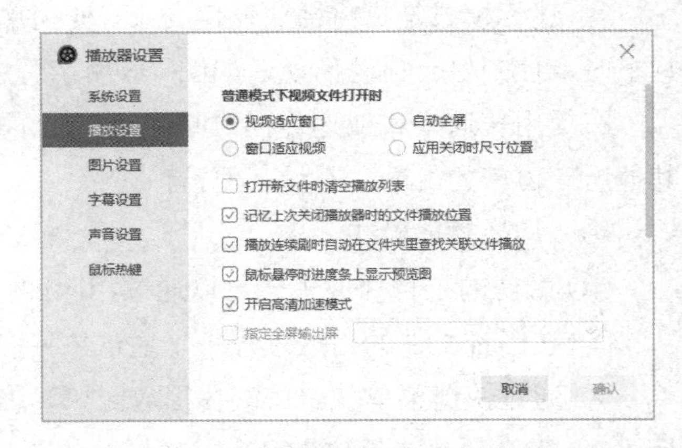

图 4-9　“播放器设置”对话框

② 画面旋转。

使用手机等移动设备拍摄视频时，有时会忽略拍摄方向，导致视频在计算机中播放时画面横躺或倒立，无法正常观看。QQ 影音提供了画面旋转功能，用户可以根据需要对播放的画面进行恰当的旋转。右击播放画面，从弹出的快捷菜单中我们可以看到 QQ 影音提供了四种画面旋转方式：顺时针转 90°、逆时针转 90°、水平翻转和垂直翻转，如图 4-10 所示。

③ 影音工具箱。

QQ 影音除了具有视频和音频播放功能，还提供了影音工具箱，具有截图、动画（GIF 制作）、连拍、截取（视频/音频）、视频合并、转码压缩等常用功能。单击“QQ 影音”主界面中的“影音工具箱”按钮，弹出“影音工具箱”列表，单击选项即可使用相应的工具，如图 4-11 所示。

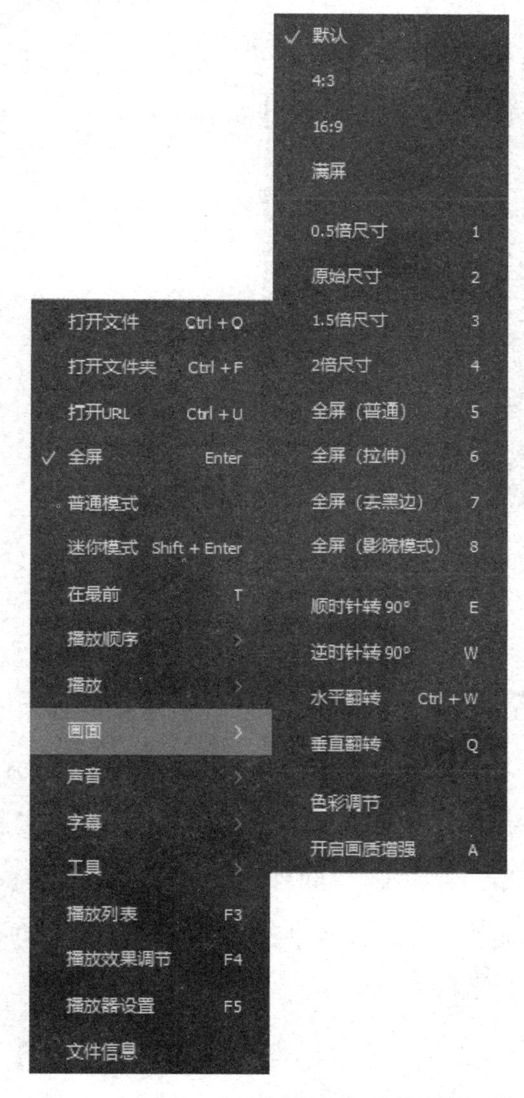

图 4-10　包含画面旋转命令的快捷菜单

图 4-11　“影音工具箱”列表

4.1.3 更上层楼：播放视频并截取片段

公司年会即将召开。小张需要从平时录制的工作视频中截取适当的片段，作为工作汇报 PPT 的视频素材。

操作步骤

（1）启动 QQ 影音，单击主界面中间的“打开文件”按钮，并通过弹出的“打开”对话框打开相应的视频文件进行播放。

（2）单击“影音工具箱”列表中的“截取”选项，在“视频截取”对话框中，拖动左右控制手柄设置“截取起点”和“截取终点”，并单击“播放”按钮播放将要截取的视频片段。如果效果满意，则单击“保存”按钮将其保存到指定位置，如图 4-12 所示。

图 4-12 “视频截取”对话框

4.2 视频制作——快剪辑

在现代社会中，无论是企业宣传、产品介绍，还是个人求职、生活娱乐，都可以看到精美的视频作品。可以说，视频作品越来越受大家喜爱，视频制作软件也层出不穷。同时，视频制作的界限已经被慢慢模糊了，任何人用简单的剪辑方法制作一段影片都可以被称为视频制作。本节以“快剪辑”软件为例，介绍视频制作的常用方法。

4.2.1 牛刀小试：片头制作

片头，是一段视频或影片开始的标志，起到吸引观众继续观看的作用。作为视频制作的初学者，小张准备利用“快剪辑”软件制作一个简单的影片片头。

操作步骤

（1）启动快剪辑，主界面如图 4-13 所示。

注意：

① 针对用户的不同需求，快剪辑内置了“专业模式”和“快速模式”两种模式。默认状态下启用的是“快速模式”，如图 4-13 所示。

② 单击“快剪辑”主界面右上角的“▼”按钮展开菜单，选择“设置”命令，在打开的“设置”对话框中调整默认模式，如图 4-14 所示。

图 4-13　“快剪辑”主界面（快速模式）

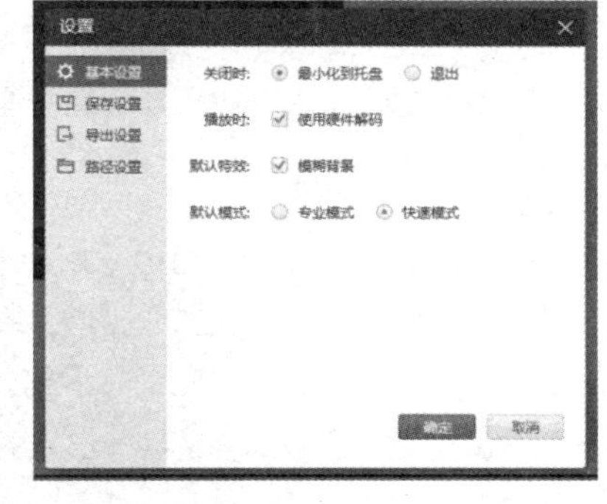

图 4-14　“设置”对话框

（2）添加剪辑：在快速模式“添加剪辑”选项卡中单击右上方的“本地视频”“本地图片”“网络视频”或“网络图片”按钮，添加恰当的视频或图片素材，如图 4-15 所示。添加后的素材可在素材管理区中进行管理，同时也默认它们进入时间线，并且按添加顺序排列。

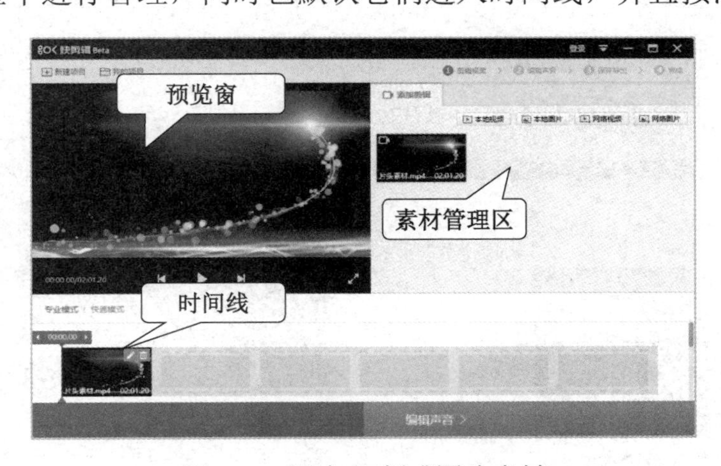

图 4-15　添加视频或图片素材

注意：

① 单击素材管理区中素材缩略图上的“删除”按钮，可以将素材从相应位置删除。

② 单击素材管理区中素材缩略图上的“添加素材到时间线”按钮➕，可以将素材再次添加到时间线。

③ 在时间线上拖动素材缩略图，可以调整其在时间线上的顺序。

④ 拖动时间线上的时间标记可以改变当前预览位置。

（3）添加文字：双击时间线上的素材缩略图或单击素材缩略图上的“编辑视频”按钮，进入“编辑视频片段”界面；单击上方的“特效字幕”按钮，然后单击右侧某字幕样式后的“添加”按钮，就可以开始添加相应样式的片头文字了，如图 4-16 所示。

注意：

① 添加文字后，可以在视频预览窗中对文本位置等进行调整。

② 双击视频预览窗中的文字，可以对文字内容进行修改。

③ 选中视频预览窗中的文字，单击其右上角的“编辑”按钮，可以在弹出的“字幕设置”对话框中对字体、文字大小、文本颜色、动画效果等进行设置，如图 4-17 所示。

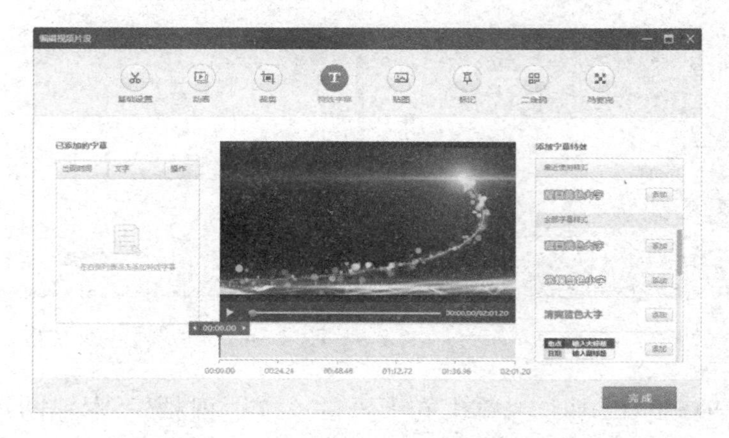

图 4-16　添加片头文字的准备工作

图 4-17　“字幕设置”对话框

（4）编辑声音：在“编辑视频片段”界面中，单击上方的“基础设置”按钮，可以对“原声音量”进行调整，如图 4-18 所示；单击“快剪辑”主界面右下角的“编辑声音”按钮，则可以进行“添加音乐”或“添加音效”操作，如图 4-19 所示。

图 4-18　对“原声音量”进行调整

图 4-19　添加音乐或音效

（5）导出视频：声音编辑完成后，单击编辑界面右下角的“保存导出”按钮，便可以进行相应的导出设置了，如图 4-20 所示。单击“开始导出”按钮，填写视频信息，如图 4-21 所示，按要求完成相应操作后即可在指定位置生成相应的视频文件。

图 4-20 导出设置

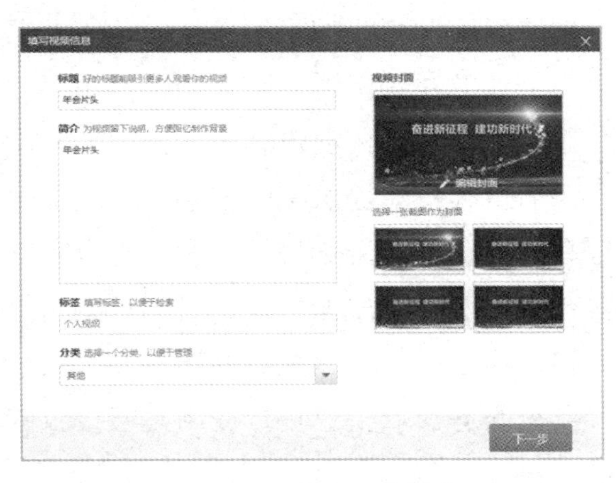

图 4-21 填写视频信息

4.2.2 知识导航

1. 视频制作与转场

视频制作是将图片、视频及背景音乐进行重新剪辑、整合、编排，从而生成一个新的视频文件的过程。这个过程不仅是对原素材的合成，也是对原素材的再加工。从本质上讲，视频制作就是选取恰当的视频片段并重新排列组合。

在视频制作中，片段与片段、素材与素材之间的过渡或转换叫作转场。从某种角度来说，转场就是一种特殊的滤镜效果，类似于 PPT 制作当中的“幻灯片切换”。通过“转场”，素材与素材之间可以产生自然、流畅和平滑的过渡，并能实现一些特殊的视觉效果，从而增加影片的观赏性和流畅性，进一步提高影片的艺术档次。

（1）淡入淡出：上一个镜头的画面由明转暗，直至黑场，下一个镜头的画面由暗转明，逐渐显现，直至亮度正常，是切入新场景比较常用的一种转场技巧。

（2）叠化：前一个镜头的画面与后一个镜头的画面相叠加，前一个镜头的画面逐渐暗淡隐去，后一个镜头的画面逐渐显现并清晰。在叠化转场时，前后两个镜头会有几秒的重叠，这几秒的重叠能够呈现柔和舒缓的效果，并可以借助这种转场来掩盖镜头的缺陷。

（3）划像：两个画面之间的渐变过渡，可分为划出与划入。划出指前一画面从某一方向退出屏幕，划入指下一个画面从某一方向进入屏幕。

2. 快剪辑简介

快剪辑是国内首款支持在线视频剪辑的软件，拥有强大的视频录制、视频合成、视频截取等功能，支持添加视频字幕、音乐、特效、贴纸等，无强制片头（片尾）、免费、无广告。

快剪辑具有浏览器录屏模块、快剪辑客户端、发布服务器端三层架构。

（1）第一层：浏览器录屏模块（非必需）。

浏览器录屏模块随附于 360 安全浏览器，能够对播放过程中的网络视频进行屏幕录制，主要用于获取视频素材，并充当快剪辑客户端的入口之一。

（2）第二层：快剪辑客户端。

快剪辑客户端提供编辑视频文件所需要的各种功能，并为上传、发布功能提供用户界面，可在有网情况下与浏览器录屏模块配合工作，在没有浏览器时也可以独立完成绝大部分操作，主要有素材剪辑与添加特效、时间轴编辑、绑定发布平台等功能。

（3）第三层：发布服务器端。

发布服务器端主要负责在用户已授权的情况下将视频发布到各大视频网站。

4.2.3 更上层楼：制作宣传片

经过一段时间的学习，小张已经熟悉了快剪辑的使用方法。他准备采用“专业模式”将平时录制的相关视频进行适当剪辑，并制成宣传片进行展示。

操作步骤

（1）启动快剪辑，单击主界面的“新建项目”按钮，在弹出的“选择工作模式”对话框中单击“专业模式”选项，如图 4-22 所示。专业模式下的“快剪辑”界面如图 4-23 所示。

图 4-22 “选择工作模式”对话框

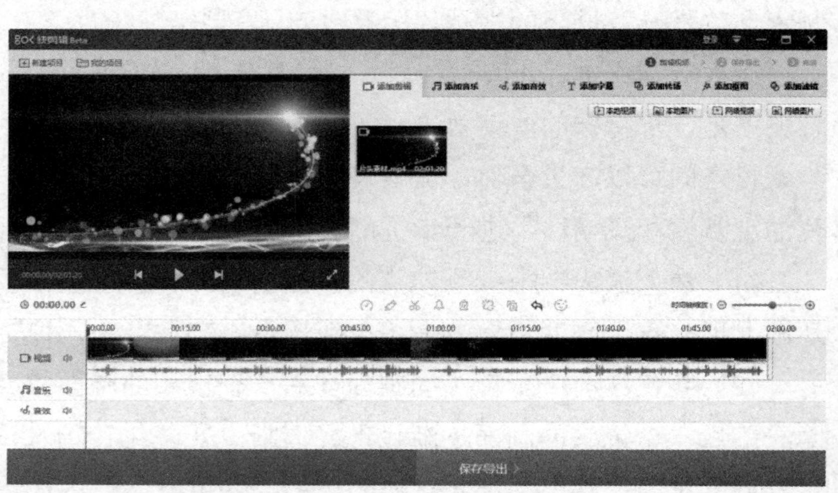

图 4-23 专业模式下的“快剪辑”界面

（2）添加剪辑：在“添加剪辑”选项卡中，按 4.2.1 节中介绍的方法添加视频、图片等素材。单击选中时间线上的素材片段，拖动其前后滑块调整起点和终点，如图 4-24 所示；还可以通过界面中部的工具栏按钮进行其他处理，如图 4-25 所示。

① 调速：用于改变视频的播放速度，最低 1/8，最高 8 倍。

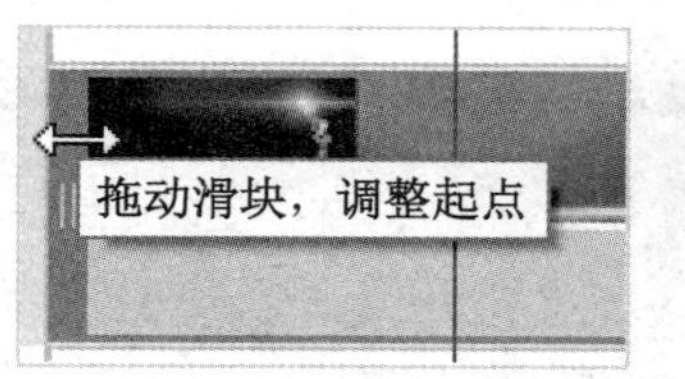

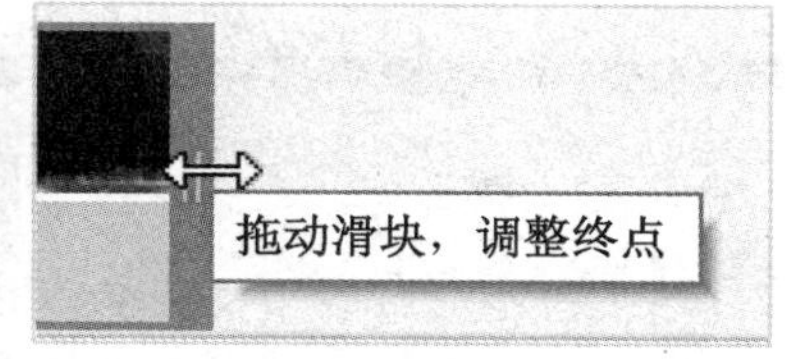

图 4-24 调整素材片段的起点和终点

② 编辑：进入“编辑视频片段”界面，可以查看基础设置、对视频区域进行裁剪、对视频添加“贴图”“标记”“二维码”“马赛克”等，如图 4-26 所示。

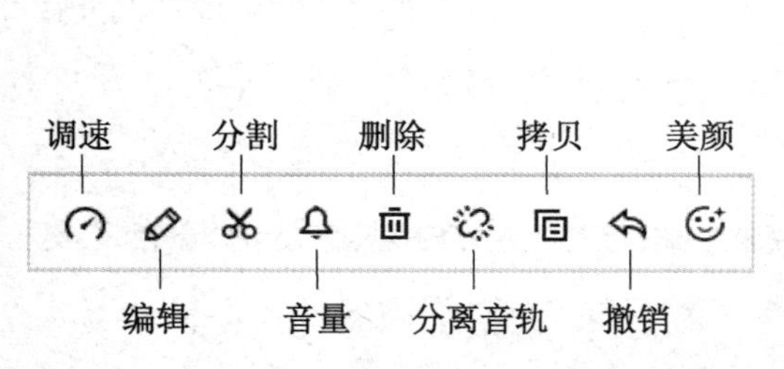

图 4-25 界面中部的工具栏按钮

图 4-26 “编辑视频片段”界面

③ 分割：在当前时间点将素材分为两个片段。

④ 音量：调整视频的原声音量，默认 100%，最大 500%，也可以选择静音。

⑤ 删除：从时间线上删除素材。

⑥ 分离音轨：将视频的原声分离到音乐轨上，分离后可以直接删除该音轨用于制作消音视频，也可以将其作为其他视频片段的背景音乐。

⑦ 拷贝（复制）：将当前素材复制一份，并添加到时间线末尾。

⑧ 撤销：撤销上一步进行的操作。

⑨ 美颜：用于设置“嫩肤级别”和“美白级别”等美颜效果。

注意：“分割”和“删除”操作配合使用，可以实现截取视频片段的功能。

（3）添加音乐：在“添加音乐”选项卡中，将所需音乐添加到音乐轨，如图 4-27 所示。选中音乐轨中的音乐素材，拖动其前后滑块调整起点和终点；或者通过界面中部的工具栏按钮对音乐素材进行调速、分割、调整音量并设置淡入淡出效果、删除、拷贝（复制）、撤销等相应处理。

（4）添加音效：在“添加音效”选项卡中，将所需音效添加到音效轨，如图 4-28 所示。选中音效轨中的音效素材，拖动其前后滑块调整起点和终点，或者通过界面中部的工具栏按钮对音效素材进行调速、分割、调整音量并设置淡入淡出效果、删除、拷贝（复制）、撤销等相应处理。

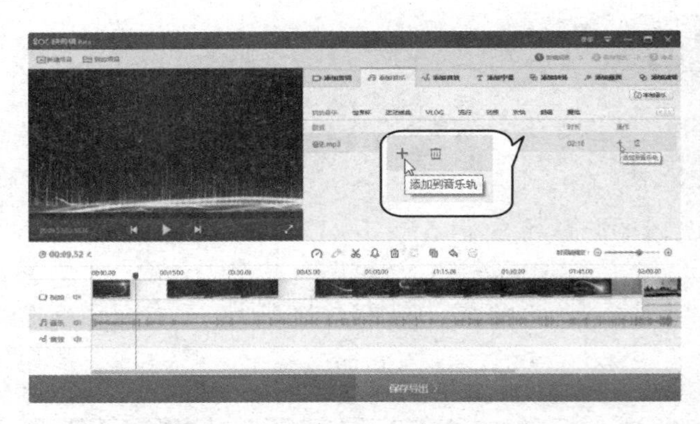

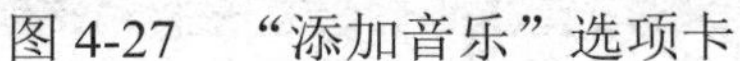
图 4-27　“添加音乐”选项卡

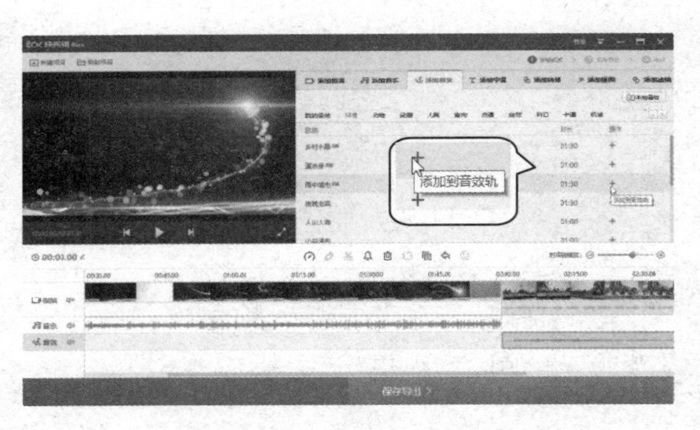

图 4-28　“添加音效”选项卡

（5）添加字幕：在“添加字幕”选项卡中，按照需要添加各种类型的字幕，如图 4-29 所示。单击字幕选项右上角的“＋”按钮，即可在弹出的“字幕设置”对话框中对字幕进行设置，如图 4-30 所示。设置完成后，单击“保存”按钮，便可将相应类型的字幕添加到时间线上了。拖动时间线上的字幕可以调整其出现的时间，双击时间线上的字幕还可以再次打开“字幕设置”对话框。

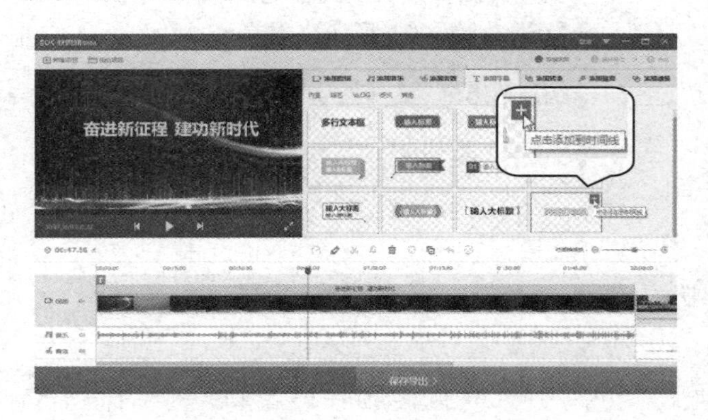

图 4-29　“添加字幕”选项卡

图 4-30　“字幕设置”对话框

（6）添加转场：恰到好处的转场特效能够使视频片段之间的过渡更加自然，并能实现一些特殊的视觉效果。在“添加转场”选项卡中，我们可以按照需要添加多种类型的转场效果，如图 4-31 所示。拖动时间线上“转场”标记前后的滑块可以调整转场效果的应用时长。

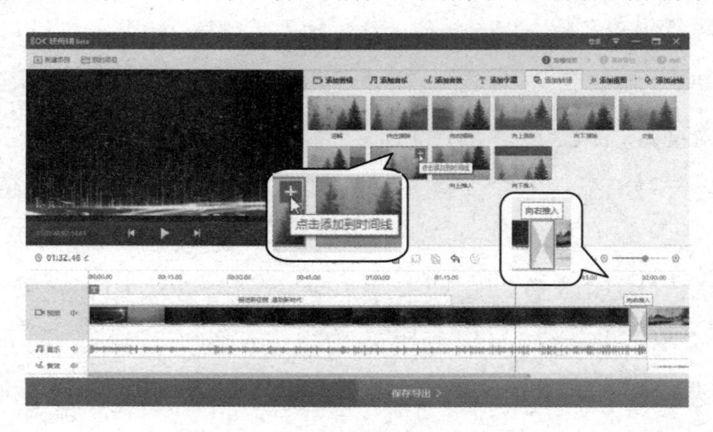

图 4-31　“添加转场”选项卡

注意：除以上步骤外，快剪辑还可以实现“添加抠图”和“添加滤镜”功能。

（7）导出视频：以上步骤完成后，单击编辑界面右下角的“保存导出”按钮，便能进行相应的导出设置了，如选择特效片头、添加水印等，如图 4-32 所示。然后，单击“开始导出”按钮，设置相应的“视频信息”，即可在指定位置生成相应的视频文件。

注意：单击主界面左上角的“我的项目”按钮，就能在弹出的“我的项目”对话框中看到最近剪辑的视频了，如图 4-33 所示。在该对话框中，我们可进行“重命名”“删除工程”“重新编辑”等操作。

图 4-32　导出设置

图 4-33　“我的项目”对话框

4.3　格式转换——格式工厂

在学习、生活、工作当中，不同的设备、不同的软件会使用到各种格式的图片、音频或视频文件。人们也经常需要对这些文件进行格式转换。“格式工厂”应运而生，其因强大的转换功能受到了不同层次用户的欢迎。

4.3.1　牛刀小试：音频格式转换

为了实现更好的展示效果，小张把解说词录为几段音频文件，准备插入 PPT 文档，以实现自动播放、解说。在实际操作中，小张发现了两个问题：一是自行录制的音频文件前后都存在较长时间的空白或杂音；二是录好的音频文件因为格式的原因无法插入 PPT 文档。同事推荐了格式转换软件——格式工厂，小张准备试试。

操作步骤

（1）启动格式工厂。其主界面主要由菜单栏、工具栏、功能区和任务区等部分组成，如图 4-34 所示。

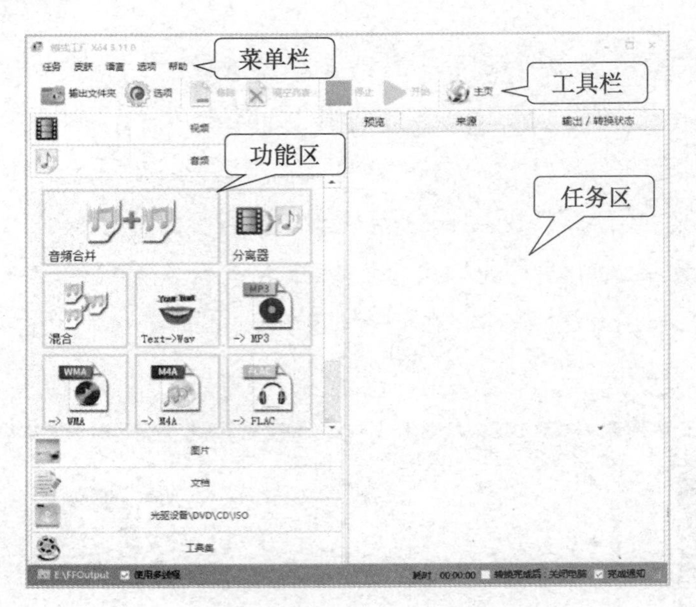

图 4-34 “格式工厂”主界面

（2）添加音频文件。在功能区中执行“音频”→“-> MP3”命令，打开“-> MP3”窗口。通过单击“添加文件”按钮，添加需要转换格式的音频文件“新录音 1.m4a”“新录音 2.m4a”等，并设置输出文件夹，如图 4-35 所示。

注意：MP3 作为目前最为普及的音频压缩格式之一，能被大多数硬件产品和工具软件所支持。因此，在一般情况下，我们会将特殊的音频格式转换为 MP3 格式。

（3）截取音频片段。选择前后存在较长空白的音频文件，如本例中的“新录音 1.m4a”，单击“选项”按钮，打开如图 4-36 所示的窗口，对所选音频文件进行试听。在试听过程中，单击“开始时间”按钮可以把当前播放时间作为截取片段的开始时间；单击“结束时间”按钮可以把当前播放时间作为截取片段的结束时间；截取完毕后，单击“确定”按钮，返回“-> MP3”窗口。可以看到，“新录音 1.m4a”的文件信息中增加了被截取片段的时间信息，如图 4-37 所示。

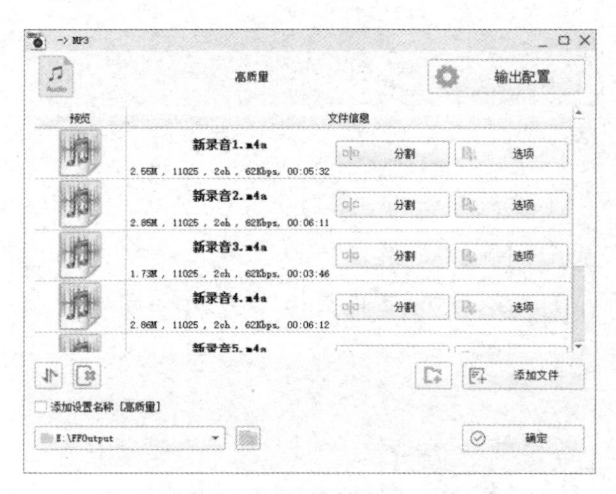

图 4-35 添加音频文件

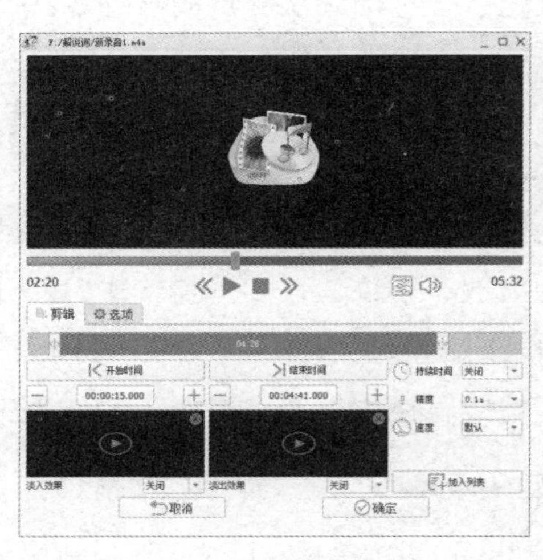

图 4-36 用于截取音频片段的窗口

（4）开始音频格式转换。对所有需要截取片段的音频文件进行同样的处理之后，在“->MP3”窗口中单击“确定”按钮，返回主界面。单击工具栏中的“开始”按钮，开始进行音频格式转换，如图 4-38 所示。“转换状态”标记为“完成”的选项表示该文件的格式转换成功。打开输出文件夹，就会看到相应的 MP3 格式的音频文件了。

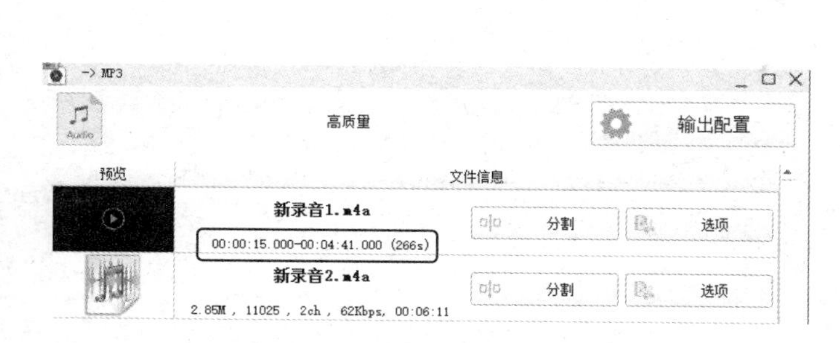

图 4-37 被截取片段的时间信息

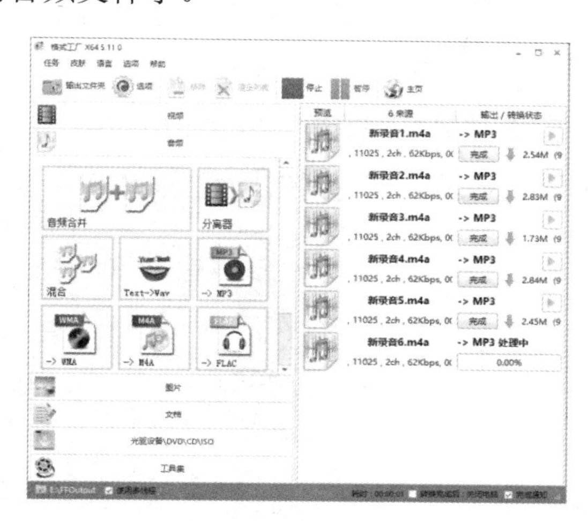

图 4-38 开始进行音频格式转换

注意：视频格式转换与音频格式转换的步骤基本相同。

4.3.2 知识导航

上海格诗网络科技有限公司创立于 2008 年 2 月，是面向全球用户的互联网软件公司。该公司致力于帮助用户更好地解决文件使用问题，拥有在音乐、视频、图片等领域的庞大、忠实的用户群体，在软件行业内处于领先地位，并保持高速发展趋势。旗下产品“格式工厂”发展至今，已经成为全球领先的视频、图片等格式转换客户端，可以实现视频格式转换、音频格式转换、图片格式转换、文档格式转换、DVD 转视频文件、音乐 CD 转音频文件、视频合并、音频合并等功能。

格式工厂的产品特性主要包括以下方面。

（1）支持几乎所有类型的多媒体格式：支持视频、音频、图片等的多种格式，可轻松转换到用户需要的格式。

（2）修复损坏的视频文件：在转换过程中，可以修复损坏的文件，保障转换质量。

（3）为多媒体文件“减肥”：使文件“瘦身”，帮助用户节省硬盘空间，同时方便保存和备份。

（4）可以指定格式：支持 iPhone、iPod、PSP 等多媒体设备指定格式。

（5）支持图片常用功能：转换图片支持缩放、旋转、水印等功能，方便用户操作。

（6）备份简单：DVD 视频抓取功能使用户可以轻松备份 DVD 到本地硬盘。

（7）支持多语言：现已支持 62 国语言，使更多的用户无障碍使用，满足了多种需求。

4.3.3 更上层楼：压缩视频到指定大小

小张需要将一段会议视频通过微信群进行传播。为了提高传输速度，需要对其进行压缩。

操作步骤

（1）添加视频文件。在功能区中执行“视频”→“-> MP4”按钮，打开“-> MP4”窗口；单击“添加文件”按钮，添加所需视频文件（如本例中的“会议视频.mp4”），如图 4-39 所示。

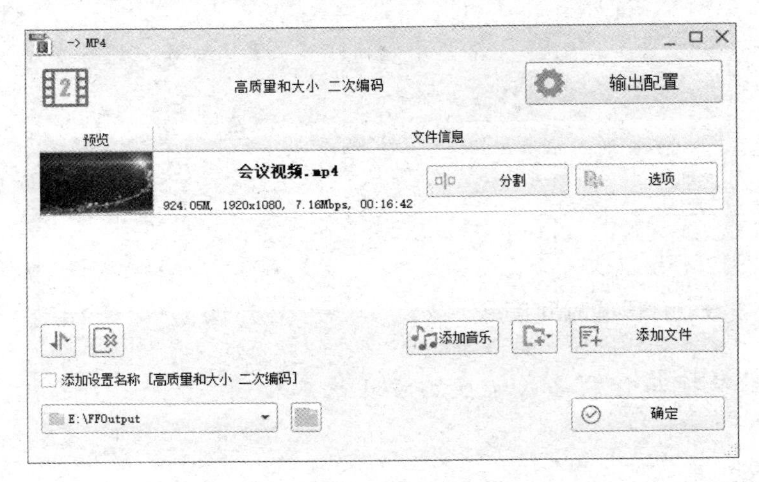

图 4-39　添加视频文件

（2）配置相关参数。在“-> MP4”窗口中单击“输出配置”按钮，打开“视频设置”窗口；在其左上角的“预设配置”下拉列表中选择“480p”，如图 4-40 所示。单击“确定”按钮，返回“-> MP4”窗口。

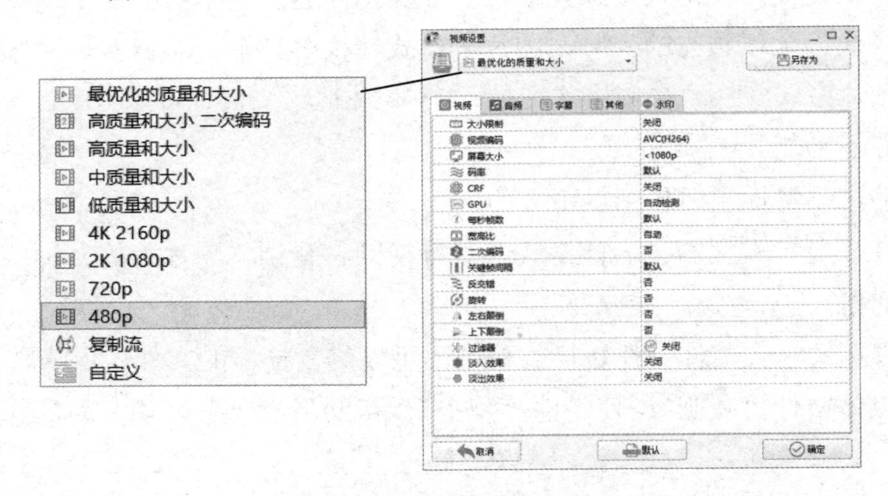

图 4-40　“视频设置”窗口

注意：

①“预设配置”下拉列表中提供了多种配置，用户可以根据不同应用场景或实际需求进行选择，也可以通过调整“视频”“音频”等选项卡中提供的各类参数来达到所需要的效果。

② 在“视频设置”窗口中，通过设置“大小限制”参数可以直接限制输出视频的大小。但是，直接调整“大小限制”会严重影响转换后的视频质量，可能会使视频出现模糊、甚至内容缺失等现象。

（3）完成相应操作。在“-> MP4”窗口中单击“确定”按钮，返回“格式工厂”主界面；单击工具栏中的“开始”按钮，即可完成相应操作。完成后，可以看到相关视频已经从原来的 924.05MB 压缩到 161.90MB，压缩率为 17%，如图 4-41 所示。

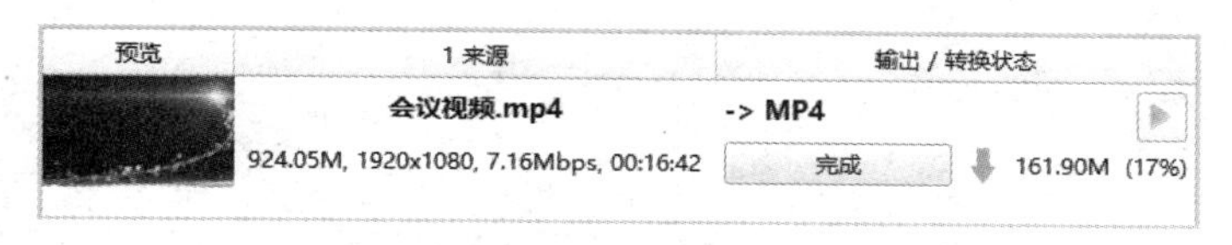

图 4-41　压缩完成

第 5 章

图形图像工具

我们经常使用的计算机中常常会存在大量的图形图像文件。如何方便、快捷地对其进行管理和进一步加工使用，是每一个计算机用户都会遇到的问题。其实，这些问题都可以借助各类相关工具软件轻松解决。

5.1 看图工具——ACDSee

我们在使用计算机工作、学习、娱乐的时候，常常会将各种图片保存到磁盘当中。随着时间的推移，计算机中的图片会越来越多，如何更好地浏览、管理这些图片可能是每一个计算机使用者要解决的问题。

5.1.1 牛刀小试：浏览图片

浏览图片是 ACDSee 最基本的功能。ACDSee 支持多种图片格式，能快速、高质量地显示图片。小王准备通过 ACDSee 浏览本地计算机中的图片，并选择制作宣传册的素材。

操作步骤

（1）启动 ACDSee 官方免费版，打开如图 5-1 所示的窗口。

（2）在文件夹窗格中选择图形文件所在的文件夹，文件列表窗格内会显示出该文件夹下的每一个图片文件的缩略图。

图 5-1 “ACDSee 官方免费版”窗口

（3）在文件列表窗格内单击某一图片的缩略图，预览窗格中会显示出该图片的预览图。同时，窗口下方的状态栏会显示图片的文件名、大小、修改日期及图像尺寸等信息。

（4）在文件列表窗格内双击某一图片缩略图，则会自动切换到图片查看窗口，如图 5-2 所示。

图 5-2 图片查看窗口

（5）在图片查看窗口中，我们可以通过底部工具栏中的按钮对所选图片进行旋转、放大、缩小等常规操作，如图 5-3 所示。

图 5-3 图片查看窗口底部工具栏

注意：

① 使用缩放工具时，单击图片实现放大查看，右击图片实现缩小查看。

② 如果单击“适合图像”按钮，则可以在键盘上按左、右方向键来显示上一张或下一张图片。如果将图片放大显示，则可以在键盘上按上、下、左、右方向键来滚动图片，以显示当前未能显示出的部分。

（6）找到合适的图片后，单击“添加到图像筐”按钮，将选中的图片添加到图像筐，以便制作宣传册时使用。

注意：

①“图像筐”用于收集与存放来自不同位置或文件夹的图像与媒体文件。将这些文件放入“图像筐”之后，可以使用ACDSee中的任何工具来编辑、共享或查看。

② 在“管理”模式下，我们可以通过“视图”菜单调整窗口布局。例如，通过执行“视图”→“图像筐”菜单命令打开或关闭“图像筐”窗格。

5.1.2 知识导航

1. 常用图形图像文件格式

（1）BMP格式：即通常所说的位图（Bitmap），是Windows系统中最常见的图像格式之一。它是一种与硬件设备无关的图像文件格式，采用位映射存储，除图像深度可选外，不采用其他任何压缩技术。因此，BMP文件所占用的空间很大。

（2）GIF格式：图像交换格式，采用了基于LZW算法的连续色调无损压缩方式，其压缩率一般为50%左右，磁盘空间占用较少。GIF图像深度从lbit到8bit，最多支持256种色彩，并支持透明背景图像。同时，一个GIF文件中可以存储多幅彩色图像，从而构成一种最简单的动画。

（3）JPEG格式：联合图像专家组，文件扩展名为“.jpg”或“.jpeg”，是最常用的图像文件格式之一。它采用有损压缩方式去除冗余的图像数据，在获得极高压缩率的同时展现出十分丰富、生动的图像。但图像中重复或不重要的数据会被丢弃，容易造成图像数据的损伤。

（4）PNG格式：便携式网络图像格式。它汲取了GIF和JPEG二者的优点，既能把图像文件压缩到极限以利于网络传输，又能保留所有与图像品质有关的信息，是一种无损压缩的位图图像格式。它能够提供长度比GIF小30%的无损压缩图像文件，并支持高达48位真彩色，同时也支持透明图像的制作。

（5）TIFF格式：标签图像文件格式，文件扩展名为“.tif”，是一种灵活的位图格式，主要用来存储包括照片和艺术图在内的图像。TIFF格式不依赖于具体的硬件，适合在不同应用程序之间或计算机平台之间进行交换，是一种可移植的文件格式。

（6）WMF格式：Windows图元文件，是Microsoft公司开发的矢量图形文件格式。被

Windows 平台和若干基于 Windows 的图形应用程序所支持，支持 24 位颜色，广泛应用于基于 Windows 的应用程序间的矢量图和位图数据交换。

2. ACDSee 官方免费版

ACDSee 是非常流行的图像浏览工具之一。通过它，人们可以导入、整理、查看、共享数码相片及其他媒体文件。为了让用户轻松地使用浏览、查看、编辑、管理相片或媒体文件的各种功能，“ACDSee 官方免费版”在其用户界面中提供了三种模式：管理模式、查看模式和编辑模式。用户可以方便地在三种模式之间切换。

（1）管理模式。

管理模式具有用户界面中主要的浏览和管理组件，用于导入、浏览、整理、比较、查找及发布照片。

该模式由 11 个窗格组成，大多数窗格在不使用时都可以关闭，通过“视图”菜单可以再次打开相应窗格。管理模式下的“视图”菜单如图 5-4 所示。窗口中，文件列表窗格是始终可见的，它显示当前文件夹中的内容，或者最近一次搜索的结果。主菜单下方是主工具栏（包括一组下拉菜单）。主工具栏中提供了指向主文件夹的按钮，以及用于向前和向后浏览各个文件夹的按钮。下拉菜单则可以用于快速访问最为常用的任务，如图 5-5 所示。

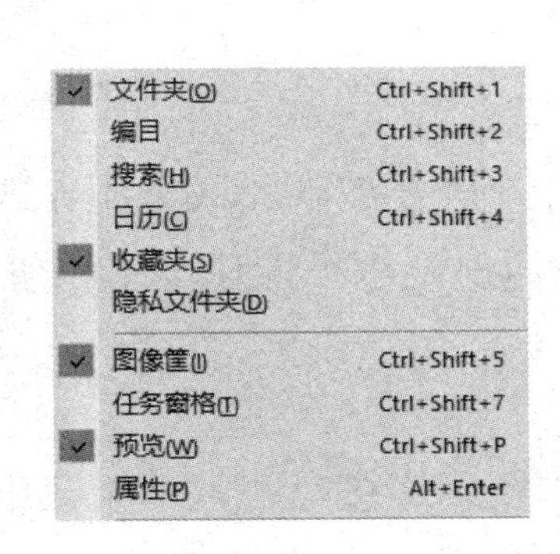

图 5-4　管理模式下的“视图”菜单

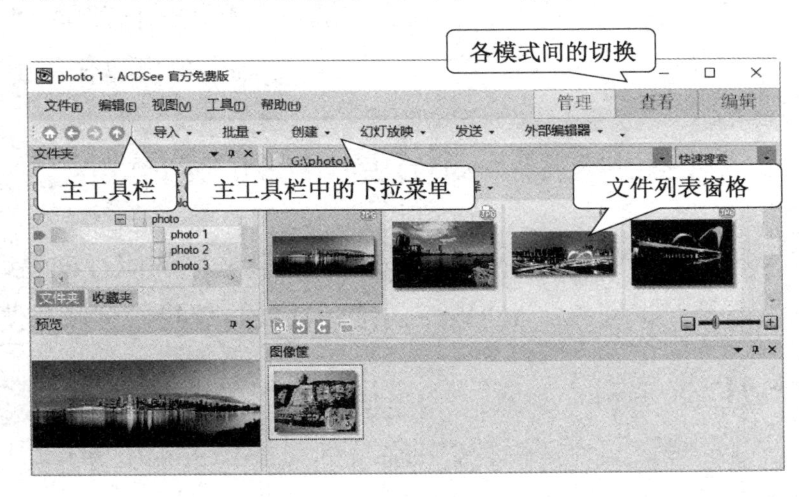

图 5-5　管理模式下的窗口

（2）查看模式。

查看模式用于播放相片或媒体文件，如图 5-2 所示。该模式提供了一个底部工具栏，包含常用的一些功能按钮，如图 5-3 所示。用户还可以通过“视图”菜单打开相应的窗格，查看图像属性、以不同的缩放比例显示图像的各个区域，或者查看详细的颜色信息等。查看模式下的“视图”菜单如图 5-6 所示。

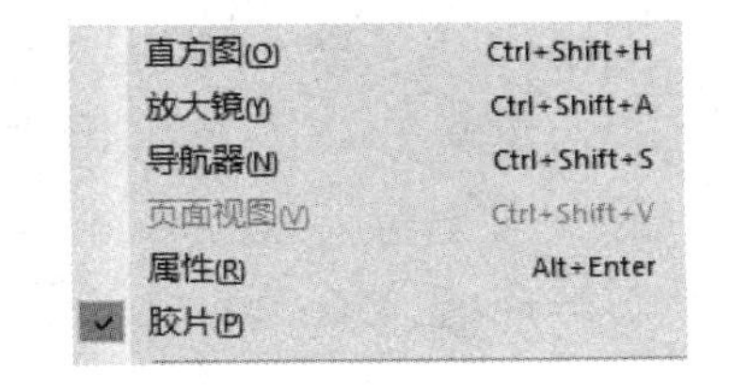

图 5-6　查看模式下的“视图”菜单

注意：在“文件资源管理器”中双击与 ACDSee 关联的文件（如.jpg 格式的文件），直接进入查看模式。

（3）编辑模式。

编辑模式用于对图像进行简单的编辑处理。在该模式中，用户可以通过更改亮度与颜色对图像进行整体编辑，可以对图像进行裁剪、翻转、调整大小或旋转，可以使用“选择范围”工具来修复图像的特定部分，还可以对图像进行最后的润色，如红眼消除、添加边框和特殊效果等，如图5-7所示。

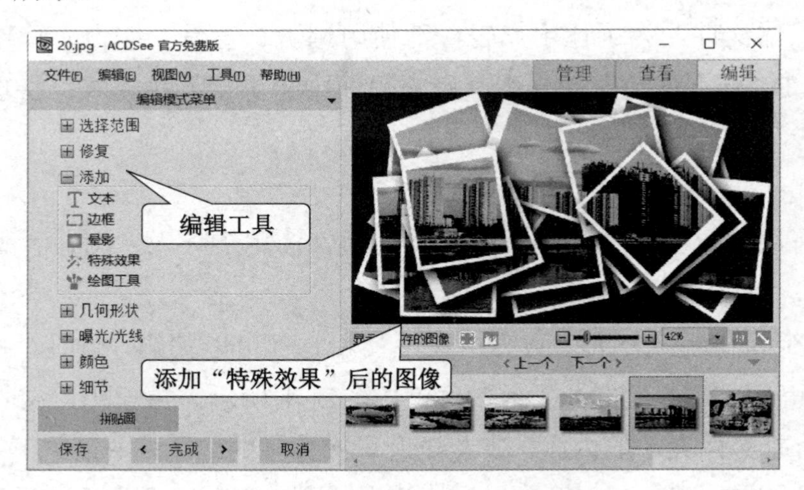

图5-7　编辑模式下的窗口

该模式提供了七类图像编辑工具，包括“选择范围”“修复”“添加”“几何形状”“曝光/光线”“颜色”“细节”。单击某个工具选项，即可以使用工具对当前图像进行设置或操作。

5.1.3　更上层楼：制作屏幕保护程序

通过使用 ACDSee，我们可以将自己喜欢的照片创建成幻灯片进行放映，或者制作成计算机屏幕保护程序。ACDSee的这一功能，使我们可以方便、快捷地制作个性化电子相册。

操作步骤

（1）导入照片：将数码设备（DC、DV或手机等）与计算机正确连接。在管理模式中，通过在“主工具栏”中执行“导入”→“从设备/从CD/DVD/从磁盘/从扫描仪/从手机文件夹”命令，将自己心仪的数码照片导入计算机。“导入”菜单如图5-8所示。

（2）选择文件：在管理模式下，除了Windows文件选择方法，我们也可以使用“标记”方法进行选择，如图5-9所示。标记所需文件以后，通过在“文件列表工具栏”中执行“选择”→“选择已标记的”命令，选取所有带标记的文件。

（3）批量修改图像：由于种种原因，我们可能需要对一些照片进行编辑处理，如旋转摆正、统一大小等。ACDSee中提供了相应的批量处理功能。管理模式下，主工具栏中的“批量”菜单如图5-10所示。

从设备(F) Alt+G
从 CD/DVD(R)
从磁盘(D)
从扫描仪(S)
从手机文件夹(M)...

图 5-8 “导入”菜单

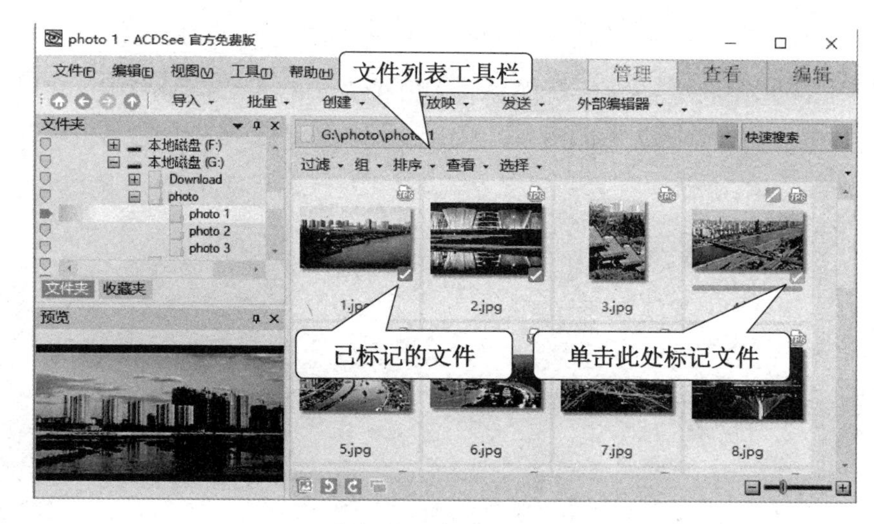

图 5-9 标记文件

① 旋转摆正：选取需要旋转摆正的照片，执行“批量”→“旋转/翻转”命令，打开“批量旋转/翻转图像”对话框，即可对选中的照片进行旋转或翻转处理，如图 5-11 所示。

转换文件格式(V)... Ctrl+F
旋转/翻转(F)... Ctrl+J
调整大小(Z)... Ctrl+R
调整曝光度(X)... Ctrl+L
调整时间标签(J)... Ctrl+T
重命名(N)...
深褐色特效(S)...
蓝钢特效(B)...
童年特效(C)...
紫雾特效(P)...
七十年代特效(V)...
蜡笔画特效(D)...

图 5-10 “批量”菜单

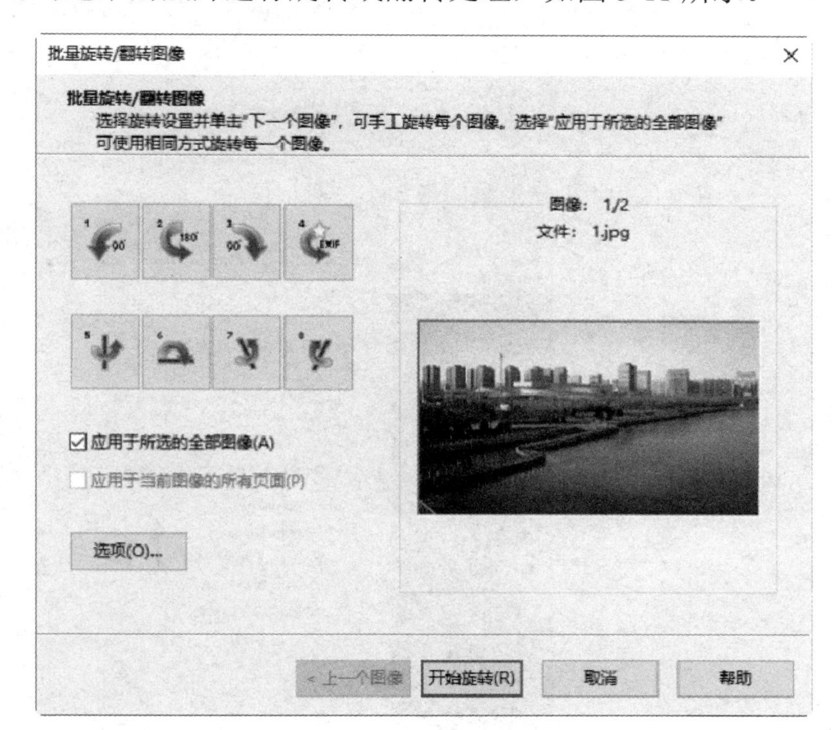

图 5-11 “批量旋转/翻转图像”对话框

② 调整图像大小：选取需要调整大小的照片，执行“批量”→“调整大小”命令，打开“批量调整图像大小”对话框，即可批量调整所选图像的大小，如图 5-12 所示。单击“选项”按钮，在弹出的“选项”对话框中，设置图像修改后的保存位置等，如图 5-13 所示。

（4）创建幻灯放映文件。

① 选中所有调整好的照片，在主工具栏中执行“创建”→“幻灯放映文件”命令，打开“创建幻灯放映向导”对话框，如图 5-14 所示，可以看到 ACDSee 能创建三种格式的幻灯片，

分别是“独立的幻灯放映（.exe 文件格式）”“Windows 屏幕保护程序（.scr 文件格式）”“Adobe Flash Player 幻灯放映（.swf 文件格式）”，用户可以根据实际需要来进行选择。本例选择创建 Windows 屏幕保护程序。

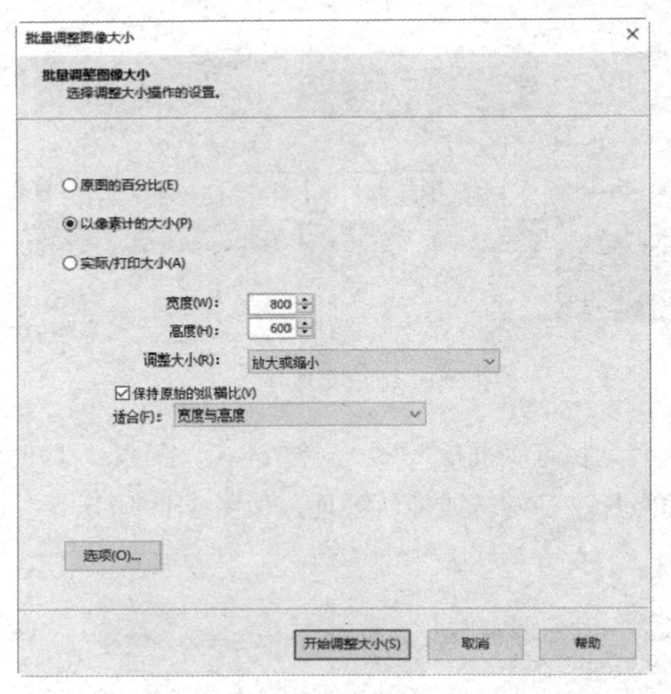

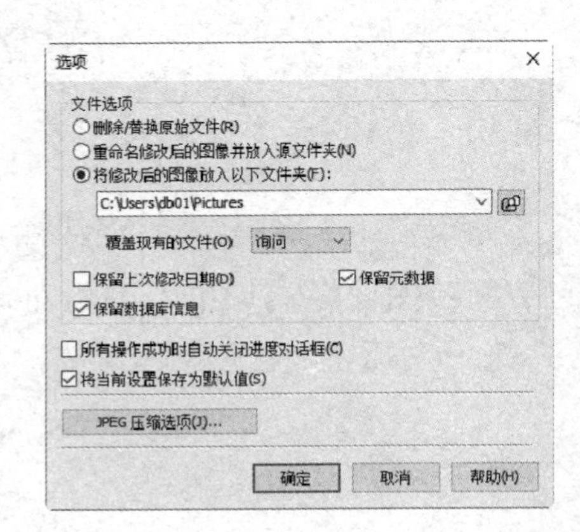

图 5-12 “批量调整图像大小”对话框　　图 5-13 “选项”对话框

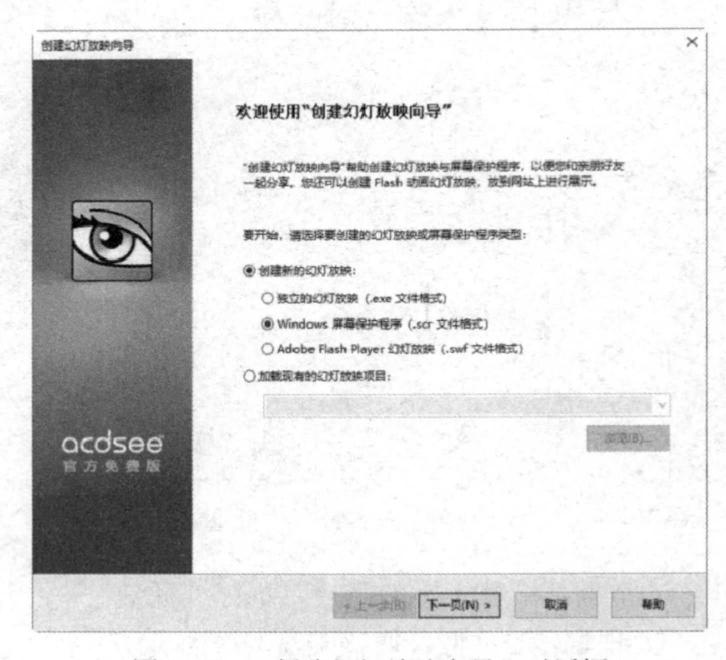

图 5-14 “创建幻灯放映向导”对话框

② 按照向导提示逐步完成文件的制作，包括继续添加或删除图像文件、为图像设置转场和标题等效果、添加背景音乐及设置保存位置等。

5.2 图像处理工具——光影魔术手

在日常的学习、工作和生活当中，我们经常需要对图像做一些简单的处理。一个好用、容易上手的工具软件，既可以节省用户时间，又能很好地满足用户的需求。本节以“光影魔术手 4.4.1”为例，介绍图像处理的一般操作方法。

5.2.1 牛刀小试：制作证件照

小冯同学准备参加某单位组织的招聘考试，在网上报名时，需要上传一张蓝底证件照。照片规格要求如下：近期彩色标准 1 寸照（尺寸为 25mm×35mm，像素为 295px×413px），照片背景颜色为蓝色，JPEG 格式，文件大小在 50KB 以内。小冯同学准备用计算机中的个人照片直接生成该证件照。

操作步骤

（1）启动光影魔术手，单击工具栏中的“打开”按钮，找到并打开一张合适的照片，如图 5-15 所示。

图 5-15 使用光影魔术手打开照片

（2）将光标指向工具栏中的“工具”选项展开“工具”菜单，选择“报名照”命令，如图 5-16 所示，打开“光影报名照”对话框。

（3）在“光影报名照”对话框右侧的“规格列表”中，选择符合要求的规格（本例选择

“标准一寸”），并在照片中通过调节句柄选取合适的区域，如图5-17所示。

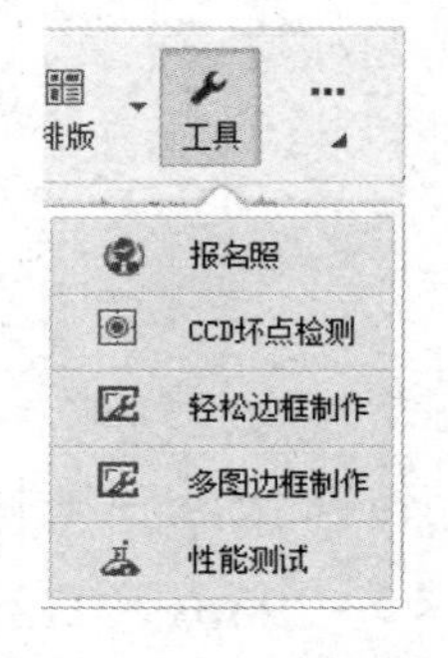

图5-16　“工具”菜单

图5-17　“光影报名照”对话框

（4）单击“确定裁剪”按钮，对话框中只保留裁剪后的部分。单击对话框右侧“一键换背景”选区中的“白”“蓝”“红”按钮之一，更换照片中的背景颜色，如图5-18所示。

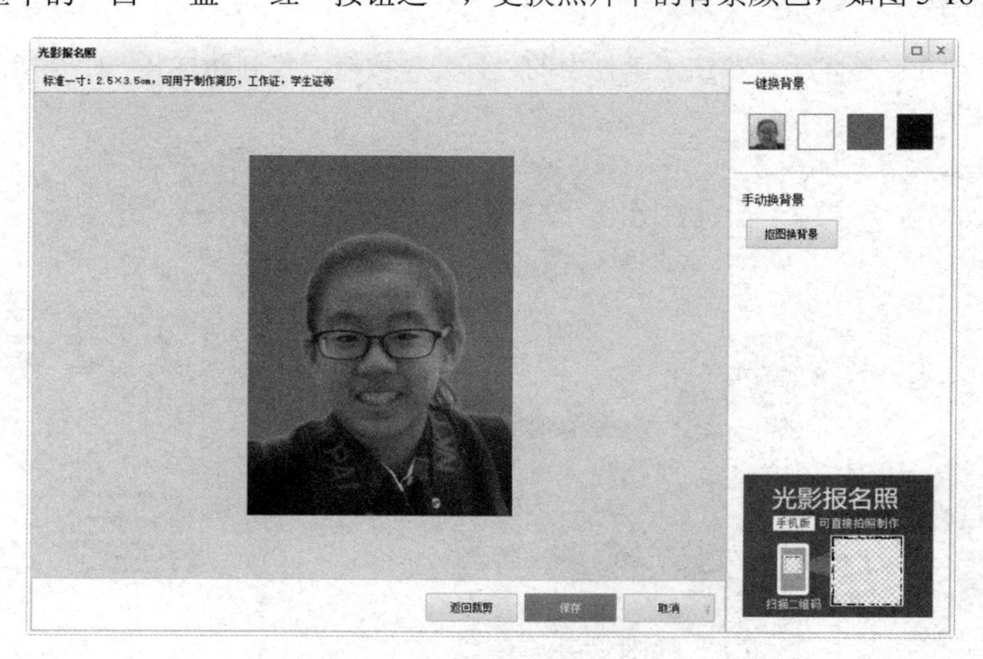

图5-18　一键换背景

注意：如果需要更换为“白”“蓝”“红”之外的其他背景颜色，或者对抠图效果不满意，则可以使用“手动换背景”功能进行相应操作。

（5）单击“保存”按钮，弹出“保存提示”对话框。在这里，不仅可以设置保存路径，还可以拖动滑块调整文件大小，如图5-19所示。再次单击“确定”按钮，对修改后的照片进行保存。

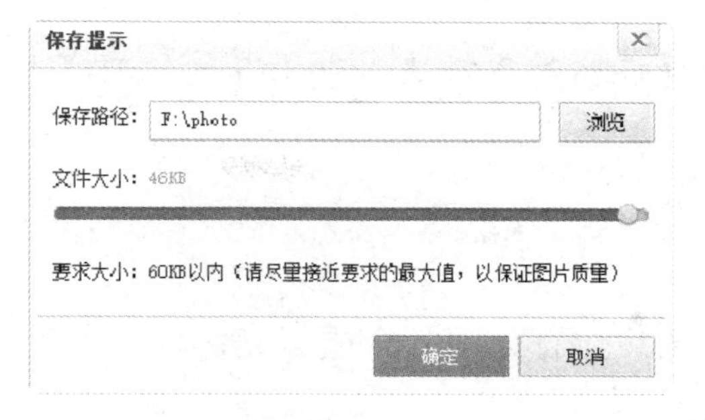

图 5-19 设置保存路径和文件大小

注意： 如果需要将生成的证件照直接打印到合适的相纸上，则可以使用光影魔术手打开该证件照，并单击工具栏中的“排版”按钮，打开“照片冲印排版”对话框。在该对话框中，可以选择所需的排版样式并进行打印，如图 5-20 所示。

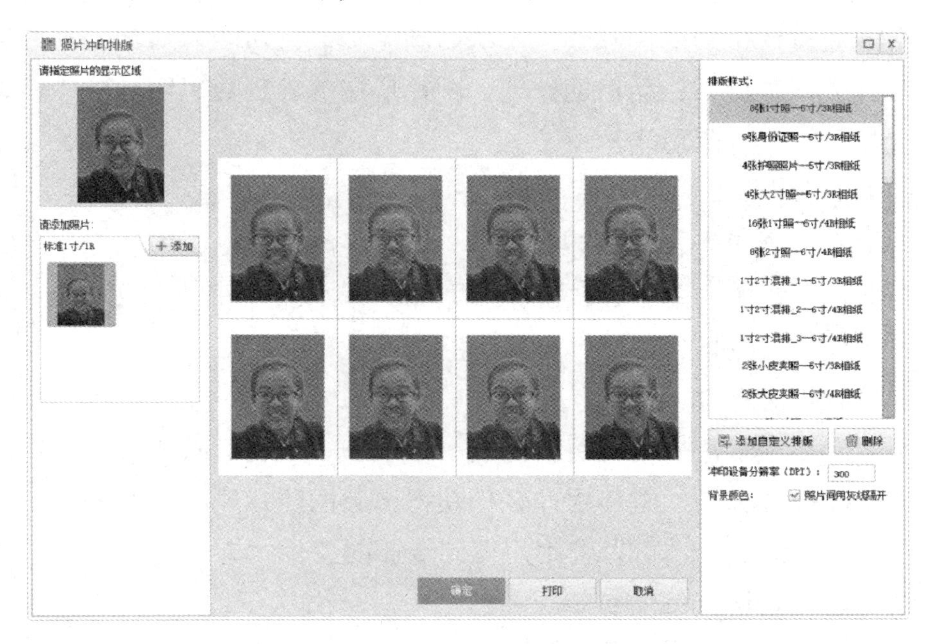

图 5-20 “照片冲印排版”对话框

5.2.2 知识导航

1. 常见证件照规格

证件照，即用于各种证件上以证明身份的照片。证件照一般要求是免冠正面照，背景颜色多为红、蓝、白三色。以下是常见证件照尺寸规格（分辨率为 300dpi）。

（1）标准 1 寸：2.5cm×3.5cm，295px×413px。

（2）标准 2 寸：3.5cm×4.9cm，413px×579px。

（3）小一寸：2.2cm×3.2cm，259px×377px。

（4）大一寸：3.3cm×4.8cm，389px×566px。

（5）小二寸：3.5cm×4.5cm，413px×531px。

注意：因用途不同，对证件照的规格要求也不相同。特定尺寸证件照须询问相应部门并到指定照相馆制作。

2．光影魔术手

图像处理工具是对数字图片进行修复、合成、美化等各种处理的工具软件的总称。目前，专业级的图像处理软件有 Adobe 公司出品的 Photoshop 等。在图像处理上，Adobe 系列软件几乎提供了所有能想到的图像处理功能。但由于其定位的专业性，让初学者望而却步。还有一些图像处理软件功能过于简单，用户创意难以得到有效发挥。

光影魔术手是一款对数码照片画质进行改善和个性化处理的工具软件，简单、易用，是国内最受欢迎的图像处理工具软件之一。使用光影魔术手，不需要借助任何专业的图像技术，就可以拥有专业胶片摄影的色彩效果，从而满足多数人对照片后期处理的需要。其批量处理功能也非常强大，是摄影作品后期处理、图片快速美容、数码照片冲印整理时必备的图像处理软件。它具有以下特色功能。

（1）强大的调图参数。

光影魔术手拥有自动曝光、数码补光、白平衡、亮度对比度、饱和度、色阶、曲线、色彩平衡等一系列非常丰富的调图参数。最新开发的版本对 UI 界面进行了全新设计，拥有更好的视觉效果，并且操作更流畅、更简单、易上手。

（2）丰富的数码暗房特效。

光影魔术手拥有多种丰富的数码暗房特效，如 Lomo 风格、背景虚化、局部上色、褪色旧相、黑白效果、冷调泛黄等，能使用户轻松获得出彩的照片风格。特别是反转片效果，是光影魔术手最重要的特效之一，可以使用户得到专业的胶片效果。

（3）海量精美边框素材。

光影魔术手可以给照片加上各种精美的边框，轻松制作个性化相册。除了软件精选自带的边框，用户还可以在线下载论坛中光影迷们自己制作的优秀边框。

（4）随心所欲的拼图。

光影魔术手拥有自由拼图、模板拼图和图片拼接三大模块，为用户提供多种拼图模板和照片边框。独立的拼图大窗口将各种美好瞬间集合，方便与家人和朋友分享。

（5）便捷的文字水印。

文字水印可随意拖动操作。横排、竖排、发光、描边、阴影、背景等各种效果让文字加在图像上更加出彩，更可以保存为文字模板供下次使用。

（6）图片批量处理。

用户可以对图片批量调整尺寸，以及批量加文字、水印、边框及各种特效，更可以将一张图片上的历史操作保存为模板，并一键应用到所有图片上。

5.2.3 更上层楼：制作日历

为了宣传本地旅游资源，某旅游公司决定制作一组日历向客户分发。

操作步骤

（1）使用光影魔术手打开本地旅游资源照片。为了更加美观，选取窗口右侧栏中的工具对该照片进行一定的效果处理和调整。在图 5-21 中，照片应用了“浮雕画”效果。

图 5-21 应用“浮雕画”效果

（2）将光标指向工具栏中的“日历”选项展开“日历”菜单，选择“模板日历”命令，打开“模板日历”对话框，如图 5-22 所示。在该对话框中，选择所需的模板，设置日历的日期，设置文字的字体和颜色，调整图片的大小等。

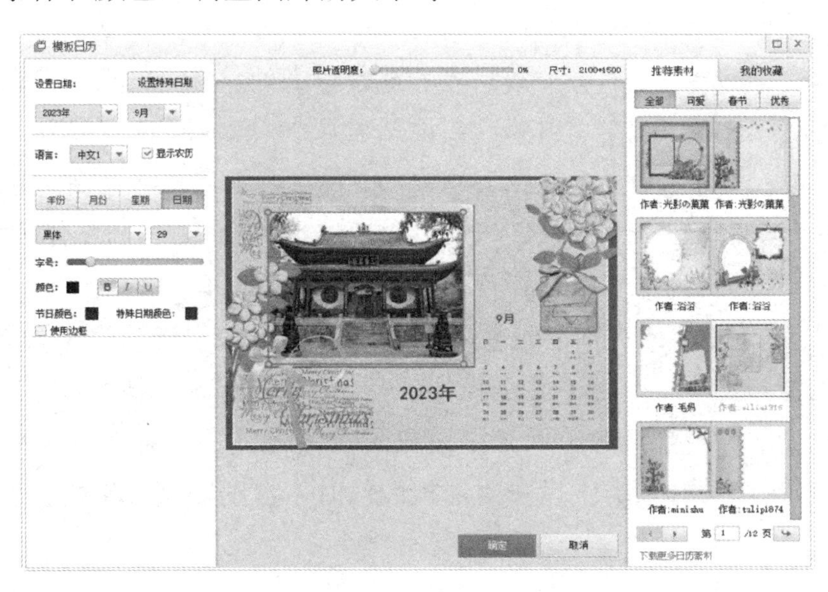

图 5-22 “模板日历”对话框

（3）单击“确定”按钮，返回光影魔术手主窗口，即可将制作好的日历保存冲印。

5.3 图像/视频捕捉工具

不管是在工作、学习还是在娱乐当中，人们常常会遇到自己喜欢的画面或图片。利用图像/视频捕捉工具，我们可以任意抓取屏幕中出现的内容并保存下来，应用于各种场合。目前的图像/视频捕捉工具很多，有大家熟悉的国外软件 SnagIt、HyperSnap-DX 等，也有很多同样出色的国产软件，令人眼花缭乱。相比国外软件，国产软件价格比较合理，功能也日趋完善，基本能够满足大部分的应用需求。本节以国产软件“红蜻蜓抓图精灵”和“屏幕录像专家”为例，介绍图像/视频捕捉的一般操作方法。

5.3.1 牛刀小试：捕捉图像

很多网页做了特殊处理，导致需要的图片无法下载。这时，可以使用“红蜻蜓抓图精灵”截取相应的图片。

操作步骤

（1）启动红蜻蜓抓图精灵。在其主窗口左侧的“图像捕捉方式”快捷按钮组中单击“选定区域”按钮，如图 5-23 所示。

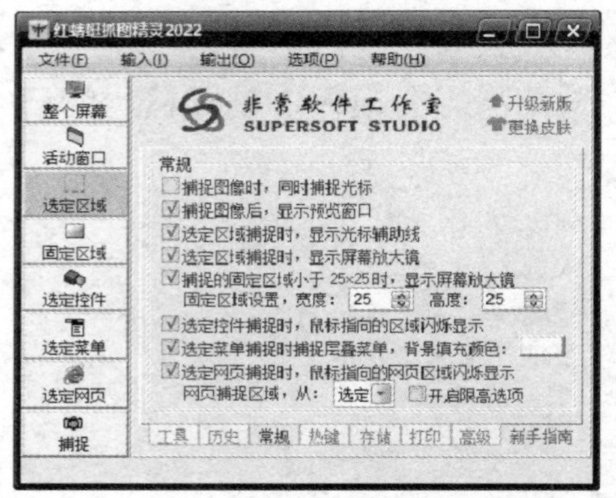

图 5-23 “红蜻蜓抓图精灵”主窗口

注意：红蜻蜓抓图精灵具有多种图像捕捉方式，包括“整个屏幕”“活动窗口”“选定区域”“固定区域”“选定控件”“选定菜单”“选定网页”等。用户在捕捉之前可以对捕捉方式进行适当的设置，以获得符合用户要求的捕捉图像。在设置捕捉方式时，除上述方法外，我们还可以通过主窗口中的“输入”菜单进行设置，或者右击任务栏通知区域的“红蜻蜓抓图精灵”图标，在弹出的快捷菜单中进行设置。

（2）根据需要进行图像捕捉前的设置。例如，在“常规”选项卡中设置“捕捉图像后，显示预览窗口”“选定区域捕捉时，显示光标辅助线”“选定区域捕捉时，显示屏幕放大镜”等，如图 5-23 所示。在“存储”选项卡中设置图像保存目录、命名方式及保存格式等，如图 5-24 所示。在“高级”选项卡中设置“捕捉图像时，自动隐藏红蜻蜓抓图精灵窗口”等，如图 5-25 所示。

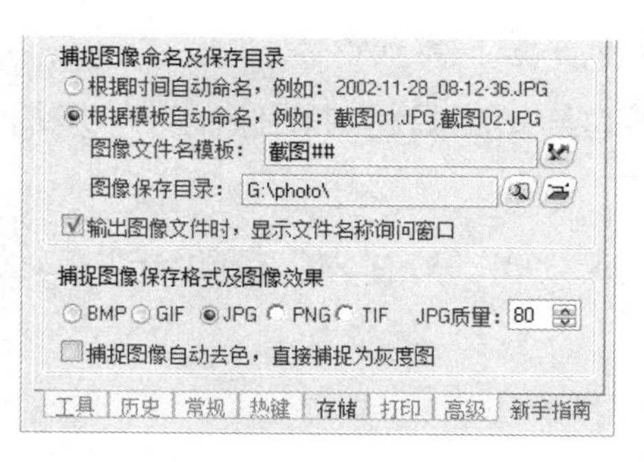

图 5-24 “存储”选项卡

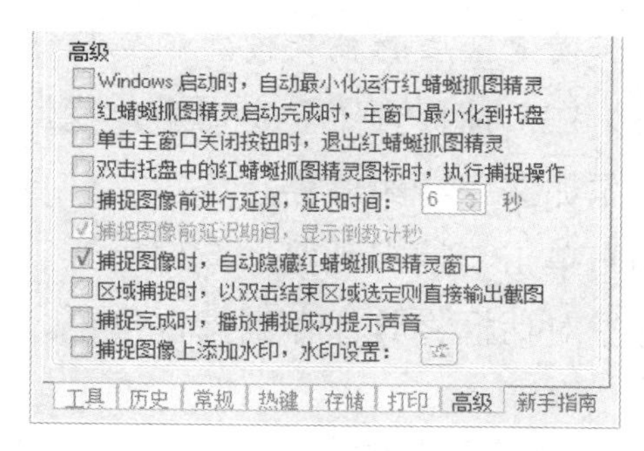

图 5-25 “高级”选项卡

（3）打开图像所在网页，最好使用大图预览，这样可以保证截取到的图像有较好的效果。

（4）按下捕捉热键（默认为 Ctrl+Shift+C），鼠标指针变为“十”字形，同时屏幕上出现“屏幕放大镜”浮动小窗口，如图 5-26 所示。按鼠标左键并移动光标选取需要截取的矩形区域后，单击鼠标左键或按回车键，红蜻蜓抓图精灵会自动捕捉该矩形区域内的图像，并显示在“捕捉预览”窗口当中，如图 5-27 所示。

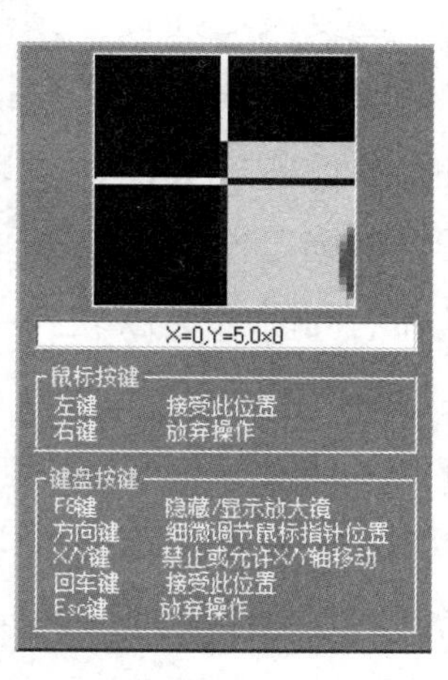

图 5-26 “屏幕放大镜”浮动小窗口

图 5-27 “捕捉预览”窗口

注意：

① 本软件提供“通用捕捉热键”和“专用捕捉热键”的修改和设置功能，用户可以根据使用习惯自行设置，如图 5-28 所示。

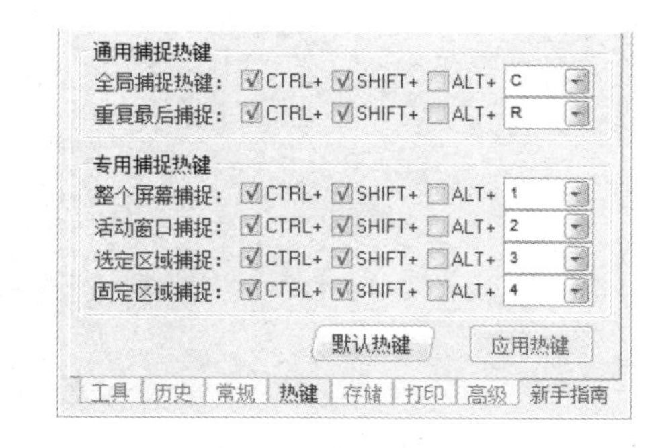

图 5-28 “热键”选项卡

② 通用捕捉热键包括“全局捕捉热键”和“重复最后捕捉（热键）”。通用捕捉热键用于常规捕捉，默认值是“CTRL+SHIFT+C”。“重复最后捕捉（热键）”可以继承前一次的捕捉方式，捕捉屏幕区域位置、控件对象等参数，从而完成高效捕捉，默认值是“CTRL+SHIFT+R”。

③ 新版红蜻蜓抓图精灵新增“专用捕捉热键”设置项，可以为整个屏幕、活动窗口、选

定区域和固定区域的捕捉设定独立热键，使捕捉图像更灵活、高效。

（5）在“捕捉预览”窗口中，我们可以使用左侧的绘图工具栏对图像做进一步的处理。例如，添加文字、印章等。

（6）单击“捕捉预览”窗口上方工具栏中的“完成”或“另存为”按钮，即可通过“保存图像”对话框将其保存到指定位置。

5.3.2 知识导航

1. 图像捕捉

图像捕捉是指截取计算机屏幕全部或部分区域，并以图像格式保存、使用的过程。进行图像捕捉，可以以图片的形式快捷、方便地为用户保存一些重要信息。

红蜻蜓抓图精灵是一款界面小巧简单、操作方便、完全免费的专业级图像捕捉软件。其向用户提供了屏幕取色、捕捉历史、捕捉光标、设置捕捉前延时、显示屏幕放大镜、自定义捕捉热键、图像文件自动按时间或模板命名、捕捉成功声音提示、重复最后捕捉、预览捕捉图片、图像打印、图像裁切、图像去色、图像反色、图像翻转、图像任意角度旋转、图像大小设置、常用图片编辑、墙纸设置、水印添加等实用功能。其捕捉图像方式灵活，可以捕捉整个屏幕、活动窗口、选定区域、固定区域、选定控件、选定菜单和选定网页等。图像输出方式多样，捕捉到的图像可以输出到文件、剪贴板、画图或打印机。同时，这款软件支持外接图片编辑器，方便用户对捕捉到的屏幕截图进行更复杂的图像处理。

与其他图像捕捉工具不同的是，该软件精心设计了“捕捉历史”功能，提供了捕捉到的截图文件历史列表。文件列表可以按捕捉历史划分为全部、今天、过去 7 天、更早 4 类，还可以根据输入的搜索词对捕捉历史进行快速搜索，方便用户对捕捉过的图像进行查看、编辑和管理。单击“历史”选项卡中的“历史选项”按钮，可以设置捕捉历史生成策略，如图 5-29 所示。

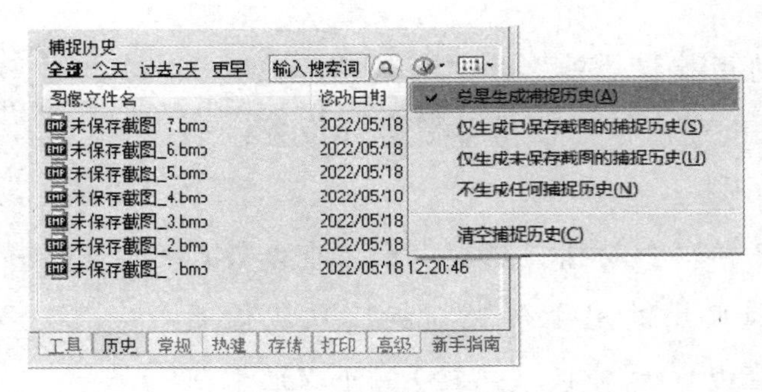

图 5-29 “历史”选项卡

2. 视频捕捉

视频捕捉即屏幕录像，主要是指录制计算机屏幕上全部或部分区域的操作和演示，并以视频格式保存、使用的过程。

“屏幕录像专家”是一款专业的屏幕录像工具，可以轻松地将屏幕上的软件操作过程、网络教学、网络电视、网络电影、聊天视频、游戏等录制成 Flash 动画、WMV 动画、AVI 动画、FLV 动画、MP4 动画或自动播放的 EXE 动画。录制时，可以全屏、多屏、选定窗口或选定范围录制，同时支持摄像头录像。录制过程中可以移动录像范围，并且可以同时录制声音和鼠标指针的操作。录制完成后，可以进行相应的后期编辑，包括视频合成、视频截取、格式转换等。如果有保密要求，则还可以对 EXE 格式的录像进行播放加密和编辑加密，有效地保证录制者的权益。“屏幕录像专家”主界面由主菜单、工具栏、录像模式框、生成模式框、录像文件列表框、帧浏览框等部分组成，如图 5-30 所示。

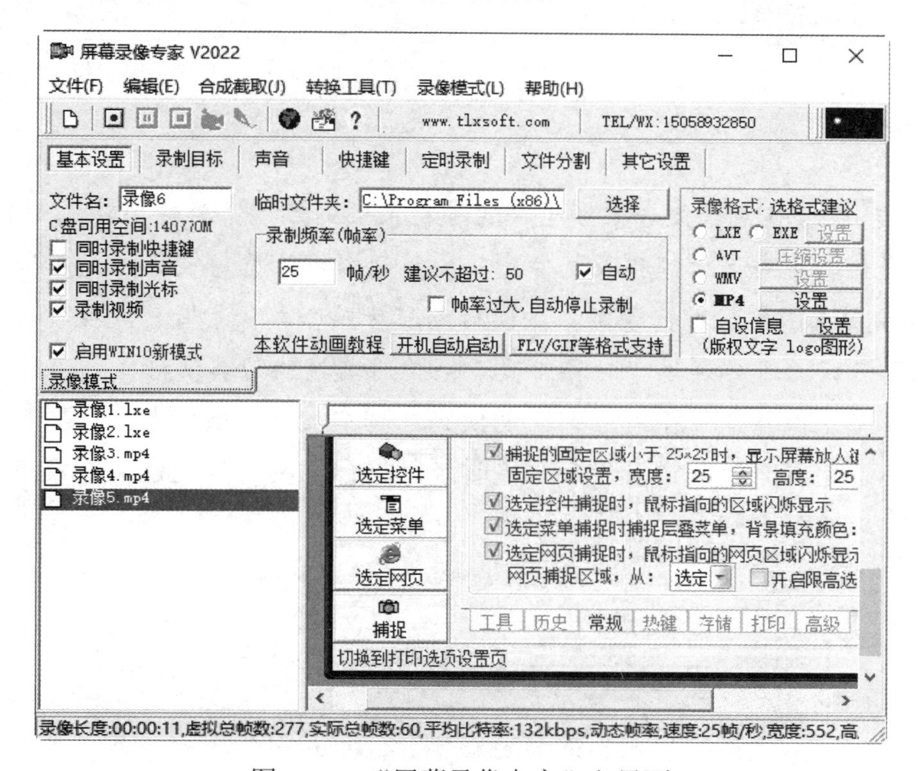

图 5-30 “屏幕录像专家”主界面

5.3.3 更上层楼：制作视频教程

某公司将使用新推出的网络办公软件进行无纸化办公。小王准备使用“屏幕录像专家”录制该软件的操作教程，并上传到公司内网或通过手机分享供相关人员观看。

操作步骤

（1）启动“屏幕录像专家”后，默认进入“向导”界面。该向导对 10 类录制情况的制作步骤进行了详细说明，用户只要依照向导中的步骤进行操作即可，本例中选中“1.用 LXE/EXE 格式录制软件操作过程或制作教程（包括软件操作演示、教学等）”单选按钮，如图 5-31 所示。

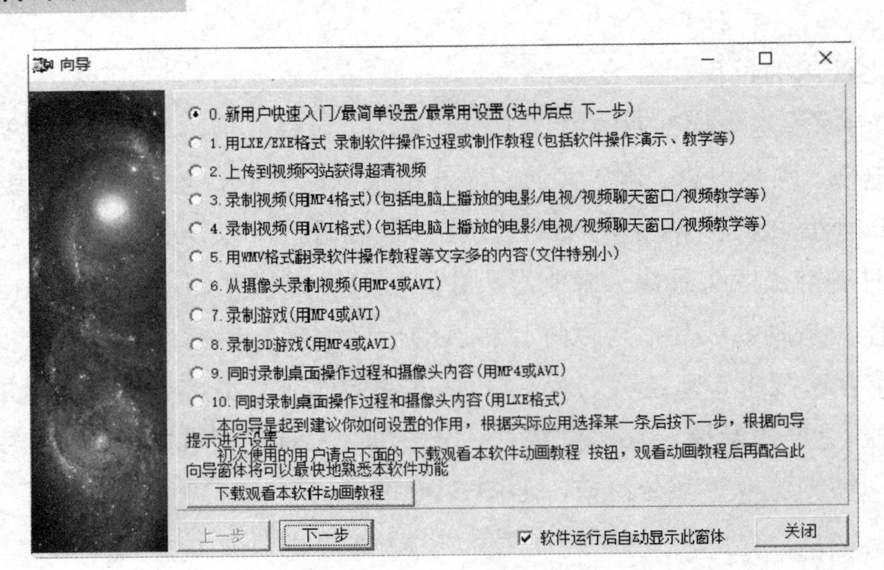

图 5-31 “向导”界面

注意：

① LXE 文件是“屏幕录像专家”生成的一种录像文件，需要使用特定的 LXE 播放器进行播放，适用于录制桌面操作过程或制作教程，得到的图像质量较好，文件相对较小。

② 建议使用 LXE 格式进行录制，方便后期配音或合成背景音乐等操作。需要在不同计算机或手机上播放时，可以通过“转换工具”菜单将其转换为其他格式。

（2）在“屏幕录像专家”主界面中，切换到“基本设置”选项卡。选择文件保存位置，输入文件名，勾选“同时录制声音”和“同时录制光标”两个复选框，并设置直接录制生成为“LXE”格式，如图 5-32 所示。

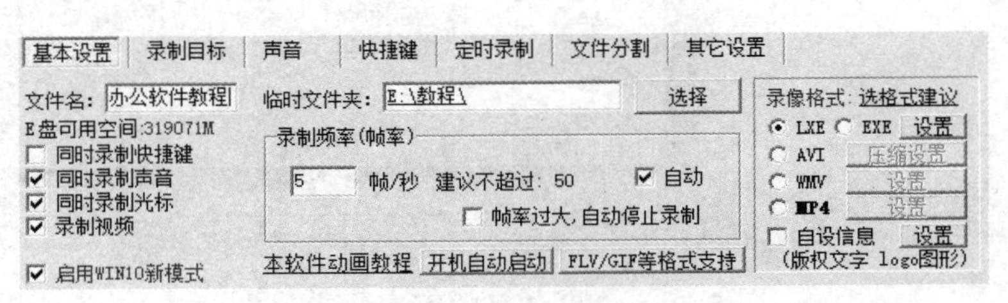

图 5-32 “基本设置”选项卡

（3）切换到“录制目标”选项卡。根据需要设置录制方式（全屏、窗口或范围），并选中“录像时隐藏本软件”单选按钮，如图 5-33 所示。

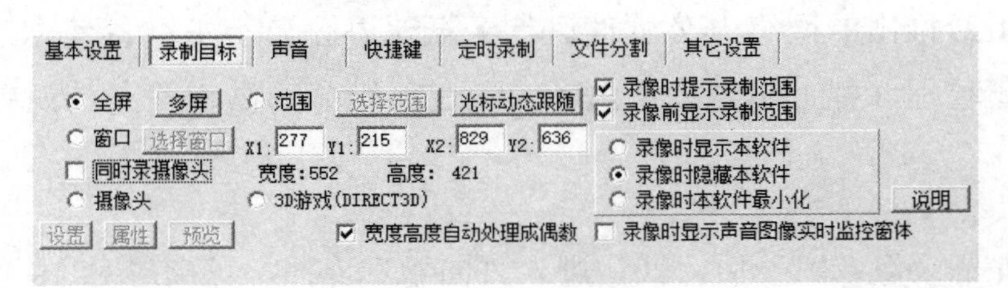

图 5-33 “录制目标”选项卡

（4）切换到“声音”选项卡。设置合适的采样位数、采样频率。如果需要录制操作人员的讲解或系统声音，则还应对录音来源进行设置，如图 5-34 所示。

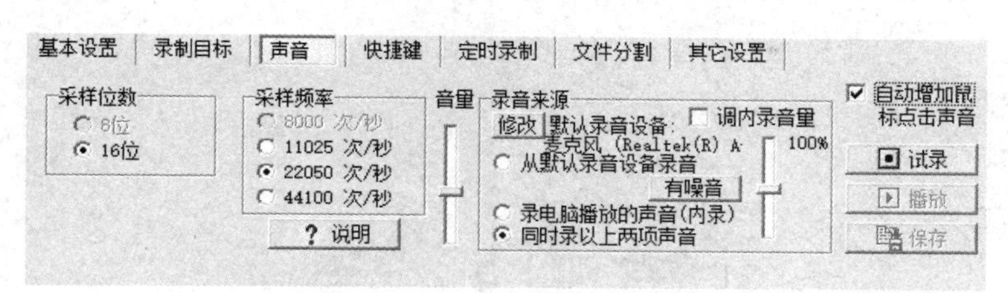

图 5-34 “声音”选项卡

（5）按 F2 键开始对全屏、所选窗口或所设范围进行录制。录制过程中可以随时按 F3 键暂停或继续录制。再次按 F2 键可以停止录制。相应的快捷键可以切换到“快捷键”选项卡中进行设置，如图 5-35 所示。

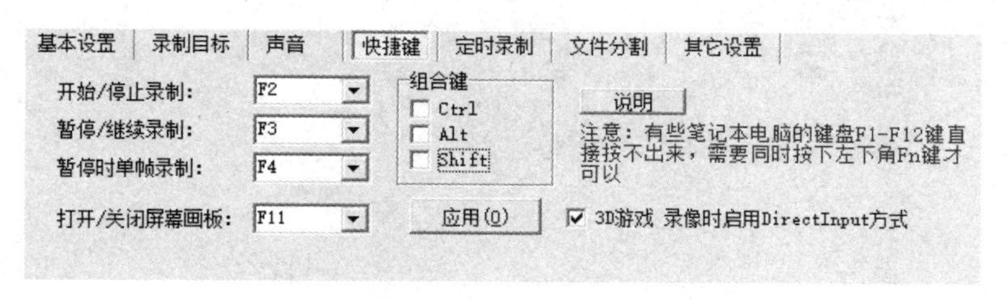

图 5-35 “快捷键”选项卡

（6）录制完成后，得到的 LXE/EXE 录像文件将出现在软件界面左下方的录像文件列表中。双击此文件就可以进行播放了。如果录制过程中讲解有失误的地方，则可以选中此文件，执行“编辑”→“EXE/LXE 后期配音”菜单命令重新配音。

（7）录制好的教程需上传到内网时，可以将其转换为 Flash 格式，以便于网络传输。需分享到手机上播放的，可以将其转换为 MP4 格式。在录像文件列表中选中该文件，执行“转换工具”→“EXE/LXE 转成 Flash”菜单命令，即可生成 Flash 格式的录像文件；执行“转换工具”→“EXE/LXE 转成 MP4”菜单命令，即可生成 MP4 格式的录像文件。

第6章 应用工具

为了解决计算机使用过程中的各类应用问题，各类有针对性的应用工具软件应运而生。本章选取多数计算机用户都会用到的压缩/解压缩、PDF 阅读和电子书制作等应用工具软件进行介绍。

6.1 压缩/解压缩——360 压缩

通常我们把经过压缩软件压缩的文件叫作压缩文件，它是为了节省文件所占用的空间而诞生的。随着网络的普及，为了节省文件在网络上传输的流量、时间，或者一次性传输多个文件（夹），对文件进行压缩便成了必备的过程。本节将以“360 压缩”为例讲解压缩/解压缩的基本操作。

6.1.1 牛刀小试：压缩/解压缩文档资料

由于工作需要，小刘经常需要通过网络分发或接收大量的文档资料。在一般情况下，他需要对文档资料进行压缩/解压缩。

操作步骤

（1）压缩文档资料。

方法一：通过右键菜单压缩文件。

① 选中需要压缩的一个或多个文件（夹）后，在选中的文件（夹）上右击，并在弹出的快捷菜单中选择“添加到压缩文件...”命令，如图 6-1 所示。

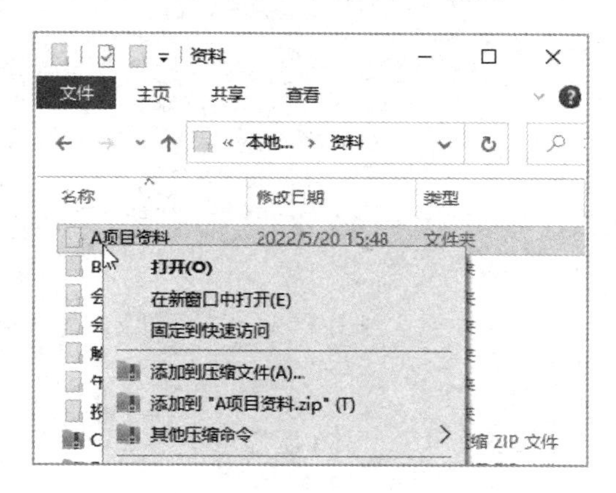

图 6-1　右键菜单（1）

注意：“360 压缩”安装成功后，会自动关联右键菜单。

② 在弹出的“您将创建一个压缩文件 -360 压缩”对话框中，按需要设置压缩文件保存的位置和文件名，并选择恰当的“压缩配置”后，即可单击“立即压缩”按钮进行压缩操作，如图 6-2 所示。压缩操作完成后将在指定位置生成一个新的压缩文件，压缩文件图标如图 6-3 所示。

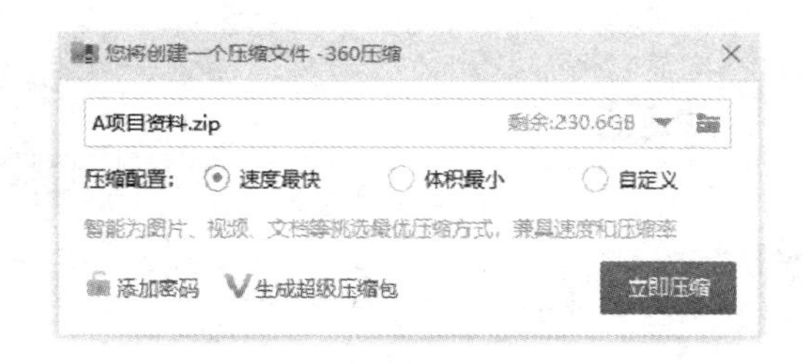

图 6-2　“您将创建一个压缩文件 -360 压缩”对话框

图 6-3　压缩文件图标

注意：如果生成的压缩文件需保存在当前文件夹下，则可以直接在快捷菜单中选择“添加到‘文件名.zip’”命令，实现快捷压缩。

方法二：通过软件主界面压缩文件。

① 启动“360 压缩”，其主界面如图 6-4 所示。

② 在主界面中选中需要压缩的一个或多个文件（夹）后，单击其左上角的“添加”按钮，即可通过弹出的“您将创建一个压缩文件 -360 压缩”对话框进行压缩操作（方法同前）。

（2）解压文件。

方法一：通过右键菜单解压文件。

① 选中需要解压缩的一个或多个压缩文件后，在选中的文件上右击，并在弹出的快捷菜单中选择“解压到…”命令，如图 6-5 所示。

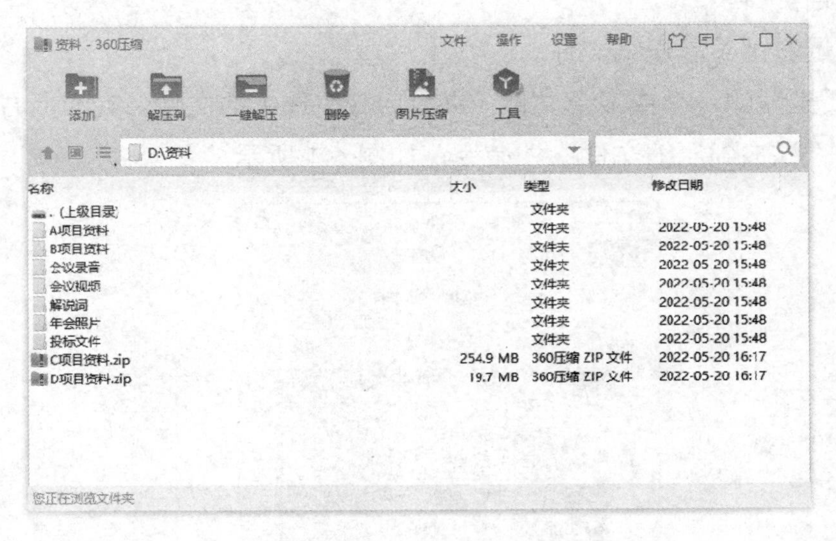

图 6-4　“360 压缩”主界面

② 在弹出的“解压文件”对话框中，按需要设置解压文件保存的位置并勾选相应的复选框后，即可单击“立即解压”按钮进行解压缩操作，如图 6-6 所示。

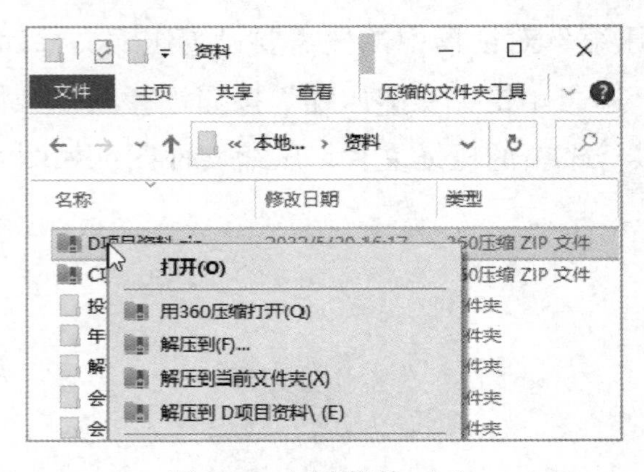

图 6-5　右键菜单（2）

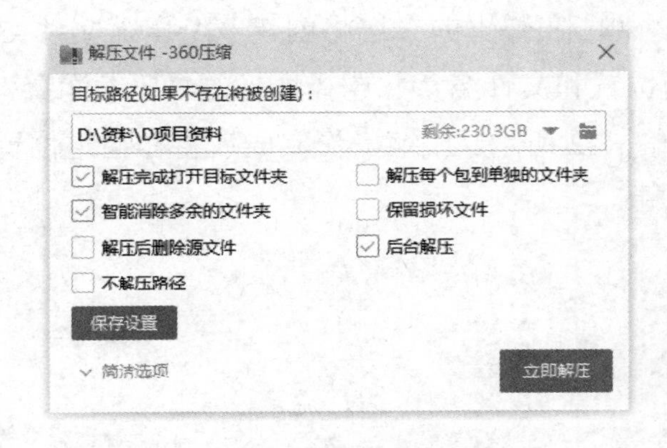

图 6-6　“解压文件”对话框

注意：如果解压缩之后的文件需保存在当前文件夹下，则可以直接在快捷菜单中选择“解压到当前文件夹”命令，实现快捷操作。

（2）方法二：通过软件主界面解压文件。

启动“360 压缩”，在主界面中选中需要解压缩的压缩文件。单击其上方的“解压到”按钮，即可通过弹出的“解压文件”对话框进行解压缩操作（方法同前）。

注意：如果需要对压缩文件中的个别文件（夹）进行解压缩，则首先需要在压缩文件的右键菜单中选择“用 360 压缩打开”命令，或者双击压缩文件在“360 压缩”主界面中显示出压缩文件当中所包含的所有文件（夹）；然后选中需单独解压缩的文件（夹），单击“360 压缩”主界面当中的“解压到”按钮，完成解压缩操作。

6.1.2 知识导航

1. 压缩/解压缩

（1）压缩。

压缩是一种通过特定的算法来减小计算机文件大小的机制。通过压缩，可以有效减少数据大小，并节省保存空间和传输时间。

由于计算机当中的文件归根结底都是以“1”和“0”的形式存储的，所以压缩的基本原理就是把二进制信息中相同的字符串以特殊字符标记来达到压缩的目的。例如，信息为“000000”时，可以将其表示为“60”，来达到减小文件的目的。虽然压缩的实际算法要复杂得多，但只要通过合理的数学计算，文件的体积都能够被大大压缩，以达到“数据无损稠密”的效果。

（2）压缩的分类。

压缩可以分为无损压缩和有损压缩两种。

① 无损压缩是指重新创建的文件与原始文件完全相同。其目标是将文件变得“较小”以利于传输或存储，并在另一方收到它后复原以便重新使用它，数据必须准确无误。例如，常见的 ZIP、RAR 文件。

② 有损压缩是指在压缩中直接去除某些“不必要”的信息，对文件进行剪裁以使它变得更小。有损压缩广泛应用于动画、声音和图像文件，典型的代表就是 MPEG 视频、MP3 音频和 JPEG 图像。例如，某张风景照片上的整个天空都是蓝色的（虽然大部分像素之间也会存在微小的差异），这时就可以挑选一种能够用于所有像素的蓝色去更改某些像素的颜色值，并重写该文件。如果压缩方案选择得当，则视觉效果不会变化太大，但是文件会显著减小。

（3）解压缩。

解压缩是压缩的反过程，可以将通过软件压缩的压缩文件恢复到压缩之前的样子。

（4）压缩软件和压缩包。

压缩软件是利用压缩原理压缩数据的工具。压缩后所生成的文件被称为压缩包。虽然压缩包的文件格式比较特殊，但它的文件体积可能只有原来的几分之一，甚至更小。如果需要使用压缩包中的数据，就需要进行解压缩。常见的压缩软件有 WinZip、WinRAR 等。

（5）常见的压缩文件格式。

① ZIP 是目前最流行的压缩文件格式之一。我们不需要单独为它安装一个解压缩软件，因为 Windows 系统支持 ZIP 压缩格式。

② RAR 是一种高效、快速的文件压缩格式，是最常用的压缩格式之一。WinRAR 是在 Windows 下处理 RAR 格式文件的最常用的工具。

③ 7Z 作为压缩格式的后起之秀，有很高的压缩率。专门支持 7Z 的软件是 7-zip。

④ CAB 是微软的一种安装文件压缩格式，主要用于对安装盘中的文件进行压缩。其特点是压缩率非常高，但一经压缩就不能再进行任何增加、删除、替换等修改，也就是说它的压缩包具有“只读”属性。和 ZIP 一样，Windows 系统自身就可以打开 CAB 格式的文件，而几乎所有压缩软件都可以对 CAB 文件进行解压缩。

⑤ MP3、MPEG、JPEG 等音频、视频、图像格式的文件也都采用了压缩技术。从理论上来说，它们也应该算压缩文件。

MP3 是一种音频压缩技术，其全称是动态图像专家组压缩标准音频层面 3（Moving Picture Experts Group Audio Layer III），简称为 MP3。它被设计用于大幅降低音频数据量。利用 MP3 技术，将音乐以 1∶10 甚至 1∶12 的压缩率压缩成容量较小的文件，而对于大多数用户来说重放音频的音质与最初的不压缩音频相比没有明显的下降。

MPEG 的全称是 Moving Picture Experts Group（动态图像专家组）。该专家组成立于 1988 年，是专门针对运动图像和语音压缩制定国际标准的组织，开发了 MPEG1、MPEG2、MPEG4 等版本，以适用于不同带宽和数字影像质量的要求。其中，MPEG1 被广泛应用于 VCD，MPEG2 则用于广播电视和 DVD 等，MPEG4 于 1999 年年初正式成为国际标准，是一个适用于低传输速率应用的方案。与 MPEG1 和 MPEG2 相比，MPEG4 更加注重多媒体系统的交互性和灵活性。

JPEG 的全称是 Joint Photographic Experts Group（联合图像专家组）。JPEG 压缩技术十分先进，用有损压缩的方式去除冗余的图像数据，在获得极高压缩率的同时展现十分丰富、生动的图像。而且，它具有调节图像质量的功能，允许使用不同的压缩率对文件进行压缩。压缩率通常在 10∶1 到 40∶1 之间。压缩率越高，品质就越低；相反地，压缩率越低，品质就越高。

2．360 压缩

360 压缩是新一代的压缩软件，永久免费。它比传统压缩软件更快、更轻巧，支持解压缩主流的 RAR、ZIP、7Z、ISO 等 42 种类型的压缩文件。同时，360 压缩内置云安全引擎，可以在打开压缩文件时检测木马，使用更加安全。360 压缩既具有常规的压缩/解压缩功能，又具有以下功能。

（1）加密压缩。

在日常办公过程中，我们可能需要对重要的文档资料进行加密以保护其安全。如果需要对压缩文件加密，则可以在进行压缩文件操作时，增加以下步骤。

① 在“您将创建一个压缩文件 -360 压缩”对话框中，单击左下角的“添加密码“按钮。

② 在弹出的“添加密码”对话框中设置密码并单击“确认”按钮，如图 6-7 所示。

（2）固实压缩。

固实压缩是一种特殊的压缩存储格式，它会把需要压缩的全部文件当作一个连续的数据流来处理。可以这样认为，普通压缩是把每一个文件分别压缩然后合成压缩包，固实压缩是把这些文件连接起来当作一个大文件进行压缩。固实压缩的优点是在压缩超大量小体积文件时压缩率更高，压缩后的文件体积更小；缺点是即使只打开其中一个小文件，也需要解压缩整个压缩包。如果需要进行固实压缩，则可以在进行压缩文件操作时，增加以下步骤。

① 在“您将创建一个压缩文件 -360 压缩”对话框中单击选中“自定义”单选按钮。

② 设置“压缩格式”为“7Z”，并勾选“创建固实压缩文件”复选框，如图 6-8 所示。

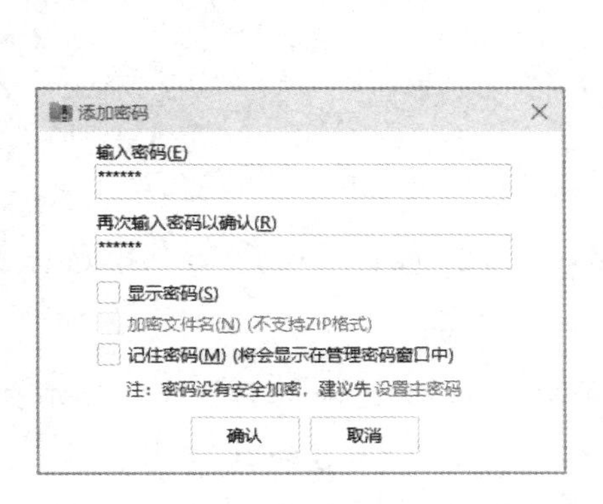

图 6-7 “添加密码”对话框

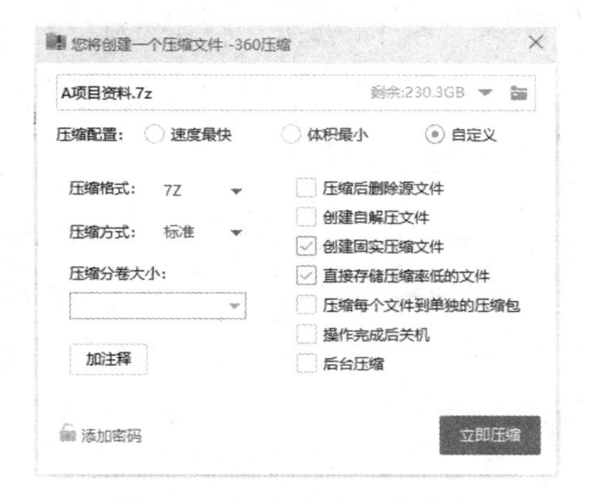

图 6-8 创建固实压缩文件

注意： *所有 ZIP 压缩文件永远是非固实的，所以选择 ZIP 格式压缩时不支持固实压缩。*

（3）创建自解压文件。

通过“360 压缩”还可以创建 EXE 格式的自解压文件。这种文件可以不通过外部软件自行实现解压缩操作。如果需要创建自解压文件，则可以在进行压缩文件操作时，增加以下步骤。

① 在“您将创建一个压缩文件 -360 压缩”对话框中单击选中“自定义”单选按钮。

② 勾选“创建自解压文件”复选框，并单击“立即压缩”按钮，如图 6-9 所示。

③ 在弹出的“设置自解压参数”对话框中设置解压路径，并单击“确定”按钮，即可完成自解压文件的创建，如图 6-10 所示。

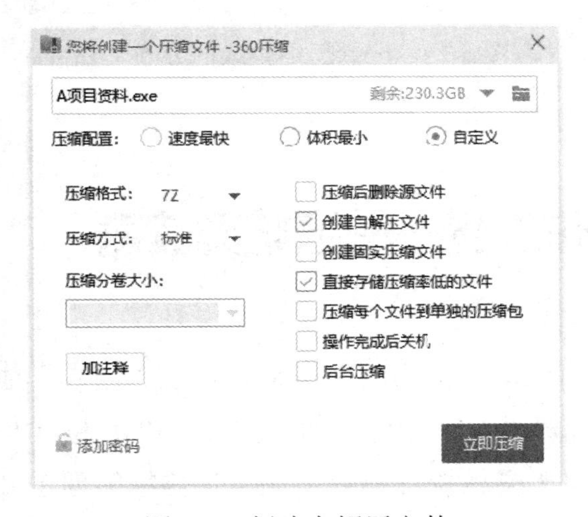

图 6-9 创建自解压文件

图 6-10 “设置自解压参数”对话框

除以上功能以外，360 压缩还具有分卷压缩功能。在压缩文件过大、不便于存储和网络传输时，可以通过分卷压缩的方式解决。

6.1.3 更上层楼：分卷压缩

小刘需要将某次会议的现场照片通过邮件发送给相关人员，在采用常规方式压缩后，发现得到的压缩文件太大，在上传附件时，总是因为种种原因上传失败。小刘决定使用分卷压缩的方式进行压缩。

操作步骤

如果需要进行分卷压缩，则可以在进行压缩文件操作时，增加以下步骤。

① 在“您将创建一个压缩文件 -360 压缩”对话框中单击选中“自定义”单选按钮。

② 根据需要设置恰当的“压缩分卷大小”，如图 6-11 所示。

注意： 分卷压缩时，会根据文件大小生成多个相关联的压缩文件，如图 6-12 所示。解压缩时，要保证所有分卷压缩文件放在同一个文件夹当中，否则会造成解压缩失败。

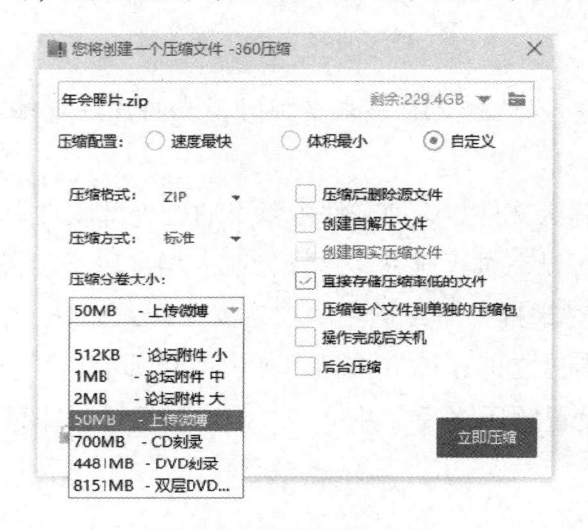

图 6-11 分卷压缩设置

图 6-12 分卷压缩生成的分卷文件

6.2 PDF 文档阅读、制作工具——福昕阅读器

对于普通读者而言，用 PDF 制作的电子书具有纸版书的质感和效果，可以“逼真”地展现原书的面貌，而且显示大小可任意调节，给读者提供了个性化的阅读方式。PDF 格式与操作系统平台无关，这使它成为在 Internet 上进行电子文档发行和数字化信息传播的理想文档格式。本节将以“福昕阅读器”为例，介绍 PDF 文档的阅读和制作方法。

6.2.1 牛刀小试：阅读 PDF 文档

公司所购设备的使用说明书大多是 PDF 格式的。为此，小刘专门安装了一款 PDF 阅读软件——福昕阅读器，并用它打开该软件的用户手册进行阅读。

操作步骤

（1）启动福昕阅读器，在软件窗口中，通过“文件”选项卡中的“打开”菜单，打开《福昕高级 PDF 编辑器快速指南》（文件名为 Foxit-PDF-Editor-Quick-Guide11.2.1.pdf，可从福昕阅读器官网上下载），如图 6-13 所示。

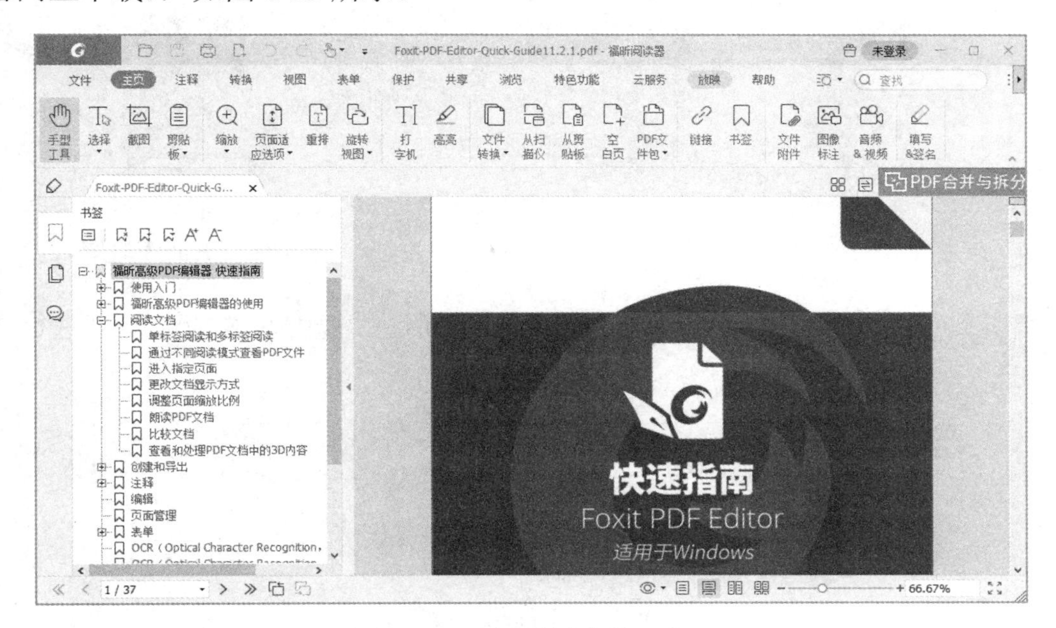

图 6-13 “福昕阅读器”窗口

注意：

① 福昕阅读器采用微软 Office 风格选项卡式工具栏，所有工具按功能集放在不同选项卡下，各选项卡排列在软件界面上，直观易用，能够帮助用户快速查找所需工具。

② 福昕阅读器支持自定义功能区。通过自定义功能区功能，用户可以按照个人喜好调整选项卡中按钮的位置，也可以直接创建新的选项卡，用以放置常用工具按钮。如果需要自定义功能区，则可以右击功能区，并从弹出的快捷菜单中选择“定制功能区…”命令。

（2）阅读 PDF 文档时，可以通过以下方法跳转到指定页面进行阅读。

① 拖动窗口右侧的滚动条进行快速浏览，或者按 Page UP、Page Down 键前后翻页。

② 单击状态栏中的“首页”“末页”等按钮阅读指定页面，如图 6-14 所示。

③ 通过书签进入指定标题页面阅读。单击窗口左侧的“添加、移除、管理书签”按钮，并在打开的面板中单击相应书签即可跳转至相应页面，如图 6-15 所示。

图 6-14　状态栏

④ 通过页面缩略图跳转至指定页面。单击窗口左侧的“查看页面缩略图”按钮，并在打开的面板中单击相应的缩略图便可跳转至相应页面，如图 6-16 所示。

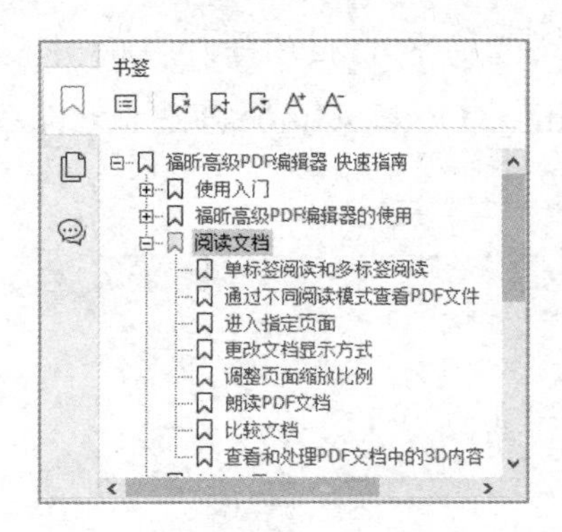

图 6-15　书签

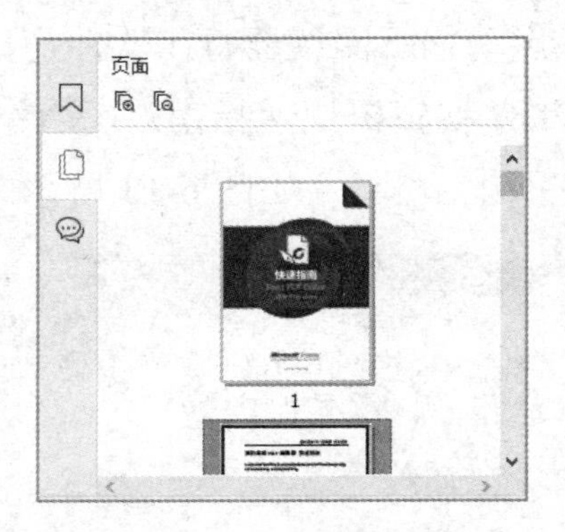

图 6-16　页面缩略图

（3）福昕阅读器提供了多种阅读文档的方式，通过“视图”选项卡即可进行切换，如图 6-17 所示。

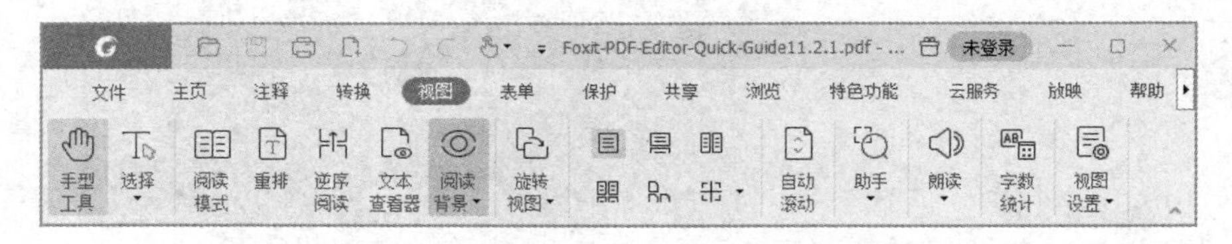

图 6-17　“视图”选项卡

① 阅读模式：移除界面上的一些元素，以保证最大限度的可视空间。

② 逆序阅读：逆序阅读页面。

③ 文本查看器：以纯文本模式阅读文档。

④ 阅读辅助工具：用户可以通过“视图”选项卡“助手”菜单中提供的“选取框”“放大镜”“仿真放大镜”等工具查看 PDF 文档，甚至可以使用“朗读”工具来朗读 PDF 文档。

注意：按 F11 键可以切换到全屏模式阅读 PDF 文档。

6.2.2　知识导航

1. PDF 格式简介

PDF 是 Portable Document Format（便携式文档格式）的缩写，是 Adobe 公司以 PostScript 语言图像模型为基础开发的一种规范的文件系统。它可以将文字的字体、字号和格式及使用的色彩和图形、图像等信息，甚至将超文本链接、声音和动态影像等信息都包含在一个文件中，支持特长文件，集成度和安全可靠性都较高。此外，文件本身与操作系统无关，也就是说 PDF 文档不管是在 Windows、UNIX 还是在 MacOS 操作系统中都能够保存源文档内的所有字体、格式、颜色和图形。它的这一功能为我们在网络中构筑了一个信息交流的桥梁，越来越多的电子图书、产品说明、公司文件、网络资料、电子邮件等开始使用 PDF 格式。

2．福昕阅读器

福昕阅读器（Foxit Reader）作为在全球范围内流行的 PDF 阅读器之一，以独特技术和领先体验引领全球移动阅读潮流。它以安全著称，可以抵御各种流氓软件或恶意攻击，从底层技术、应用设计、功能实现到处理机制，都广泛考虑了各层面用户对安全的需求。福昕阅读器同时提供桌面版和移动版，并提供了触屏模式，可以满足用户在个人计算机、笔记本电脑、平板电脑、手机等设备上的高质量解析、显示和处理 PDF 文档的不同要求。

福昕阅读器不仅支持 PDF 文档阅读，还允许用户对 PDF 文档进行相应操作。

（1）复制文本、图片和页面。

使用“选择文本”工具在页面上选取文本，并通过右键菜单或快捷键 Ctrl+C 进行复制。复制后的文本可以粘贴到其他文档中使用。对于无法使用“选择文本”工具选取的内容，可以使用“主页”选项卡中的“截图”工具，在页面上按鼠标左键进行框选。释放左键后，会弹出如图 6-18 所示的对话框，表示可以将框选内容以图像的形式粘贴到其他文档中使用。

（2）保存为文本文件。

单击“文件”选项卡中的“另存为”按钮，选择保存位置后会打开“另存为”对话框。在该对话框中设置“保存类型”为“文本文件”，单击“保存”按钮即可将当前的 PDF 文档保存成 TXT 文本文件格式，以适应不同用户的需要，如图 6-19 所示。在“另存为”对话框中单击“设置”按钮，还可以打开“另存为文本文件设置”对话框，可以选择不同的页面进行保存，如图 6-20 所示。

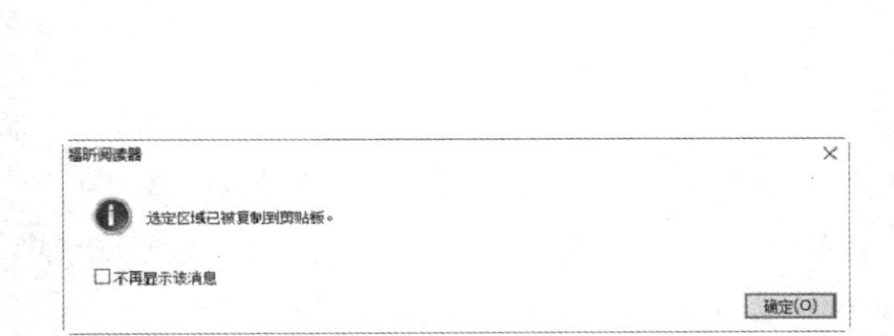

图 6-18　提示信息

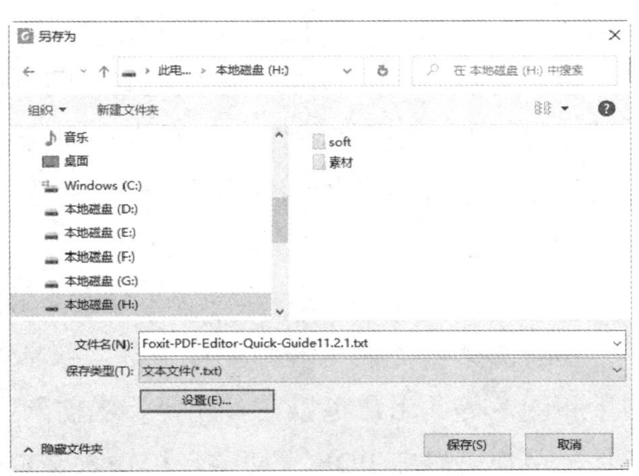

图 6-19　“另存为”对话框

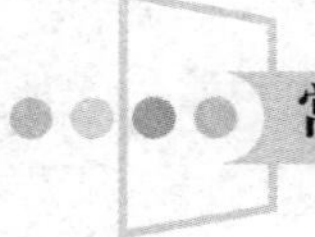

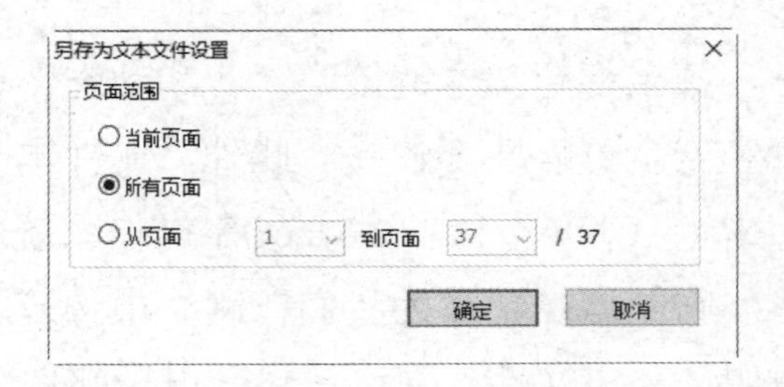

图 6-20　“另存为文本文件设置”对话框

（3）打印 PDF 文档。

单击“文件”选项卡中的“打印”按钮，对当前 PDF 文档的全部页面或部分页面进行打印。“打印”对话框如图 6-21 所示。

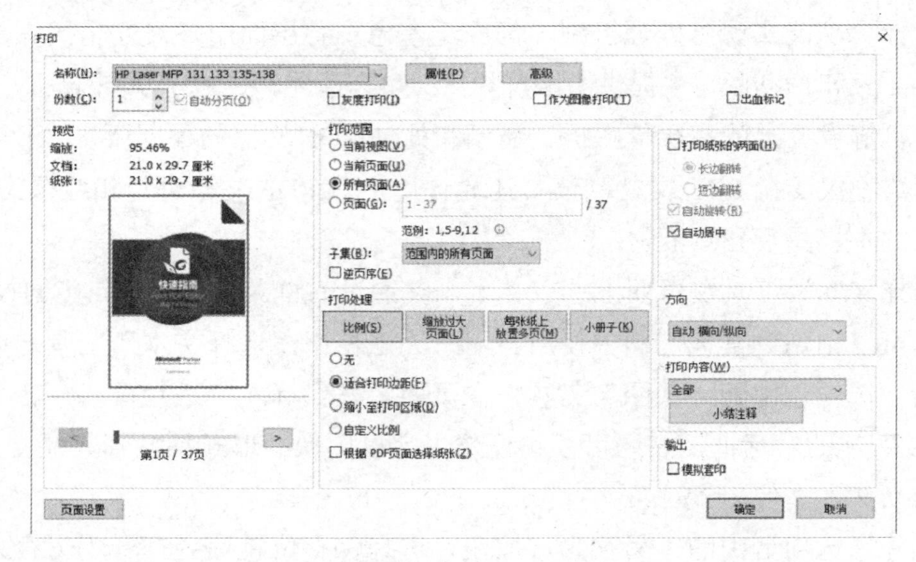

图 6-21　“打印”对话框

（4）PDF 签名。

福昕阅读器支持 PDF 签名功能，允许用户在 PDF 文档中添加手写签名，或者导入本地磁盘、剪贴板中的图片作为签名。同时，福昕阅读器还支持签名加密功能，允许用户对已保存的签名进行加密，防止他人非法使用或编辑已保存的签名，进一步保护敏感信息的安全使用。如果需要在 PDF 文档中添加签名，则可以单击“保护”选项卡中的“填写&签名”按钮，在随之出现的“填写&签名”选项卡中单击“创建签名”按钮+，并在弹出的“创建签名”对话框中，选择以“绘制签名”“导入文件”“从剪贴板粘贴”“输入签名”等方式来创建签名，如图 6-22 所示。

（5）添加注释。

福昕阅读器提供了多种注释工具，包括各类文本标注、备注、打字机、文本框、绘图、测量和图章等。用户可以在“注释”选项卡中找到这些工具，如图 6-23 所示。通过这些注释工具，用户可以在 PDF 文档中轻松输入文本或通过添加线条、圆圈等形状对文档进行注释。

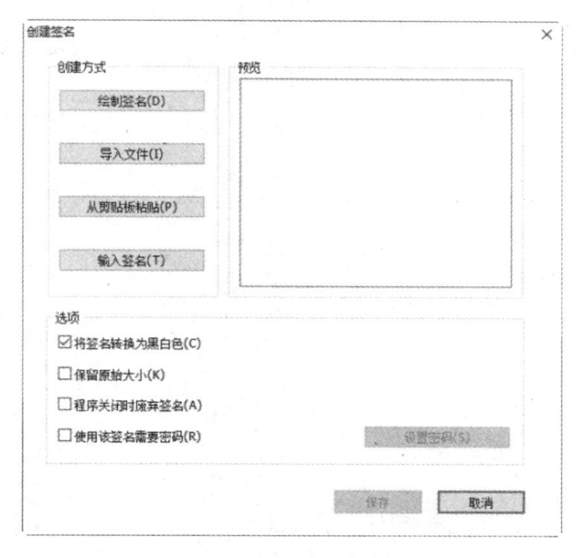

图 6-22 “创建签名”对话框

图 6-23 “注释”选项卡

6.2.3 更上层楼：制作 PDF 文档

通过阅读说明文档，小刘初步学会了福昕阅读器的使用。她尝试着将几个其他格式的工作文档转换为 PDF 格式，以满足不同工作场合的需要。

操作步骤

（1）通过鼠标拖放创建 PDF 文档。打开福昕阅读器，将需要转换的文档拖至福昕阅读器窗口中，该文档即可转换成 PDF 格式。

（2）通过选项卡创建 PDF 文档。在福昕阅读器“主页”选项卡中通过“文件转换”“从扫描仪”“从剪贴板”等按钮进行 PDF 文档的创建。

（3）通过虚拟打印机创建 PDF 文档。用常用程序打开需要转换的文档（如“.txt”文档使用“记事本”打开），在打印时选择“Foxit PDF Reader Printer”作为虚拟打印机，如图 6-24 所示。单击“打印”按钮后，文档将会被转换为 PDF 格式。

（4）通过快捷菜单创建 PDF 文档。在“资源管理器”窗口中，右击需要转换的文档。在弹出的快捷菜单中，选择“在福昕阅读器中转换成 PDF”命令，如图 6-25 所示。

（5）通过常用办公软件创建 PDF 文档。常用的办公软件（Office 或 WPS）中均提供了将文档“另存为”或“输出为”PDF 格式的类似功能。

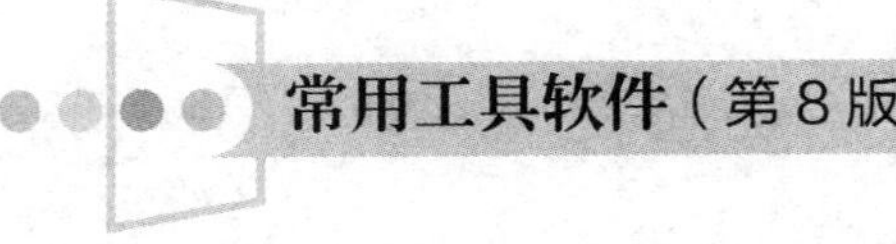

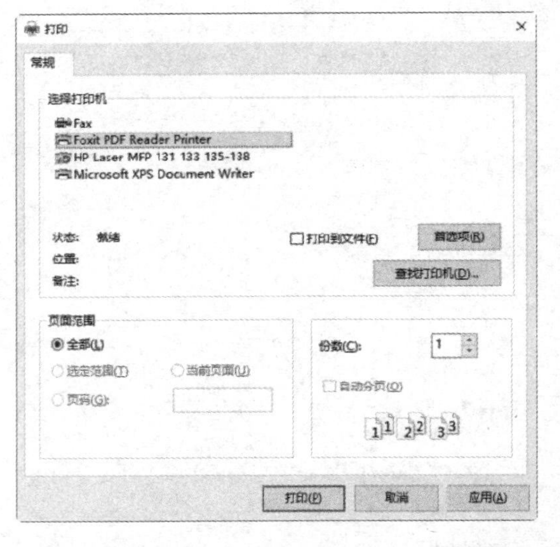

图 6-24　通过虚拟打印机创建 PDF 文档

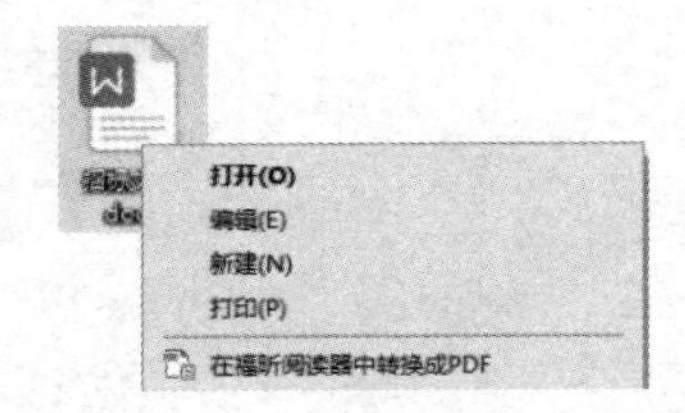

图 6-25　快捷菜单

6.3　电子书、电子杂志制作工具

随着信息化的发展，许多生活、学习用品渐渐被电子化、数字化的产品取代，也改变了人们寻求信息与阅读新知识的方式，电子书、电子杂志也随之出现。作为一种新的传媒方式，其受到越来越多的计算机用户欢迎。

6.3.1　牛刀小试：制作 CHM 格式的电子书

作为一名计算机工作者，小刘的计算机里保存了许多计算机类的电子教材。为了方便携带和阅读，小刘准备通过 QuickCHM 将从网上下载的“ASP+SQL 教程”制作成 CHM 格式的电子书。

操作步骤

（1）QuickCHM 是一个可以快速生成 CHM 文件的制作软件。该软件中内置了简单、易用的网页编辑器，使计算机用户可以轻松完成 CHM 文件的制作。“QuickCHM”主窗口如图 6-26 所示。

（2）教程被小刘保存在“F:\ASP+SQL 教材大全”文件夹中，是以网页文件的形式保存的。执行“文件”→“CHM 向导”菜单命令，打开“CHM 向导”对话框。通过该对话框，定位项目文件夹、命名项目名称及设置文件过滤格式，如图 6-27 所示。

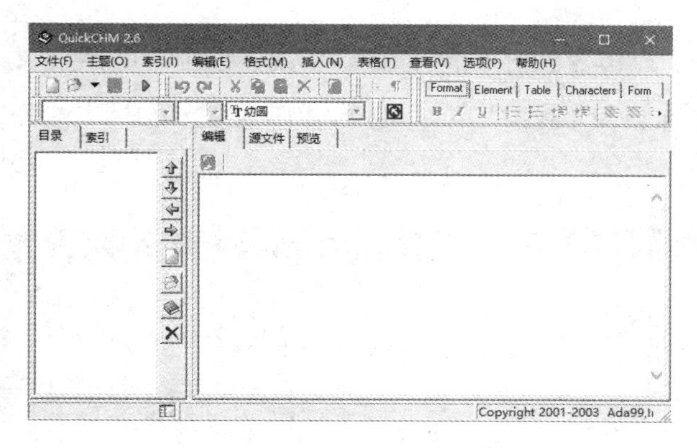

图 6-26 “QuickCHM”主窗口

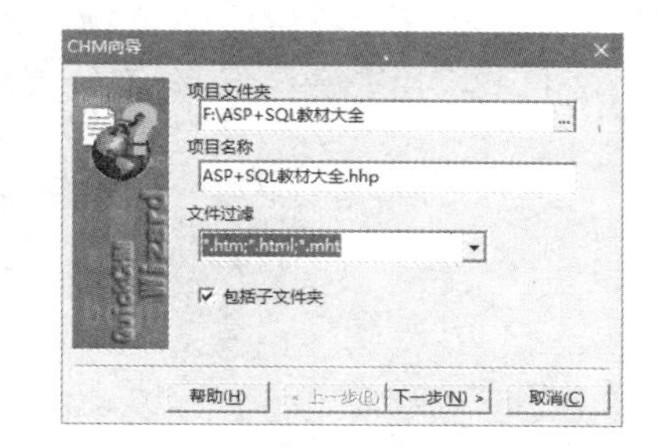

图 6-27 “CHM 向导”对话框

注意：在“文件过滤”下拉列表框中选择“*.htm；*.html；*.mht”选项，表示将项目文件夹下的所有网页文件制作成电子书。如果该文件夹下有多级子文件夹，还应勾选“包括子文件夹”复选框。

（3）单击“下一步”按钮，打开如图 6-28 所示的对话框，在这里会显示出符合上一步中所设定条件的所有文件，包括“F:\ASP+SQL 教材大全”文件夹下的所有网页文件。在该对话框中，选中某个文件或文件夹后，单击对话框右侧的按钮，可以调整文件的先后顺序或删除。

（4）完成修改后，单击“下一步”按钮，打开如图 6-29 所示的对话框，对读取主题、电子书标题等进行设置。

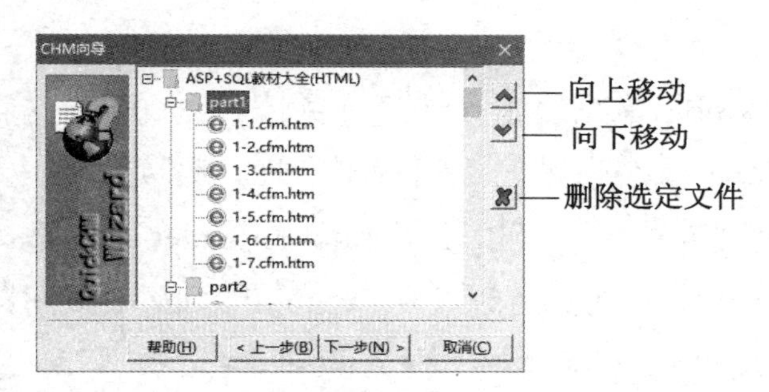

图 6-28 调整文件顺序或删除

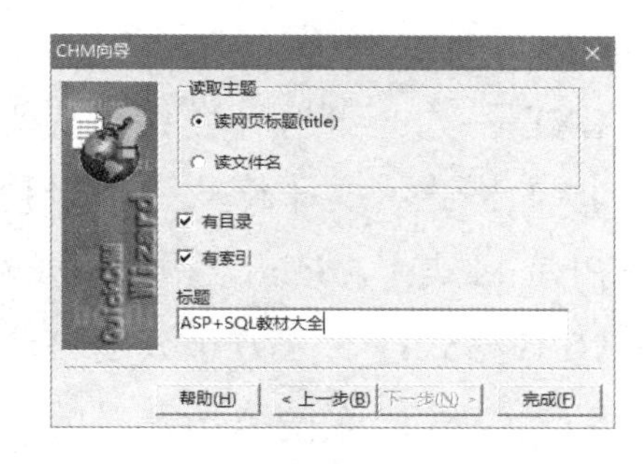

图 6-29 设置读取主题、标题等

（5）单击“完成”按钮，建立相应的项目文件，并在主窗口中显示其内容，如图 6-30 所示。

图 6-30 建立的项目文件

（6）执行“文件”→“编译”菜单命令，QuickCHM 会对刚建立的项目文件进行编译，如图 6-31 所示。编译成功后，将在对应的“项目文件夹”下生成“ASP+SQL 教材大全.chm”。双击该文件即可直接打开阅读，如图 6-32 所示。

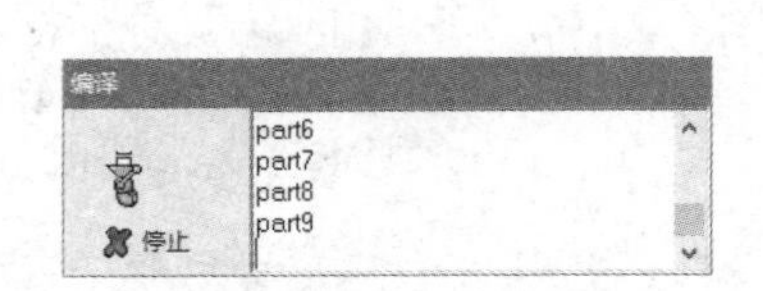

图 6-31　编译项目

图 6-32　阅读创建好的 CHM 格式文件

6.3.2　知识导航

1. 常见的电子书格式

电子书又称为电子文档或 E-Book，是各种文字及多媒体信息集成的电子文件。目前，PC 上常见的电子书格式有如下几种。

（1）EXE 格式：可执行文件格式，可以在 Windows 系统中直接打开阅读。

（2）TXT 格式：文本格式，可以使用 Windows 系统自带的“记事本”打开阅读。

（3）PDF 格式：Adobe 公司开发的电子读物文件格式，可以使用 Adobe Reader 来阅读。

（4）CEB 格式：北大方正公司独立开发的电子书格式，可以使用 Apabi Reader 来阅读。

（5）STK 格式：宜锐公司开发的电子书格式，可以使用 eREAD 来阅读。

（6）PDG 格式：超星公司推出的一种图像存储格式，可以使用超星阅读器 SSReader 来阅读。

（7）CAJ 格式：清华同方公司开发的文件格式，可以使用 CAJViewer 来阅读。

（8）SEP 格式：基于书生公司的技术构建，可以使用书生阅读器 Sursen Reader 来阅读。

（9）XPS 格式：XML 文件规格书，是微软推出的电子文件格式，可以使用 XPS Viewer 来阅读。

（10）WDL 格式：国内部分图书馆的藏书使用该格式存储，可以使用 DynaDoc Reader 来阅读。

（11）NLC 格式：中国国家图书馆电子图书格式，可以使用 Book Reader for NLC 来阅读。

（12）HTML 格式：网页格式，可以使用 IE 浏览器直接打开阅读。

（13）HLP 或 CHM 格式：系统帮助文件格式，可以在 Windows 系统中直接打开阅读。

2. 电子杂志

随着计算机技术和互联网的不断发展，新兴的电子杂志异军突起。

电子杂志又称网络杂志、互动杂志，兼具平面与互联网两者的特点，并且融入了图像、文字、声音、视频、游戏等，相互动态结合呈现给读者。此外，电子杂志还有超链接、及时互动等网络元素，并且其延展性强，可移植到平板电脑、手机、MP4 播放器、PSP 游戏机、TV（数字电视、机顶盒）等多种个人终端上进行阅读。通过电子杂志，人们不仅可以看到文字、图片，还可以听到各种音效，看到活动的图像；加之电子杂志中极其方便的电子索引、随机注释，更使得电子杂志具有了信息时代的特征。

上一代电子杂志以 Flash 为主要载体，但由于 Flash 技术将全部文字和图片打包在 SWF 格式的文件内，不便于搜索引擎直接收录电子杂志的内容。因此，目前的电子杂志以 HTML5 技术为主，可以直接通过浏览器跨平台阅读，使得各种移动设备也能无障碍地看到原版矢量电子杂志，不再需要下载和存档，大大提升了电子杂志的阅读体验。

6.3.3 更上层楼：制作电子杂志

出于宣传需要，小刘准备制作一期“电子杂志”对公司产品进行推广。经过网上搜索比较，小刘准备使用 FLBOOK 这款在线电子杂志制作软件进行制作。

操作步骤

（1）进入 FLBOOK 在线电子杂志制作平台。

打开浏览器，搜索“FLBOOK”，或者直接在浏览器地址栏中输入地址，进入 FLBOOK 在线电子杂志制作平台，如图 6-33 所示。

图 6-33　FLBOOK 在线电子杂志制作平台

（2）登录制作平台。

单击网页右上方的“登录”按钮，并通过微信扫码登录该平台。

（3）创建作品。

该平台提供了 4 种创建方式，包括“空白页面创建”“套用模板创建”“上传 PDF 创建”“上传图片创建”。单击网页左下方的“开始创作”按钮，即可在 4 种创建方式中单击进行选择，如图 6-34 所示。

本例中单击“空白页面创建”按钮，并在弹出的“创建作品”对话框中输入刊物名称，设置预置尺寸和翻页模式等，如图 6-35 所示。随后，单击“创建”按钮，即可进入 FLBOOK 编辑界面，如图 6-36 所示。

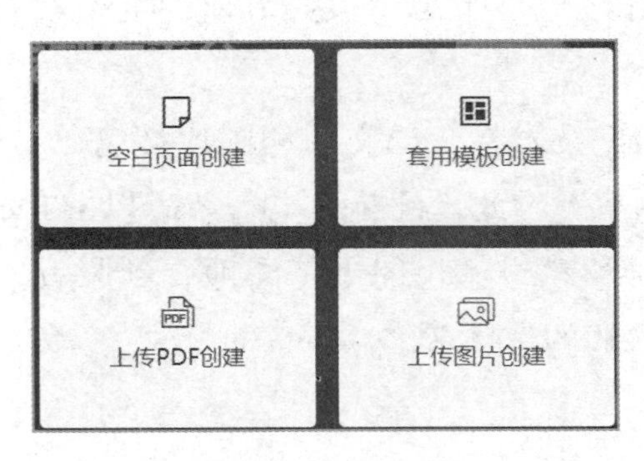

图 6-34　4 种创建方式

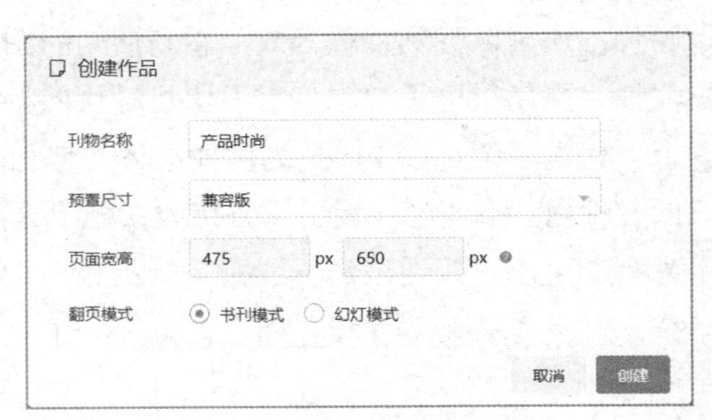

图 6-35　“创建作品”对话框

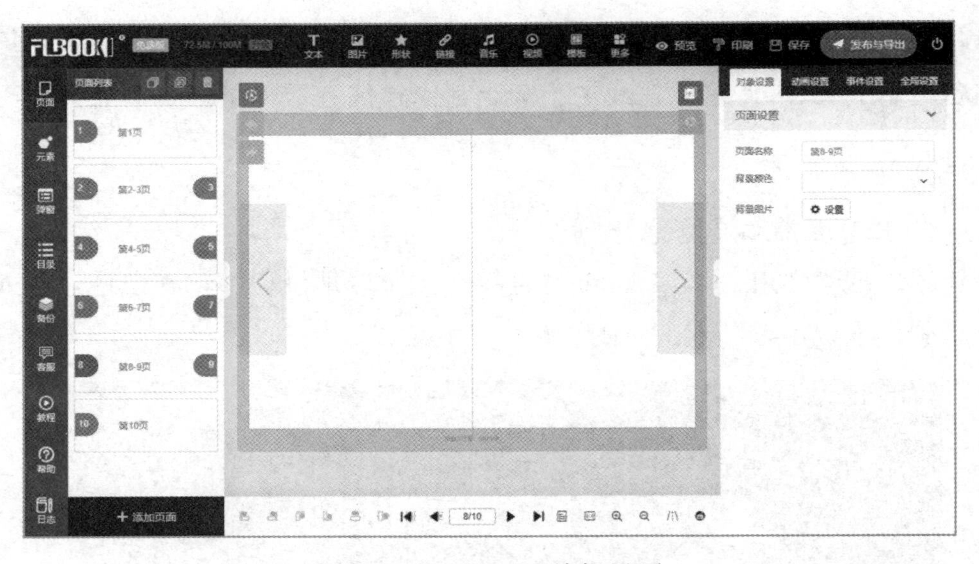

图 6-36　FLBOOK 编辑界面

注意：FLBOOK 编辑界面划分为上、下、左、右、中五个部分。

① 上部为主工具条，提供各种元素的添加按钮。

② 左侧为列表栏，融合了页面列表、页面元素列表、目录列表的功能，以及针对列表进行操作的功能。

③ 右侧为属性栏，融合了对象设置、动画设置、事件设置、全局设置功能。其中，对象设置、动画设置、事件设置都是针对选中对象进行设置；全局设置则是针对整本书刊进行设置。

④ 下部为工具条，提供了一些对版面进行操作的按钮。

⑤ 中间部分则为页面区域。

（4）页面操作。

① 添加页面：在页面列表中选定某个页面后，单击页面列表底部的“添加页面”按钮，可以在其后添加一张空白页面。

② 删除页面：在页面列表中选定某个页面后，单击页面列表顶部的“删除页面”按钮，可以删除该页面。

③ 复制页面：在页面列表中选定某个页面后，单击页面列表顶部的“复制页面”按钮，可以将其复制到当前选定页面之后。

④ 移动页面：在页面列表中，单击鼠标左键拖动某个页面，可以改变该页面在电子杂志中的前后顺序。

（5）向页面中插入图文、多媒体等元素。

在页面列表中选定要编辑的页面，单击“主工具条”中的相关按钮，便可以向当前页面插入“文本”“图片”“形状”“链接”“音乐”“视频”“模板”等元素，如图 6-37 所示。在页面上，单击选中某元素后，还可以通过“属性栏”对其属性、动画效果和事件响应进行设置。

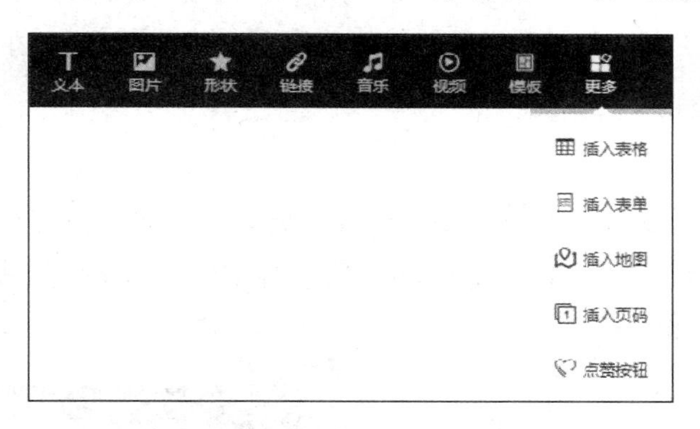

图 6-37 主工具条

注意：

① 元素列表为当前页面元素的列表。当页面中的元素非常多时，对页面元素的编辑和修改容易受到其他元素的干扰。此时，可使用元素列表进行隐藏元素、锁定元素、删除元素、修改元素名称、元素层次排序等操作，提升电子杂志的创作效率。某页面元素列表如图 6-38 所示。

② 和其他常用编辑器一样，FLBOOK 具有撤销和恢复功能。撤销到上一步的快捷键为 Ctrl+Z，恢复到下一步的快捷键为 Ctrl+Y。

（6）全局设置。

单击编辑界面右侧顶部的“全局设置”选项卡，可以进行全局设置。全局设置中所有的设置项均是针对整本电子杂志的。全局设置分为基本信息、作品设置和按钮设置，如图 6-39 所示。

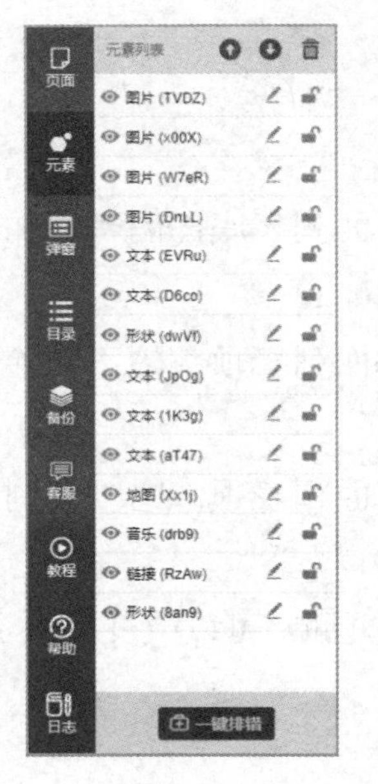

图 6-38　某页面元素列表

图 6-39　“全局设置”选项卡

（7）预览和保存。

创作过程中，可单击编辑界面右上角的“预览”按钮，模拟作品在计算机、平板电脑或手机中的效果；也可以单击编辑界面右上角的“保存”按钮，将正在制作的作品数据上传到云服务器，以方便继续编辑和修改。

（8）作品发布与导出。

单击编辑界面右上角的“发布与导出”按钮，弹出“发布作品”对话框，如图 6-40 所示。在该对话框中完善基本信息，设置导出选项（本例中选择“Web 在线版”），即可生成相应的分享链接或海报，如图 6-41 所示。

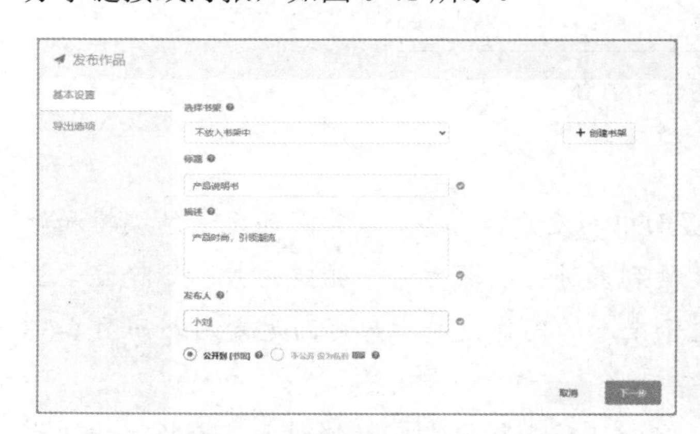

图 6-40　“发布作品”对话框

图 6-41　生成分享链接

注意：导出选项中包括 Web 在线版、导出 PDF 版、导出 EXE 版、导出 HTML 版和导出 PNG 版。用户可根据实际需要进行选择。

第 7 章

在线工具

7.1 在线翻译——百度翻译

我们在工作、学习或生活中，有时会遇到一些外文资料，如果没有专门的翻译，就会影响对外文资料的理解。怎么能快速解决这个问题呢？在线翻译类工具可以帮助我们方便地实现多种语言的互译。本节就以“百度翻译”为例 ，介绍在线翻译类工具的使用方法。

7.1.1 牛刀小试：翻译外文资料

多语种即时在线翻译是百度翻译的主要功能，百度翻译支持全球二百多种热门语言互译，覆盖四万多个翻译方向。小张的同学推荐给他一款好用的在线换背景软件，小张打开链接，发现软件是英文版的，大段的英文软件介绍，很多都看不明白。他决定运用百度翻译来帮助自己更好地认识这款软件。

操作步骤

（1）复制需要翻译的英文软件介绍。

（2）打开浏览器，在地址栏中输入百度翻译的网址（可通过搜索得到），进入“百度翻译”首页，如图 7-1 所示。

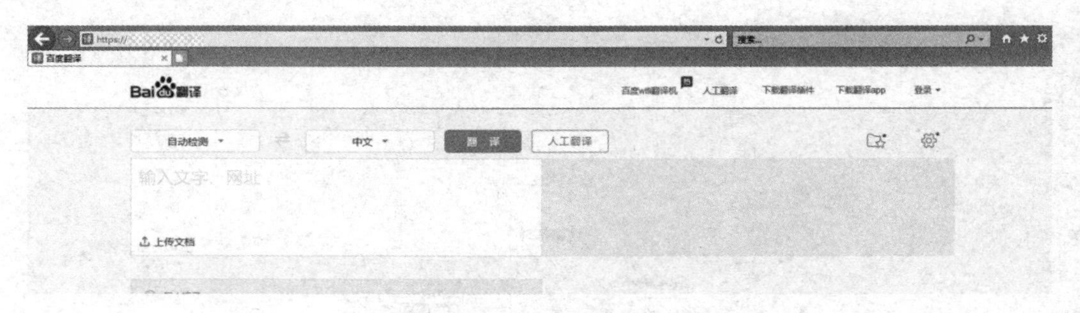

图 7-1 “百度翻译”首页

（3）将复制好的英文粘贴到左侧文本框中。软件默认自动检测所粘贴文字的语种，并默认翻译为“中文”，这两项均可以根据需要手动设置，如图 7-2 所示。

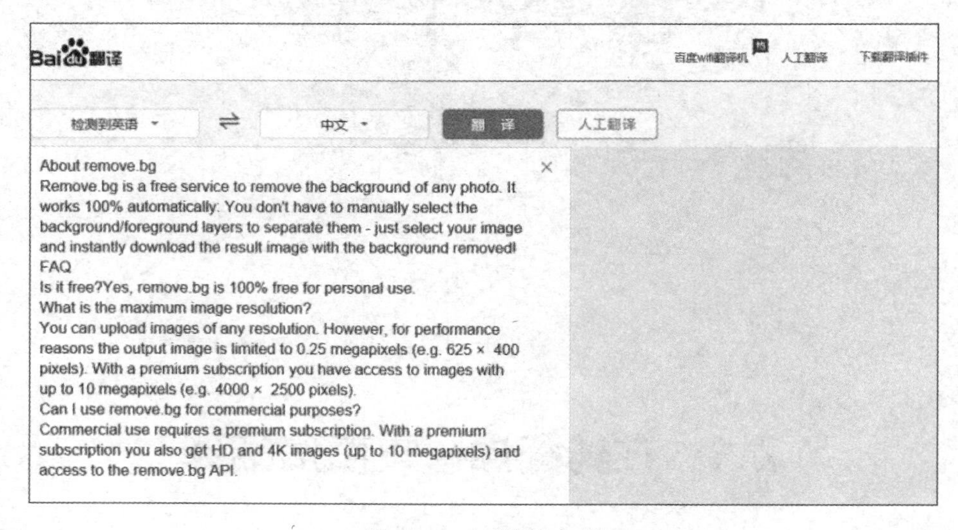

图 7-2 左侧文本框

（4）单击“翻译”按钮，右侧文本框中会显示翻译结果，如图 7-3 所示。

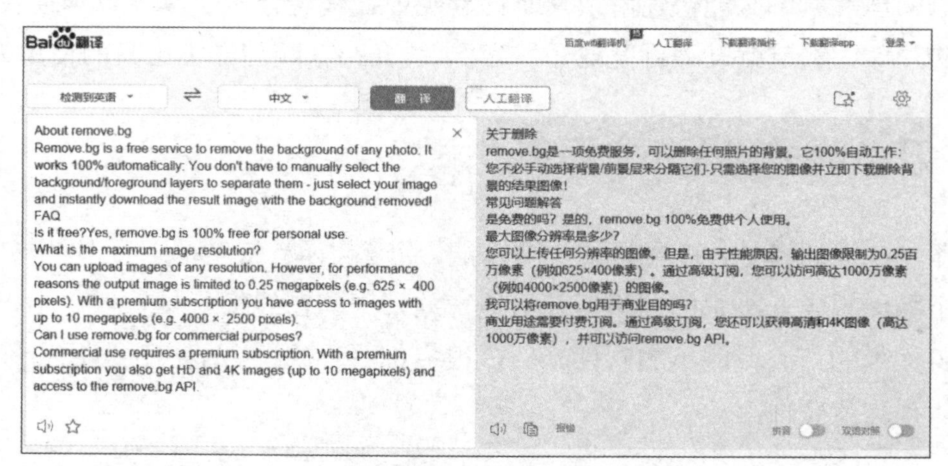

图 7-3 显示翻译结果

（5）在翻译文本框的下部单击“发音”按钮，即可听到清晰的朗读；单击“复制”按钮可以直接复制译文到需要的位置；单击“拼音”或“双语对照”按钮可以对译文加拼音显示或双语对照显示，如图 7-4 所示。

图 7-4　翻译文本框下方的功能按钮

小提示：“发音”功能不支持过长的文字，文字过长时可分多次朗读。

（6）左侧文本框的下方有重点词汇的注释，方便进一步学习和理解，如图 7-5 所示。

（7）单击右上角的“设置”按钮，打开“设置”对话框可以设置翻译时是否支持划词翻译、实时翻译和显示历史记录，也可以设置发音的速度、英语发音偏好和发音模式，如图 7-6 所示。

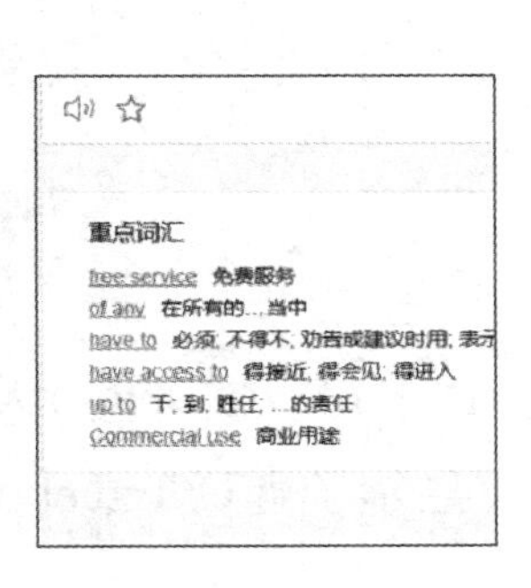

图 7-5　重点词汇注释

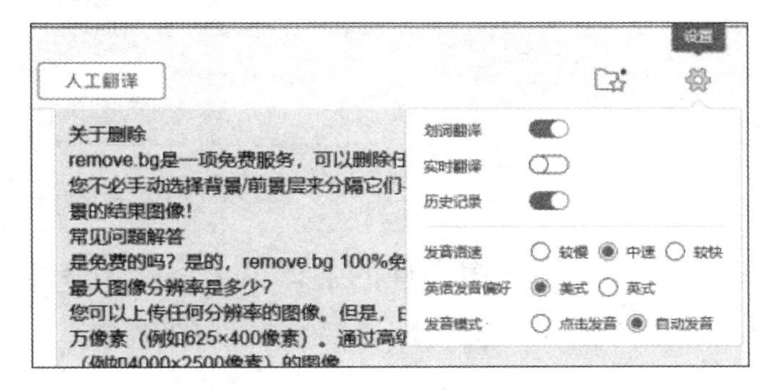

图 7-6　“设置”对话框

小提示：

① “划词翻译”功能打开时，支持对光标选择文字即时翻译，如图 7-7 所示。

② “实时翻译”功能打开时，右侧译文会实时跟随左侧文本框中文本内容增减。

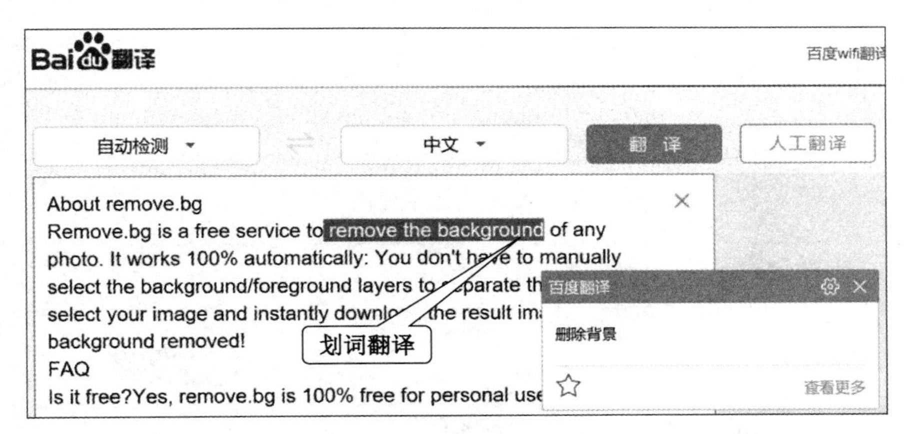

图 7-7　划词翻译

7.1.2　知识导航

1．关于百度翻译

（1）百度翻译是由百度发布的在线翻译服务平台，主要依托互联网数据资源和自然语言处理技术，帮助用户跨越语言鸿沟，方便、快捷地获取外文信息和服务。

（2）百度翻译所支持的部分互译语言如图 7-8 所示。

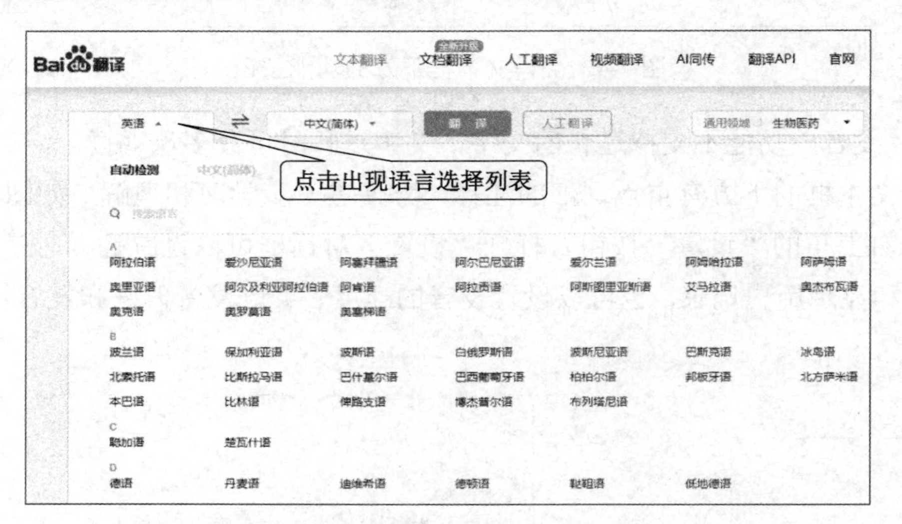

图 7-8　百度翻译所支持的部分互译语言

（3）为了满足用户多样性的翻译需求，除翻译文字外，百度翻译还可以实现网页翻译、语音翻译、图片翻译、文档翻译、AR 翻译等功能。图 7-9～图 7-11 显示了翻译 Excel 文档的操作步骤。

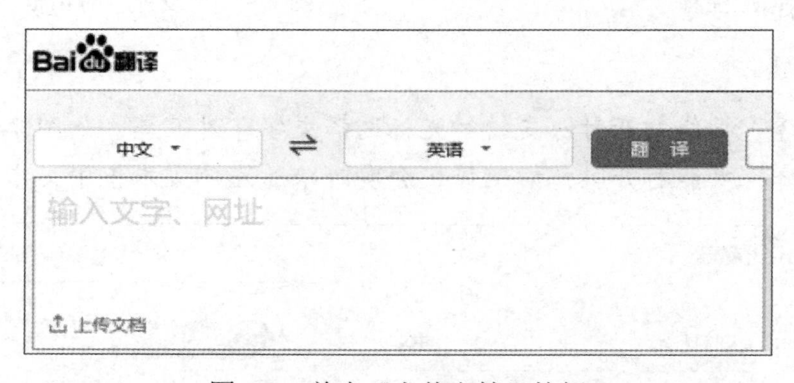

图 7-9　单击“上传文档”按钮

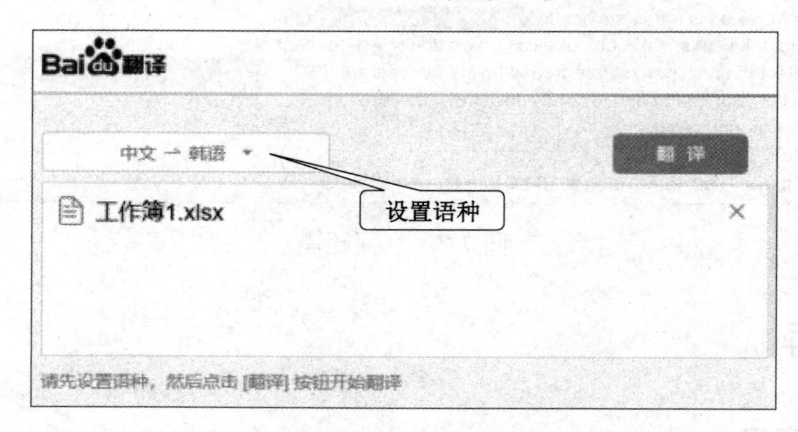

图 7-10　设置语种并单击“翻译”按钮

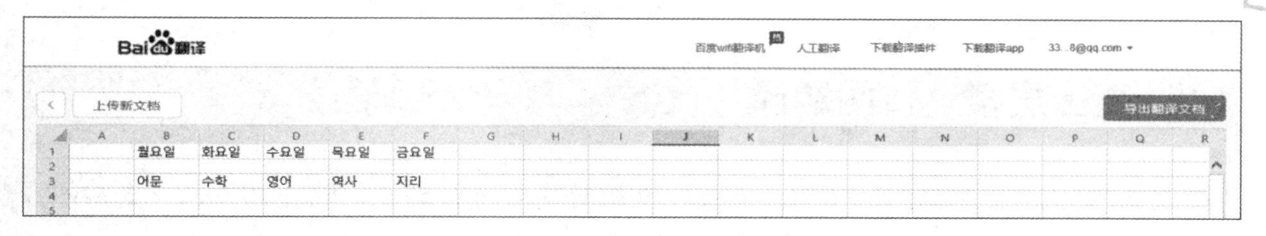

图 7-11　查看翻译结果、导出翻译文档

小提示：文档翻译支持.doc、.docx、.xls、.xlsx、.ppt、.pptx、.jpg 等格式。

（4）针对对译文质量要求较高的用户，百度提供人工翻译服务，为用户提供更精准的人工翻译，并收取一定费用。

（5）百度翻译 APP 支持长句、单词、菜单和实物四种场景的翻译，无须输入，拍照或对准单词即可获取译文。

（6）百度翻译除软件外，还基于百度语音识别合成及神经网络翻译等人工智能技术，推出了百度 Wi-Fi 翻译机，外观如图 7-12 所示。这是百度翻译专门针对出境游中的跨语言交流与网络通信需求研发的一款便携式智能产品，可以帮助用户进行便捷的多语言实时语音翻译，并且自带全球超过 80 多个国家的移动数据流量，可以为手机、计算机等设备提供上网服务。

图 7-12　百度 Wi-Fi 翻译机

2. 其他常用在线翻译网站

网络上还有很多在线翻译类网站，其中常用的包括有道翻译、爱词霸、谷歌在线翻译、雅虎翻译等。

7.1.3 更上层楼：传图翻译

百度翻译可以针对单词、长句、网页、文档等内容进行翻译，除此之外，还支持图片翻译，利用这个功能，用户可以将图片中的文字直接提取出来，并翻译成需要的语种。

操作步骤

（1）单击“上传文档”按钮，然后在文件列表中选择要翻译的图片，或者直接将图片拖入左侧的文本框内。

小提示： 目前百度翻译支持.jpg格式的图片翻译。

（2）单击“翻译”按钮，系统会先识别图片中文字语种，并提取文字，再将文字翻译成目标语种，如图7-13所示。

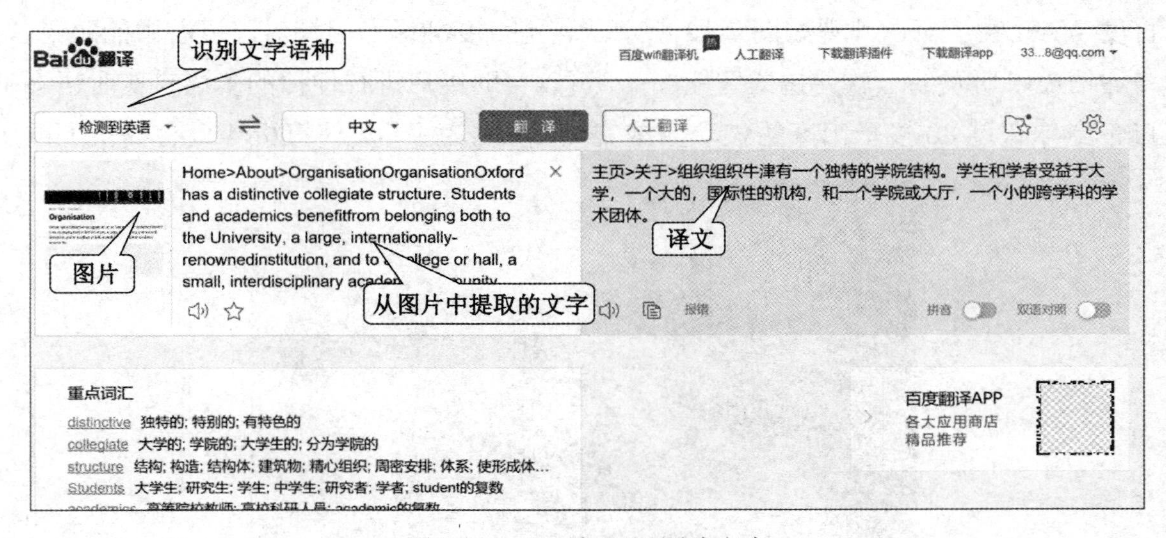

图7-13 识别与翻译图片文字

（3）针对图片译文，同样可以进行“发音”“复制”“双语对照”等操作。

7.2 在线图片处理

随着软件技术的发展，图片文件的格式越来越多。很多图片文件都需要专门的软件来处理，有时为了查看或简单处理一下图片，就要安装相应的软件，费时费力且占空间。而在线图片处理类工具就可以帮助我们便捷地解决这个问题，本节以在线查看CAD图纸和在线处理图片为例介绍在线图片处理类工具。

7.2.1 牛刀小试：查看 CAD 图纸

不需要安装任何软件，在浏览器上就可以轻松查看、分享 CAD 图纸是浩辰 CAD 看图王网页版的基本功能。小张临时需要给客户展示一下产品设计的 CAD 图纸，客户的计算机上却没有相应的软件用于打开图纸，小张决定尝试用在线工具查看 CAD 图纸。

操作步骤

（1）打开浏览器，在地址栏中输入浩辰 CAD 看图王的网址，进入浩辰 CAD 看图王网页版。

（2）单击“打开图纸”按钮，如图 7-14 所示。

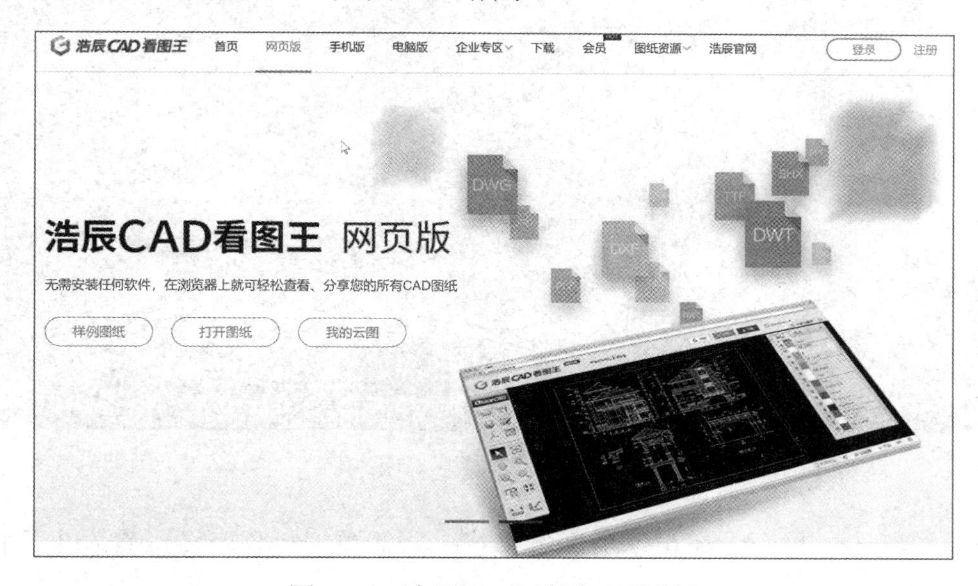

图 7-14　浩辰 CAD 看图王网页版

（3）选择“公开”或“私有”选项，勾选“浩辰 CAD 看图王打开图纸使用协议”复选框。单击“选择本地文件”按钮，选择要打开的 CAD 图纸，如图 7-15 所示。

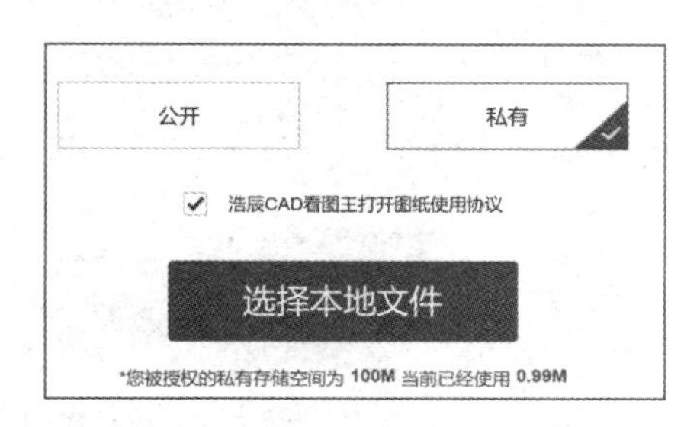

图 7-15　打开图纸对话框

注意：

① 选择“公开”选项，图纸会进入“共享图纸库”，其他会员可以免费在线浏览。选择“私有”选项，文件只有自己可见。

② 浩辰CAD看图王账户分为标准账户（免费）和高级账户（收费），标准账户提供100MB的云图存储空间、高级账户提供5GB的云图存储空间。用户可以通过上传优质的公开图纸或付费提升会员等级以获得更多的免费存储空间。

③ 目前浩辰CAD看图王支持DWG、DWS、DXF和DWT等格式文件的在线浏览。

（4）选择需要打开的文件后，即可在线查看CAD图纸，如图7-16所示。

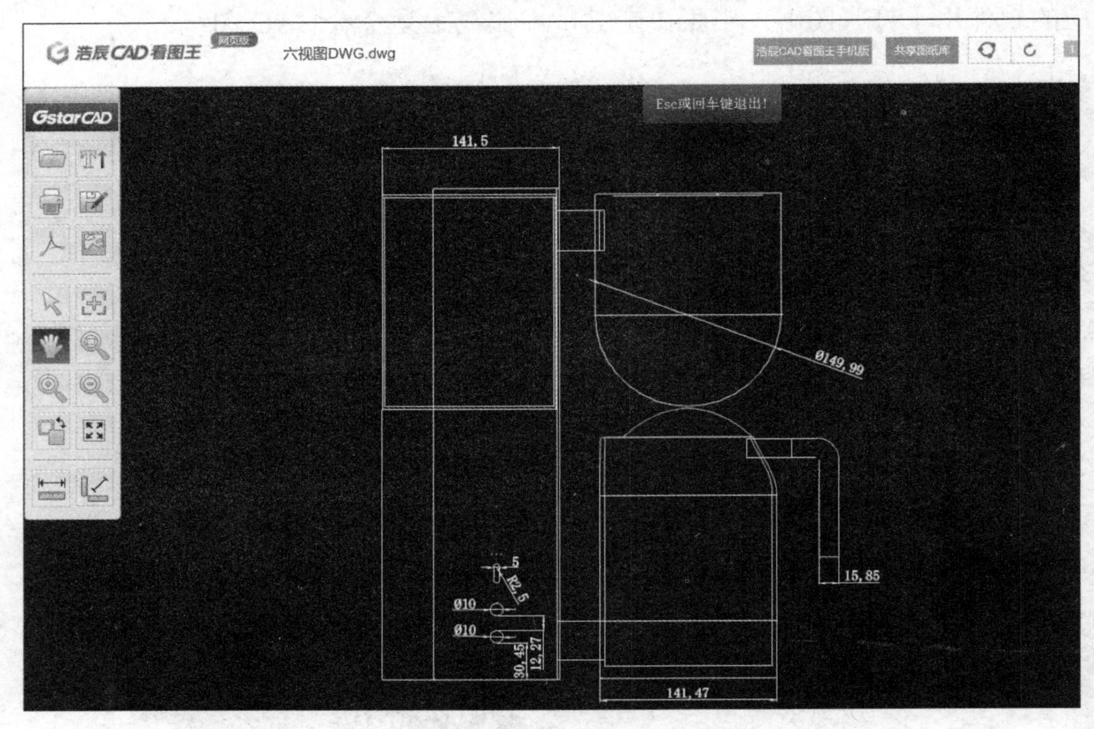

图7-16　在线查看图纸

（5）查看图纸的过程中，还可以对图纸进行一些简单的操作，图纸查看工具栏如图7-17所示。

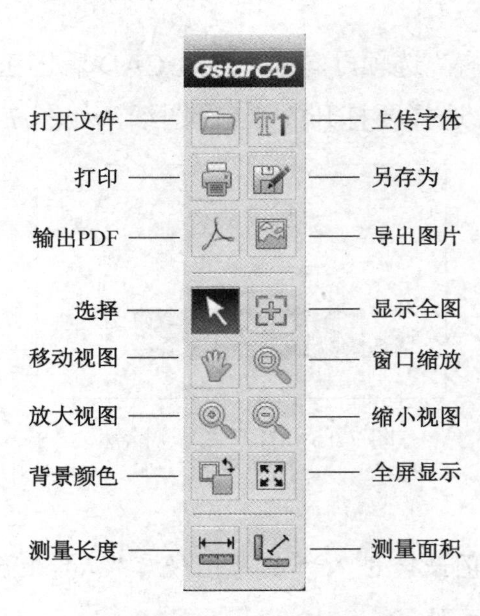

图7-17　图纸查看工具栏

7.2.2 知识导航

1. AutoCAD 常用文件格式

（1）DWG 文件格式：AutoCAD 创立的一种图纸保存格式，已经成为二维 CAD 的标准格式，很多其他 CAD 为了兼容 AutoCAD，也直接使用 DWG 作为默认文件格式。

（2）DXF 文件格式：一种标准的文本文件格式，常用于 CAD 设计的交流，也常被 CAD 行业的专业人士用来作为对 DWG 文件进行读写操作的工具。

（3）DWT 文件格式：AutoCAD 的模板文件格式，用户可以将自己惯用的 CAD 工作环境设置好后直接保存为 DWT 文件，方便用户快速恢复工作环境。

（4）DWS 文件格式：为了保护自己的文档，可以将 CAD 图纸用 DWS 格式保存，以此格式保存的文档只能查看，不能修改。

2. 浩辰 CAD 看图王版本

浩辰 CAD 看图王除网页版外还有桌面版和手机版。

桌面版分为 32 位和 64 位两个版本，用户可根据需要下载使用，桌面版相比网页版更快捷、更方便，功能更细致、更准确。

手机版分为 iOS 版和 Android 版，用户可以通过扫描相应的二维码直接下载，如图 7-18 所示。

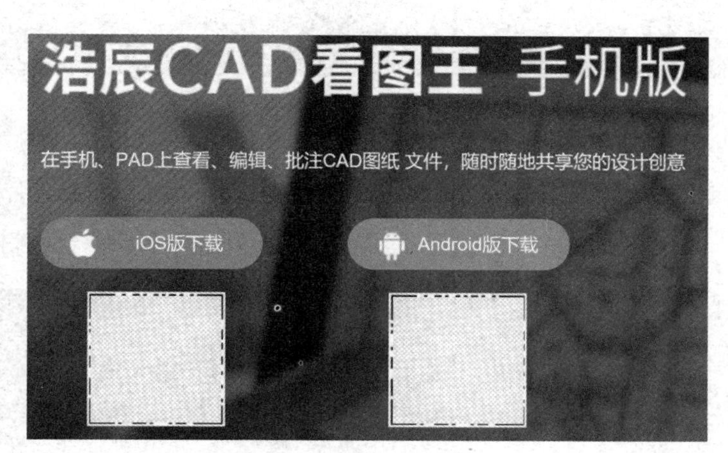

图 7-18 手机版下载二维码

3. 其他在线图片处理网站

我们还可以通过其他在线图片处理网站对图片进行处理：改图宝、图怪兽、迅捷 PDF 转换、PDF 派、iLovePDF、稿定设计、网页版 PS。

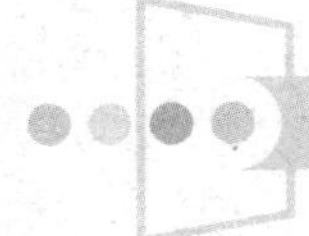

7.2.3 更上层楼：在线处理图片

在线图片处理工具，可以实现基本的 Photoshop 功能，包括图片的处理、合成与编辑。

操作步骤

（1）打开浏览器，在地输址栏中输入“稿定|UUPOOP”网址，在打开的窗口中单击“在线 PS”按钮，打开图片编辑器。

（2）根据需要选择“新建项目”或“从电脑打开”选项，如图 7-19 所示。

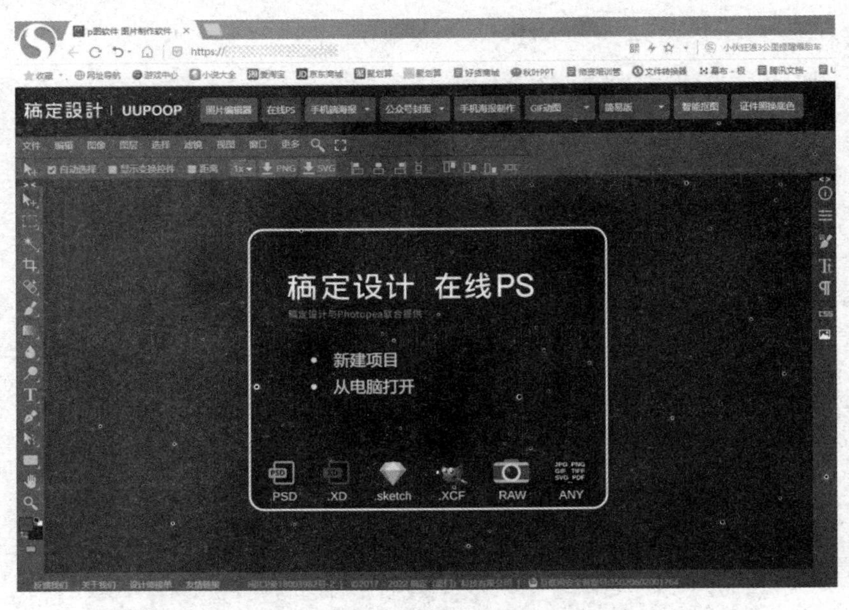

图 7-19　选择打开文件方式

（3）在线图片处理工具具备 Photoshop 软件的常用功能，界面也基本相同，有 Photoshop 使用经验的用户可以很方便地使用在线工具完成图片处理，打开一张图片，如图 7-20 所示。

图 7-20　打开一张图片

注意： 在线图片处理工具的菜单栏和工具栏与 Photoshop 的大致相同，但个别命令或工具有整合和调整。

（4）执行“文件”→“打开并插入”菜单命令，打开另一张素材图片到新图层，如图 7-21 所示。

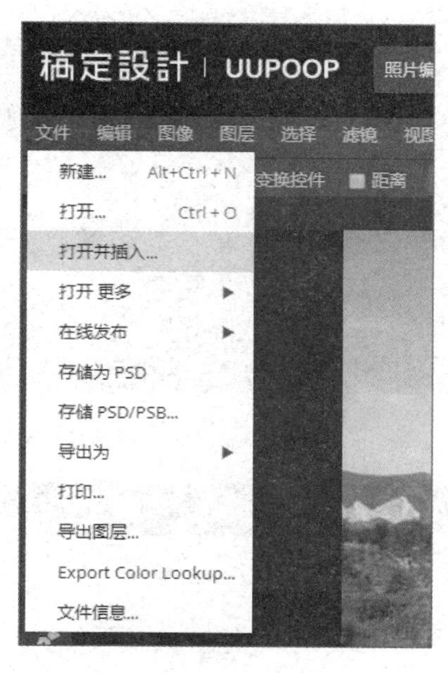

图 7-21　打开另一张素材图片到新图层

（5）使用选择工具建立羽化选区，如图 7-22 所示。

图 7-22　羽化选区

（6）删除所选区域，调整图层位置，即可利用在线图片处理工具完美合成两张素材图片，如图 7-23 所示。

（7）对于不熟悉 Photoshop 软件操作的用户，在线图片处理工具还整合了“手机海报制作”“智能抠图”“证件照换底色”等快捷操作模板，方便大家使用，如图 7-24 所示。

（8）使用“手机海报制作”模板可以快捷地完成常用的图片设计与处理，如选择行业为“文体娱乐”的模板选项，如图 7-25 所示。

图 7-23　两张图片合成效果图

图 7-24　菜单栏

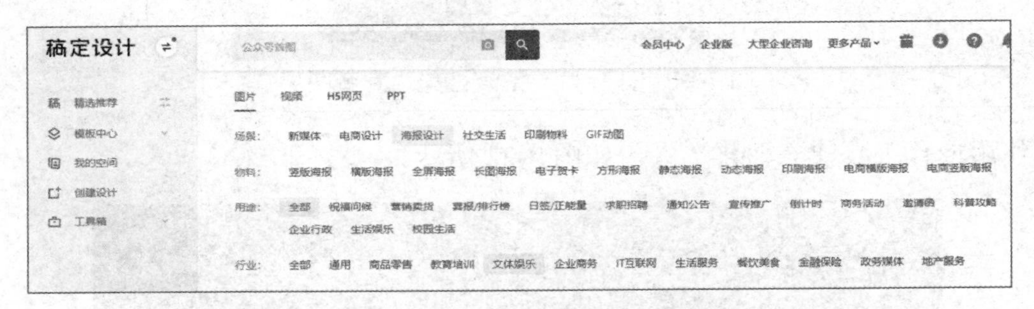

图 7-25　选择“文体娱乐”模板选项

（9）在出现的模板列表中选择需要的模板，可以很方便地在模板的基础上修改颜色、图片、文字和其他格式，生成自己想要的海报，保存后可以下载使用，如图 7-26 所示。

图 7-26　运用模板生成海报

注意：大多数在线工具会要求登录后才可以进行下载操作。用户可根据个人需求选择是否注册、登录。

7.3 生成二维码——草料二维码

近年来，随着移动设备的流行，二维码的使用极为广泛，无论是扫码付款、扫码关注，还是扫码查询、扫码看视频等，都已经成为我们工作、生活中处处可见的场景。那么二维码是怎么生成的呢？通过二维码还可以实现哪些功能呢？本节以“草料二维码”为例，介绍二维码的在线制作与管理。

7.3.1 牛刀小试：制作个人名片二维码

草料二维码是国内专业的二维码服务在线提供商，主要提供二维码生成、美化、印制、管理、统计等服务，借以帮助企业和个人通过二维码展示信息并采集线下数据，提升营销和管理效率。小张为了推广自己的产品，决定通过草料二维码来制作个人名片二维码。

操作步骤

（1）打开浏览器，在地址栏中输入网址，进入草料二维码首页。

（2）单击“名片”选项卡，如图 7-27 所示。

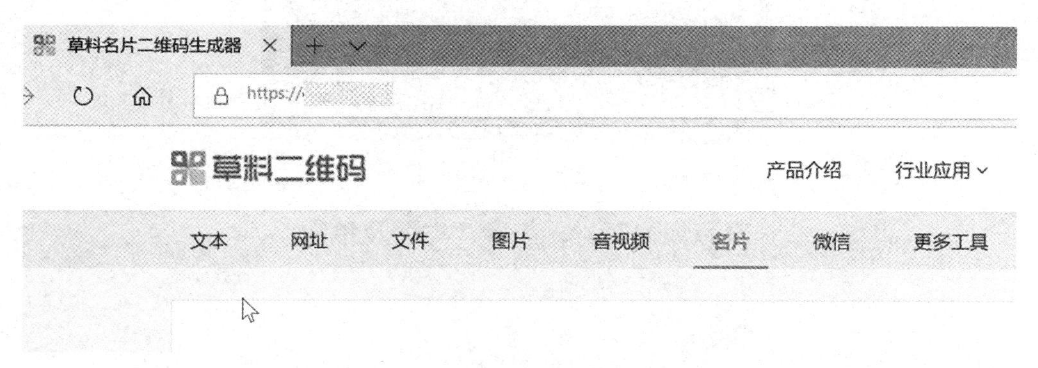

图 7-27 单击“名片”选项卡

（3）按照页面提示，输入姓名、手机号、邮箱地址、公司、部门、职位、签名等信息，其中“姓名”与“手机”为必填项。信息输入完成后，单击“生成二维码”按钮，如图 7-28 所示。

（4）因为目前 PC 端无法管理个人名片，所以我们需要通过匹配手机号来认领和管理生成的二维码名片。利用手机微信的“扫一扫”功能，扫描弹出的小程序码，如图 7-29 所示。

图 7-28　输入信息并生成二维码

图 7-29　扫描小程序码

（5）扫码后，单击“允许”和“授权登录”按钮，如图 7-30 所示。

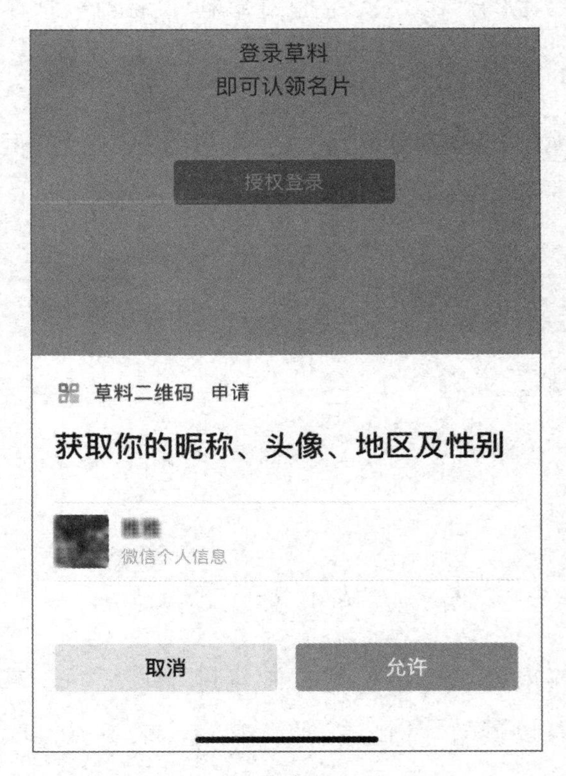

图 7-30　授权登录界面

（6）单击“立即认领”和“允许”按钮完成手机号验证，如图 7-31 和图 7-32 所示。

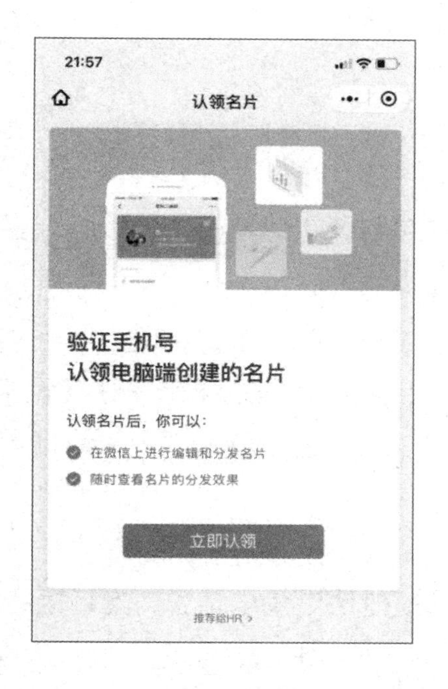

图 7-31 认领二维码界面

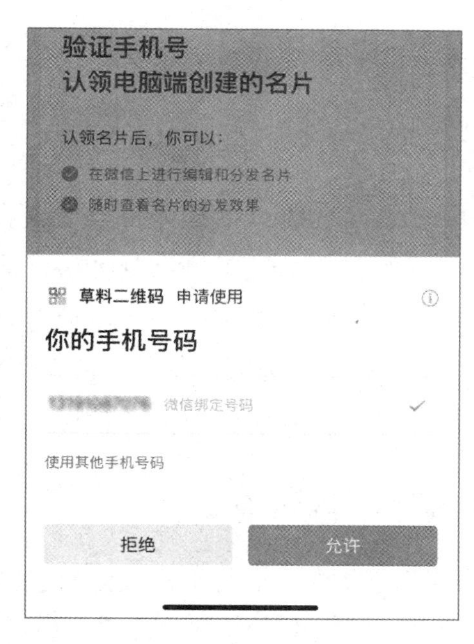

图 7-32 验证手机号界面

（7）完成手机号验证后，我们就可以看到自己的二维码名片了，可以通过单击“转发名片”按钮来使用，如图 7-33 所示。

（8）二维码生成后，我们可以通过快速美化器从选择预设、图标与文字、局部微调三个方面来美化二维码，如图 7-34 所示

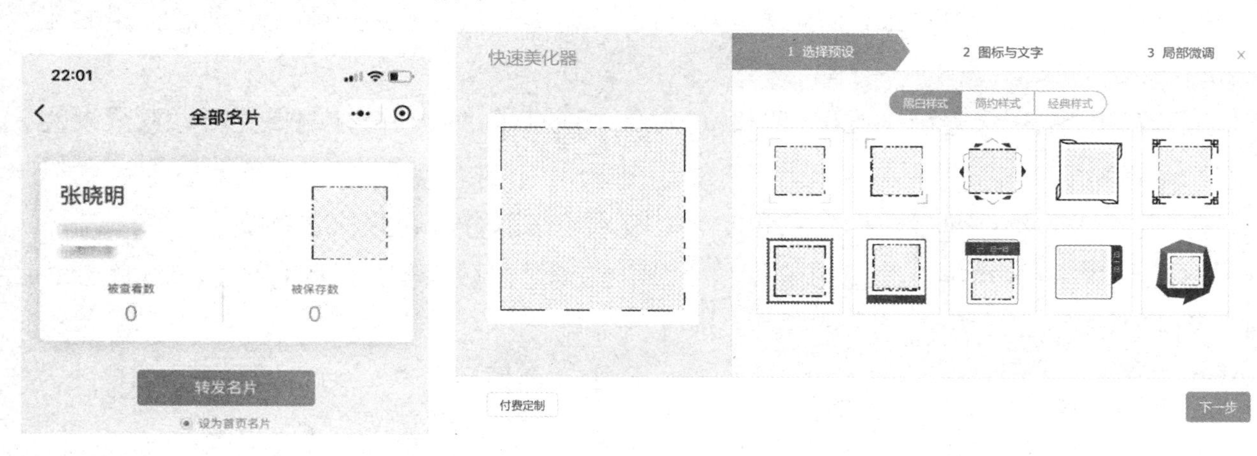

图 7-33 二维码名片

图 7-34 二维码快速美化器

7.3.2 知识导航

1．认识二维码

二维码又称为二维条码，其利用特定的几何图形记录数据符号信息，能够被图像输入设备或光电扫描设备自动识读以实现信息的自动处理。二维码具有如下特点或功能：每种码制有其特定的字符集，每个字符占有一定的宽度，具有一定的校验功能，对不同行的信息能够

自动识别，能够处理图形的旋转变化等。

2．二维码分类及常见二维码

按原理，二维码可以分为堆叠式（行排式）二维码和矩阵式二维码。

按业务形态，二维码可以分为被读类二维码和主读类二维码。

按信息的应用方式，二维码可以分为线上应用二维码和离线应用二维码。

目前常见的二维码为QR Code，QR全称为Quick Response，是近年来在移动设备上使用的非常流行的编码方式，它能存储比传统条形码更多的信息，也能表示更多的数据类型。

3．草料二维码简介

用户使用草料二维码不需要进行技术开发，就可以便捷地生成电话、文本、短信、邮件、名片、Wi-Fi的二维码，通过云技术还可以生成文档（如.ppt、.doc）、图片、视频、音频的二维码。

4．草料二维码的主要应用场景

信息展示：将内容上传至云端，生成活码，可随时更新，不需要重复印刷，扫码可展示最新信息。

信息记录：现场人员可通过微信扫码填写信息，提交后保存至云端，管理者在桌面端可快速汇总导出。

信息管理：按目录管理二维码，随时可对单个或批量二维码进行编辑更新、权限设置、排版打印等操作。

运维与技术支持：包括数据隐私和安全、技术运维服务、企业独立系统等。

此外，还有更多实用、配套的服务，如二维码美化、扫码器、排版打印、小程序参数二维码、手机端管理。

5．草料二维码的免费与收费产品

（1）免费产品。

活码：二维码图案不变，内容可随时更改，存储无限内容，指向任意网址，扫描效果可跟踪。

二维码美化：具有功能齐全且强大的二维码美化系统，可以加背景、加前景、换样式等，可以保存模板，今后可重复使用。

网页在线扫码：具有网页版的二维码扫描读取系统，利用计算机的摄像头扫描读取二维码，也可扫描上传的二维码图片获得二维码内容。

Chrome插件：专为具有Chrome核心的浏览器开发的一个二维码应用增强工具插件，自动将地址栏链接生成二维码。

二维码卡片：利用活码和打印功能，在线生成二维码内容可变的外观精美的卡片，便于传播。

（2）收费产品。

企业码：综合展示企业形象，具有视频宣传、业务介绍、购买引流、互动交流、在线咨询、文档下载、微信一键关注、地图定位、二维码名片等功能。

产品码：为医药、化妆品、食品、日化用品等行业提供海量产品服务，开启移动互联网新入口，让营销与管理简单化、高效化。同时，产品码也实现了二维码防伪、二维码溯源、二维码渠道控制功能。

名片码：整体展示形象，把宣传装进名片，具有个人信息展示、企业营销宣传、企业通讯录、离职人员管控、意见保存和关注、信息批量导入等功能。

6. 使用二维码的注意事项

目前，二维码已经成为手机病毒、钓鱼网站的传播渠道。当我们扫描二维码时，可能会弹出提示下载软件的信息，而有的软件可能藏有病毒，其中部分病毒下载安装后会对手机、平板电脑造成影响，还有部分病毒则是伪装成应用的“吸费”木马，一旦下载，就会导致手机自动发送信息并被扣取大量费用。

从理论上讲，二维码本身不会携带病毒，但用户要提高防范意识，扫描前应先判断二维码的发布来源是否可信。一般来说，正规的报纸、杂志，以及知名商场的海报上提供的二维码是安全的，但在网站上发布的不知来源的二维码则需要引起警惕。我们应该选用专业的加入了监测功能的扫码工具，扫到可疑网址时会有安全提示。如果通过二维码来安装软件，则一定要认真阅读手机给出的安装提示，不要图方便一路“确定”到底。

7. 普通文本二维码与活码的区别

普通文本二维码与活码的区别如表 7-1 所示。

表 7-1　普通文本二维码与活码的区别

区　　别	普通文本二维码	活　　码
文本字数	不能超出 150 字（字数越多，越不易扫描）	无字数限制，图案简单，容易识别
样式排版	不支持	支持
后期内容修改	不支持	支持随时修改内容，二维码图案不变
扫描量统计	不支持	实时统计扫描数据
联网	不需要联网	需要联网
扫描枪	支持	不支持

7.3.3 更上层楼：制作二维码活码

通过草料二维码可以制作二维码活码。二维码活码支持随时编辑、修改或更新内容，而二维码图案保持不变。

操作步骤

（1）在“草料二维码”首页，单击“新建活码”按钮，如图7-35所示。

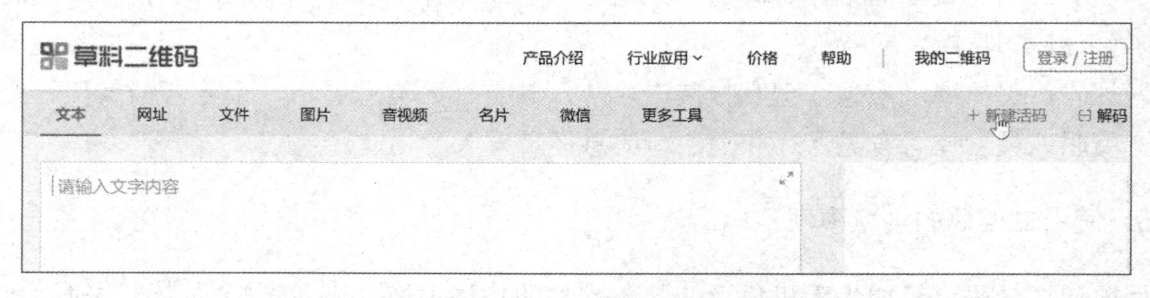

图7-35 单击“新建活码”按钮

（2）在活码编辑页面中，我们可以上传图片、编辑标题及描述文字，还可以对文字的格式进行设置，也可以通过“高级编辑”功能使用模板编辑图文内容；图文内容编辑完成后，单击“生成二维码”按钮，如图7-36所示。

（3）我们可以对生成的二维码活码进行下载、美化、预览等操作，如图7-37所示。

图7-36 活码编辑页面

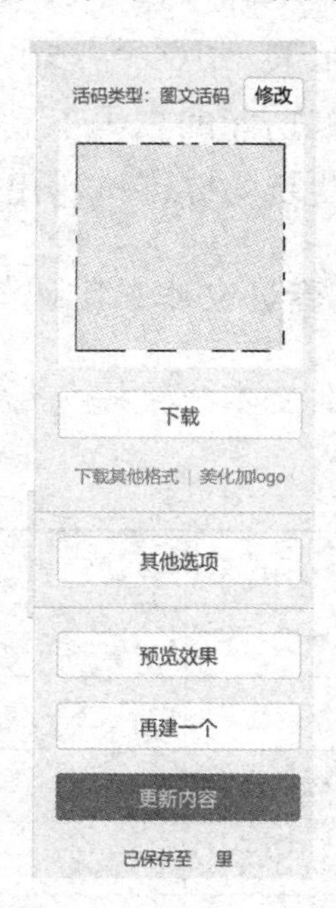

图7-37 二维码活码

（4）二维码活码生成后，我们可以通过单击首页的“我的二维码”按钮来管理二维码，如图7-38所示。

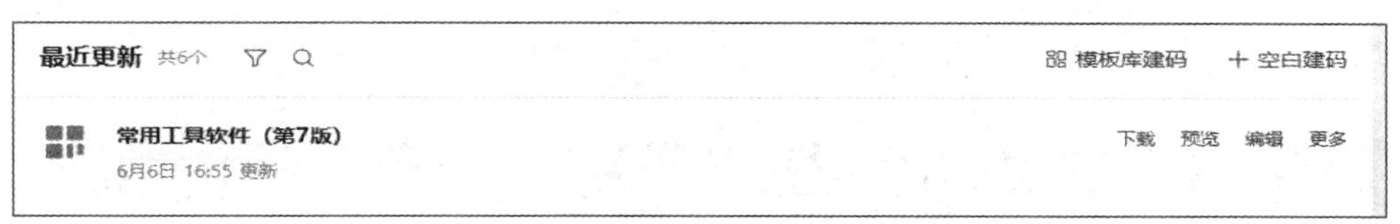

图 7-38　管理二维码

（5）在管理页面中，我们可以查看二维码的详细情况，也可以对二维码进行美化或查看扫描量等，如图 7-39 所示。

图 7-39　二维码详细情况

（6）单击“继续编辑”按钮，即可对二维码的内容进行编辑，二维码活码支持随时修改内容，如图 7-40 所示。

图 7-40　修改二维码内容

7.4 在线协同办公平台——有道云协作

你有没有碰到过这样的情况：文件一改再改，邮件来往了十几次，难以确定最终版；大家七嘴八舌讨论工作，最后什么也没留下；要找的项目文件怎么也找不到……既耽误时间，又影响效果，怎么办呢？在线协同办公平台可以帮助我们解决这些问题。本节以“有道云协作”为例，介绍在线协同办公平台。

7.4.1 牛刀小试：创建协作群

协作群是有道云协作开展协同办公的主要形式，可根据需要建立固定的部门群和临时的项目群。小张最近在外地出差，因为项目需要与公司的技术总监与市场总监不断地交流和共享资料，他决定使用有道云协作来协同工作。

操作步骤

（1）打开浏览器，在地址栏中输入有道云协作的网址，进入“有道云协作”首页，如图7-41所示。

图7-41 “有道云协作”首页

（2）单击页面中的“立即使用”按钮，或者单击右上角的“进入网页版”按钮，均可进入“有道云协作”平台，如图7-42所示。

（3）单击“组织与群”选项右侧的“创建群”按钮，如图7-43所示。

（4）在“新建群”对话框中填写群信息后，单击“确定”按钮，即可创建群，如图7-44所示。

图 7-42 “有道云协作”平台

图 7-43 单击“创建群”按钮

图 7-44 “新建群”对话框

注意：群可以创建在“组织”下，也可以创建在“我的私人群”下。

① 在“组织”下创建群时，群的数量没有上限，单群人数上限等于组织内人数上限。

② 在“我的私人群”下创建群时，每个账号至多可创建 5 个群，单群人数上限为 20。

（5）当协作群建好后，可以单击右上角的“群设置”按钮，如图 7-45 所示；查看“群号”后告知好友，也可以复制“邀请链接”发送给好友，邀请好友进群，如图 7-46 所示。

图 7-45 “群设置“按钮

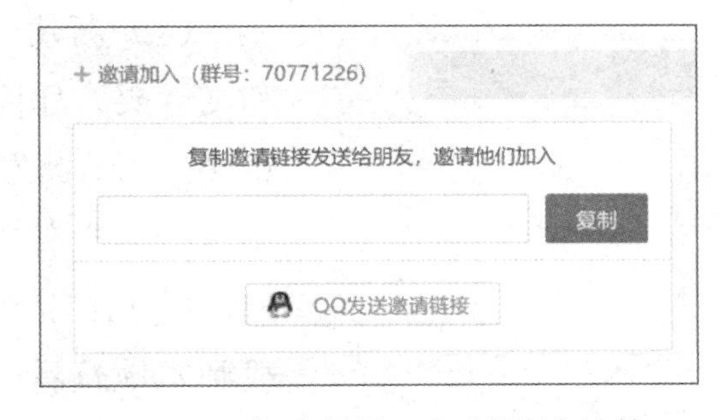

图 7-46 查看群号、复制邀请链接

注意：组织仅在企业版中出现，是协同办公场景特设的概念，是一个非常紧密的单位，只有组织成员才可以加入组织下的群内。非组织成员，需要先加入组织，才可以加入组织下的群。

（6）协作群创建后，群主可通过群成员管理菜单设置成员的身份和权限，如图 7-47 所示。

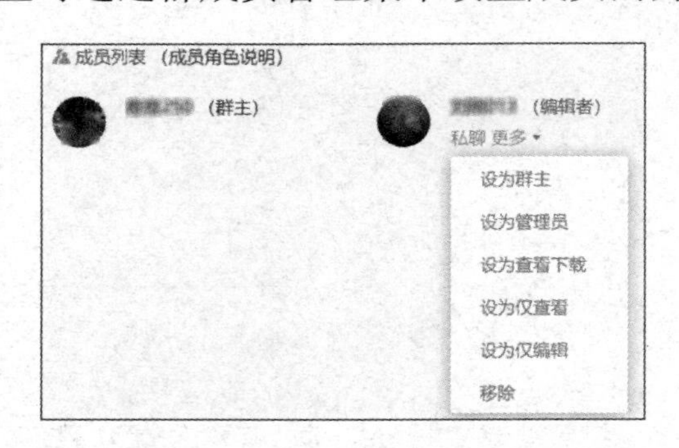

图 7-47　群成员管理菜单

7.4.2　知识导航

1．有道云协作主要功能

（1）云端同步共享。

提供企业所需的大量存储空间，减少内部服务器的高维护成本；PC 端、移动端多终端资料同步，实现异地办公和移动办公；资料内链共享、外链分享，比 FTP、邮件等方式更快捷。

（2）企业知识管理。

文档多级分类和历史版本保存，有利于企业知识整理、留存；关键词全文检索，设定搜索范围，快速定位任意文档；记录团队所有讨论过程，方便整理讨论成果，追溯留痕。

（3）数据安全。

采用 HTTPS 加密传输和分块处理技术，保障企业数据各环节安全；运用三地备份存储技术，异地容灾，保障文件万无一失；还可为企业版客户提供专属的保密协议。

2．创建群文件

协作群建好后，可以通过新建、上传或导入方式创建群文件。

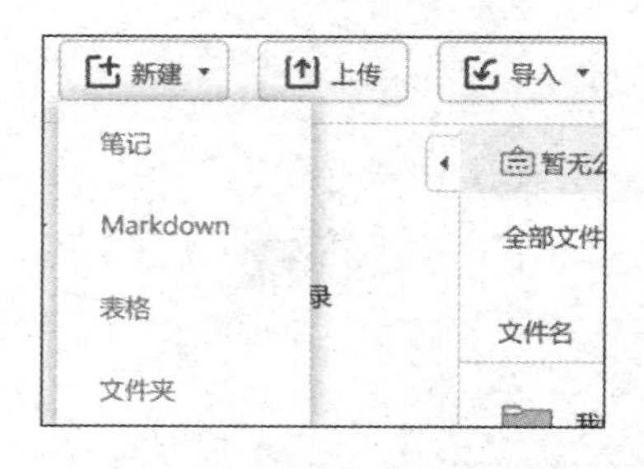

图 7-48　新建文件类型

（1）新建方式支持新建笔记（.note 格式）、Markdown、表格和文件夹，如图 7-48 所示。其中，笔记和表格这两种文件可在任意端查看、编辑，可导出备份，但不支持下载到本地。

（2）上传方式支持所有文件的上传，目前仅支持对 Word、Excel、PPT、PDF、TXT、图片的直接预览，其他类型文件需下载到本地查看。上传后存放地址默认为当前选择区域。

（3）导入方式支持导入同账号下的云笔记内容。收到“导入成功”提示，即为导入且保存同步成功。原笔记内容修改不影响导入协作中的内容，如果需要同步更新，则需要另外操作。

3. 文件或文件夹管理

当选择一个文件或文件夹时，旁边会出现“分享”“加星标”“下载”“更多”按钮，这些按钮会帮助用户管理文件或文件夹；通过“更多”按钮，我们还可以针对文件或文件夹进行编辑类操作、分享类操作和权限设置类操作，如图 7-49 所示。

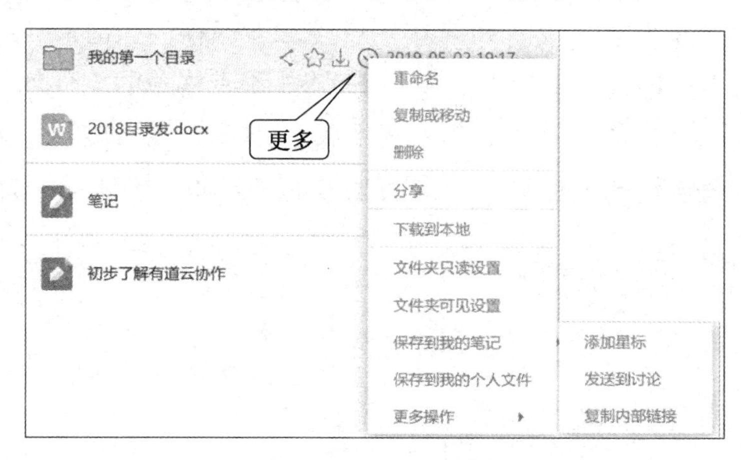

图 7-49　文件或文件夹管理

4. 文件资料的状态

对于新建或导入生成的笔记文件（指.note 格式笔记、表格），在查看、编辑、发布时均需要连接网络。为减少网络连接不畅、误操作等非主观因素带来的损失，平台将笔记文件状态分为如下几种。

（1）编辑。

打开文件，单击“编辑”按钮，可对当前文件进行编辑。

（2）发布。

编辑完成后，单击“发布”按钮视为生成了该文件的新版本。发布成功的笔记，可根据发布时间在“历史版本”列表中查看。

（3）待发布。

编辑未完成时，直接退出或网络连接断开会导致文件无法成功发布，当前编辑内容将自动停留在待发布状态，下次单击文件选项时会提示“该笔记/表格存在未发布的修改”。选择“进入编辑”命令，则进入网络连接断开时的修改状态；选择“舍弃”命令，则放弃未发布的修改，一旦舍弃就无法找回。

5. 历史版本

用户若超过半小时未做新修改，则判定用户已修改完毕，保存为一个历史版本（最新修改后的版本默认为第一个历史版本）。

注意：普通用户只能显示一个月的历史版本；付费用户可以显示一年的历史版本。付费用户发起的分享笔记也可以保留一年的历史版本，其他参与者可以查看一年内所有历史版本、协作的关联使用情况。

6．文件资料下载、保存与打印

.note 格式笔记和表格文件不支持下载到本地，只能在协作中编辑或保存到我的笔记。Word、Excel、PPT、PDF 和图片文件可直接下载到本地保存为当前最新版本（如果需要下载之前的版本，则进入文件详情页从历史版本中下载）。所有格式的文件均可以保存到笔记，保存成功后，文件在笔记、协作中修改、删除互不影响。

单击文件选项，进入编辑界面后，单击右上方的“打印”按钮即可打印。

7．其他常用在线协同办公平台

其他常用在线协同办公平台有泛微、数蚁等。

7.4.3 更上层楼：多人实时协同编辑

作为企业知识管理与文件协作平台，讨论交流、共同编辑是有道云平台的核心功能。

操作步骤

（1）单击“上传”按钮，上传“项目需求.docx”文件，单击“新建”按钮新建笔记“关于项目需求的讨论”，文件列表如图 7-50 所示。

文件名	修改时间	最近修改人	大小
关于项目需求的讨论	2019-05-04 21:48	小张0505	814 B
项目需求.docx	2019-05-04 21:37	雅雅250	11.71 KB

图 7-50　文件列表

（2）单击笔记“关于项目需求的讨论”名称进入笔记编辑状态，如图 7-51 所示。

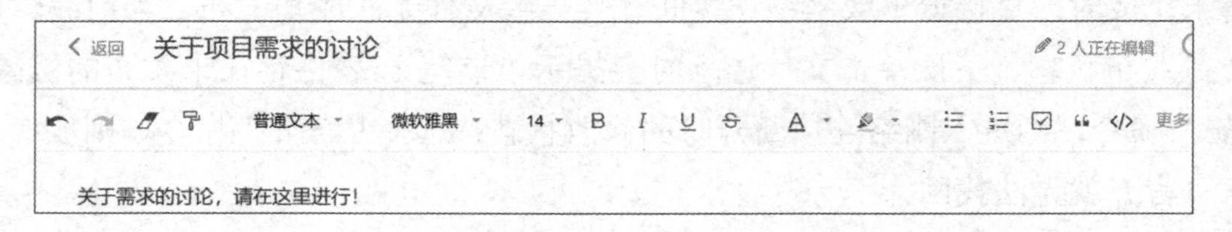

图 7-51　笔记编辑状态

（3）协作组内用户可以在同一时间编辑同一份笔记，互不干扰，如图 7-52 所示。

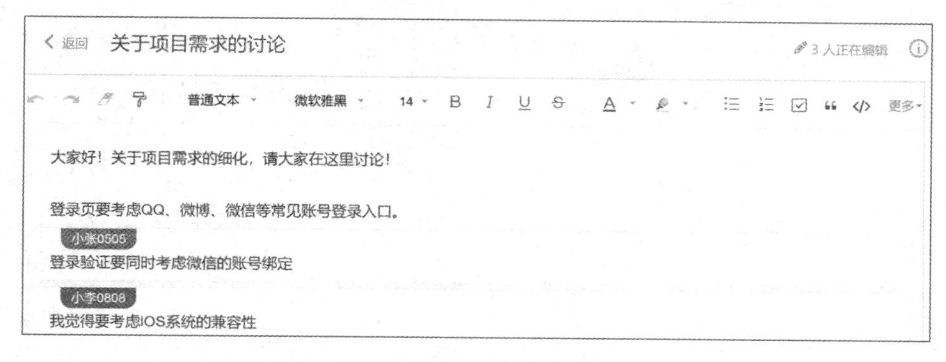

图 7-52　实时协同编辑笔记

注意：

① 在多人编辑同一篇笔记时，可以通过右上方的提示栏清楚地看到正在编辑这篇笔记的人数。

② 在正文中，我们还可以通过以不同颜色标记过的"用户光标"，实时地看到其他人正在输入和删除的文字。

这确保了所有编辑者都能够实时地看到整篇笔记当前状态下的变动。

（4）我们还可以通过历史版本比较功能查看每个版本之间的内容变动，如图 7-53 所示。

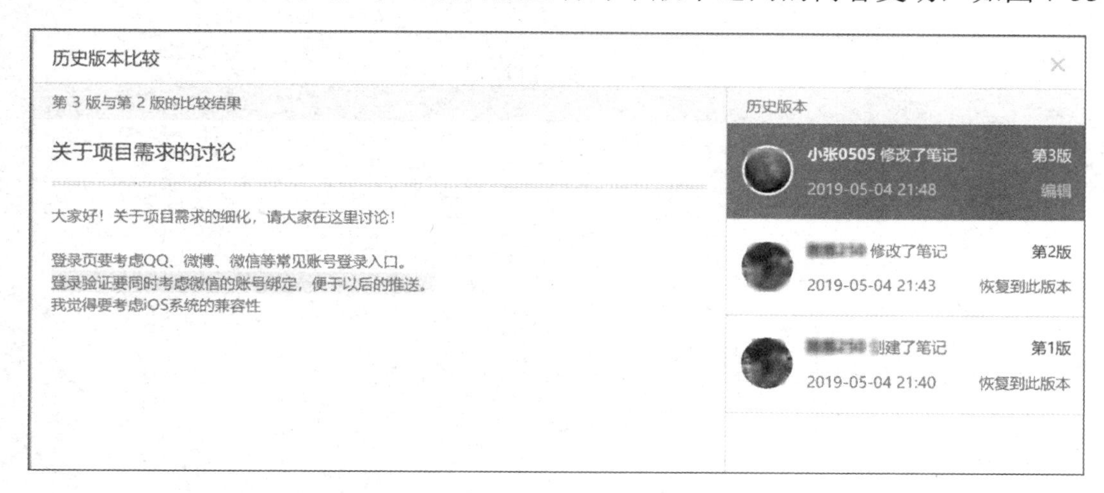

图 7-53　历史版本比较

注意：

① 有道云协作中的版本管理功能用清晰的红、绿高亮颜色标记了不同编辑者在不同版本中的增、删操作。即使这篇笔记被多人改动多次，也能够逐一保留修改细节，不用再担心群组成员间的误删和莫名其妙的细节变动了。

② 版本比较仅对比相邻两版本的差异，绿色表示与前一版本比较的新增内容，红色表示与前一版本比较的删除内容。

（5）群成员加入协作群、退出协作群、@群成员、引用群文件进行评论、在对话框中发言，以及所有的创建、修改、删除文件等操作都会记录并展示在讨论区中，如图 7-54 所示。

新建了笔记
21:18
关于项目需求的讨论
第1版
打开文件夹
修改了笔记
21:31
关于项目需求的讨论
第2版
打开文件夹
修改了笔记
21:32
关于项目需求的讨论
第3版
打开文件夹
修改了笔记
21:33
关于项目需求的讨论
第4版
打开文件夹
@群成员或直接输入...

图 7-54　讨论区

第 8 章

移动应用工具

随着现代运营模式的变化，移动办公人员的数量剧增，移动办公需求变得更加迫切。我们需要一些审核认证、绿色无毒、安全无忧的软件为我们的学习、生活、工作而服务。本章给大家介绍一些常用的手机 APP 操作方法。

8.1 聊天社交——微信

现代社会人与人之间的联系越来越紧密，人们之间的交流通过手机软件变得更加便捷。文字、语音、视频聊天使相距千里的两人感到近在咫尺。下面以微信为例，向大家介绍聊天工具的使用。

8.1.1 牛刀小试：建立微信群

为了方便工作和学习，我们经常要和其他人一起讨论一些事项，微信的群聊功能可以方便地解决这个问题。

操作步骤

（1）启动微信，进入主界面，如图 8-1 所示。

（2）在主界面中，单击左上角的“⊕”按钮展开常用菜单，如图 8-2 所示。

图 8-1　微信主界面

图 8-2　常用菜单

（3）选择“发起群聊”命令，如图 8-3 所示，单击“面对面建群”按钮，和身边的朋友一起输入相同的 4 个数字，如图 8-4 所示。

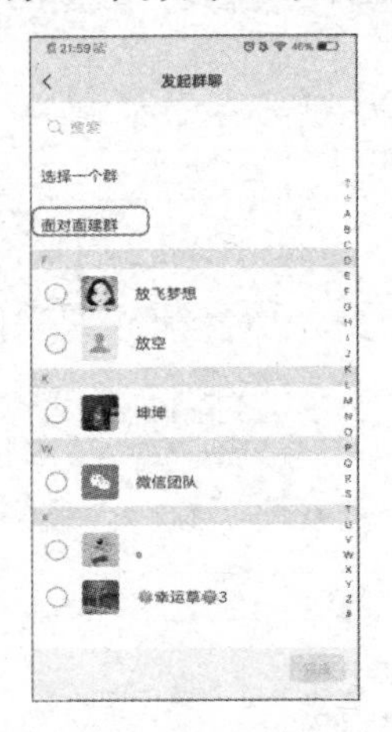

图 8-3　发起群聊

图 8-4　面对面建群

（4）单击“进入该群”按钮，如图 8-5 所示，进入“群聊”界面。

（5）单击右上角的“…”按钮，进入“聊天信息”界面，如图 8-6 所示，单击“群聊名称”选项进行修改，输入群聊名称“交流学习”。

图 8-5　进入该群

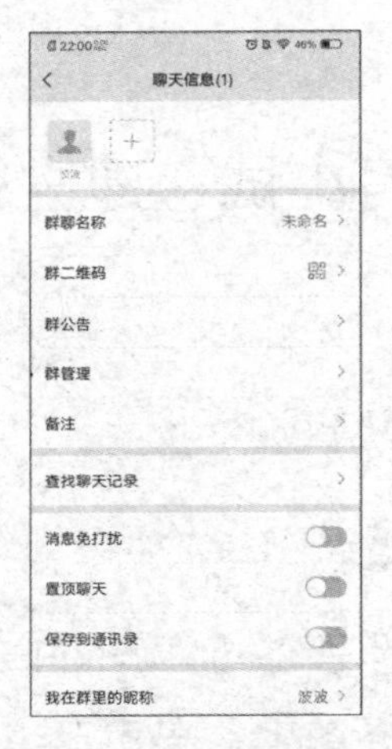

图 8-6　“聊天信息”界面

8.1.2 知识导航

微信是腾讯公司于 2011 年 1 月 21 日推出的一个为智能终端提供即时通信服务的免费应用程序，可以通过网络快速发送语音短信、视频、图片和文字等，现在增加了“视频号”“看一看”“摇一摇”“漂流瓶”“小程序”等服务。

1. 添加好友

方法一：

（1）在主界面中，单击左上角的“⊕”按钮展开常用菜单，选择“添加朋友”命令，进入“添加朋友”界面，如图 8-7 所示。

（2）输入微信号或手机号，单击“搜索”按钮，如图 8-8 所示。

图 8-7 “添加朋友”界面

图 8-8 搜索

（3）系统显示找到的联系人信息，如图 8-9 所示，单击“添加到通讯录”按钮。

（4）在验证申请界面中输入验证信息，如图 8-10 所示，单击“发送”按钮。

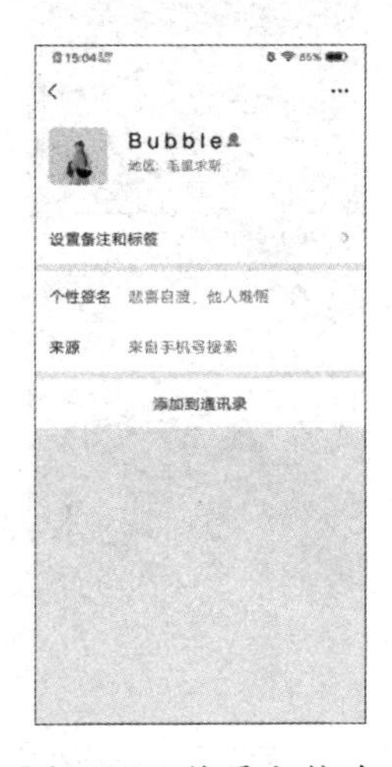

图 8-9 联系人信息

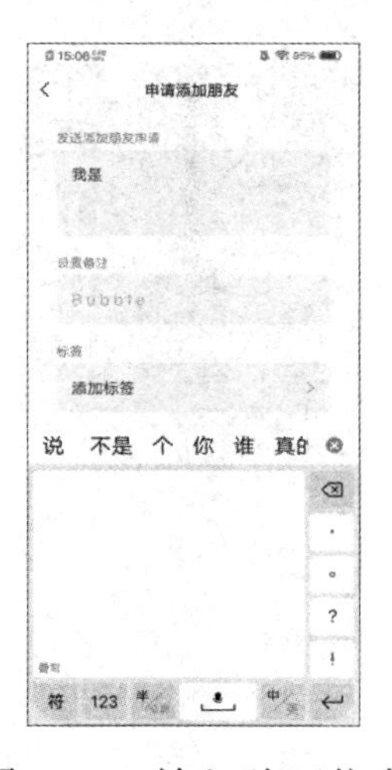

图 8-10 输入验证信息

方法二：

单击“扫一扫”按钮，扫描好友的微信二维码，再单击“添加到通讯录”按钮，即可发送好友申请。

2．发起聊天

（1）在主界面中，单击“通讯录”按钮，展开通讯录，如图 8-11 所示。

（2）选择你想聊天的朋友，单击相应选项即可看到朋友的基本信息，如图 8-12 所示。

图 8-11　通讯录

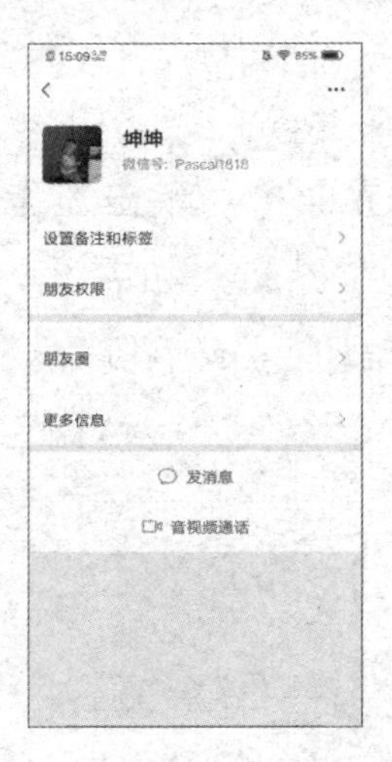

图 8-12　朋友的基本信息

（3）单击“发消息”按钮，即可和朋友聊天。

3．发送语音信息

（1）在聊天界面中，单击底部左边的“声音”按钮后，语音信息界面如图 8-13 所示。

（2）按住底部出现的“按住说话”按钮，对着手机说话，说完后放开手指消息即可发送，向上滑动屏幕即可取消发送，如图 8-14 所示。

图 8-13　语音信息界面

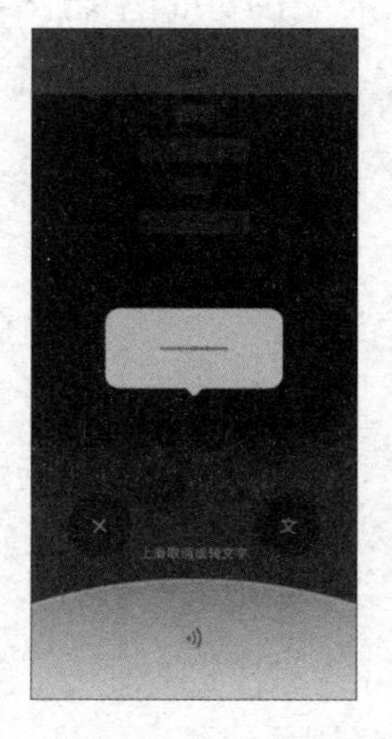

图 8-14　发送或取消发送语音信息

4. 发送朋友圈

（1）在主界面中，单击“发现”按钮，出现如图 8-15 所示的界面。

（2）单击“朋友圈”按钮，可看到好友的动态图文分享，如图 8-16 所示。

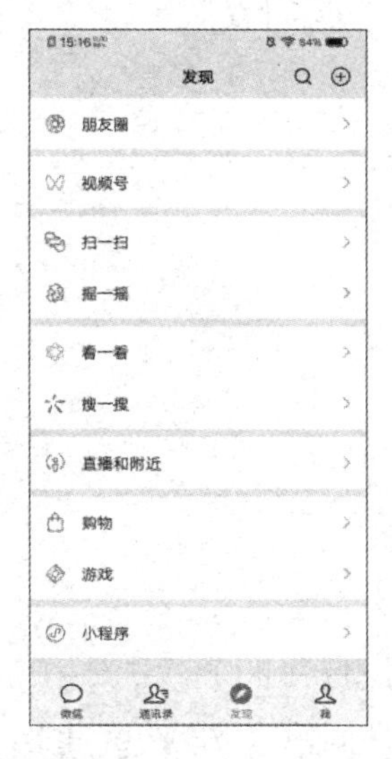

图 8-15 “发现”界面

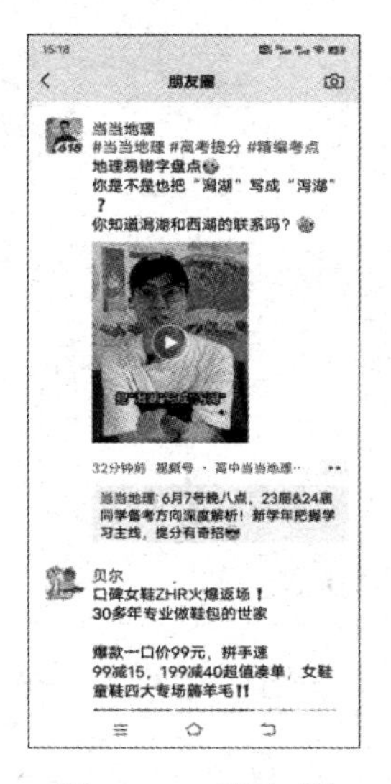

图 8-16 朋友圈

（3）单击右上角的相机状按钮，显示如图 8-17 所示的界面，单击“从相册选择”按钮。

（4）选择图片，输入分享内容，单击“发表”按钮，如图 8-18 所示。

图 8-17 选择图片

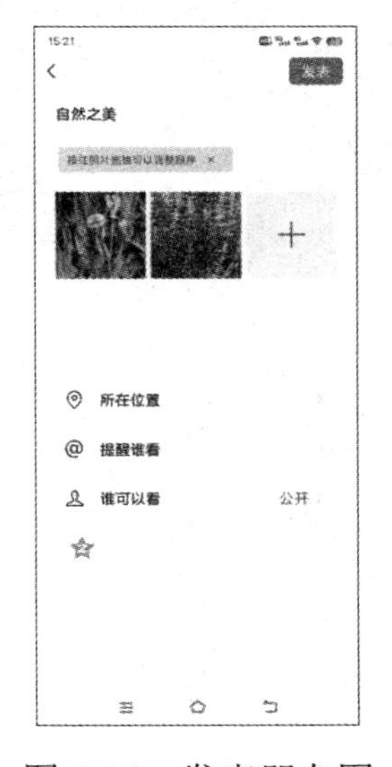

图 8-18 发表朋友圈

5. 摇一摇

（1）在主界面中，单击“发现”按钮，出现如图 8-15 所示的界面，单击“摇一摇”按钮。

（2）在“摇一摇”界面中单击“人”选项可以查找同时进行摇一摇的人，它还可以识别听到的歌曲或电视节目，如图 8-19 所示。

图 8-19　摇一摇

6．新消息提醒

（1）在主界面中，单击“我”按钮，出现如图 8-20 所示的界面。

（2）单击“设置”按钮进入设置界面，如图 8-21 所示，单击“新消息通知”按钮。

（3）在“新消息通知”界面中，可以对“接收新消息通知”进行设置，如图 8-22 所示。

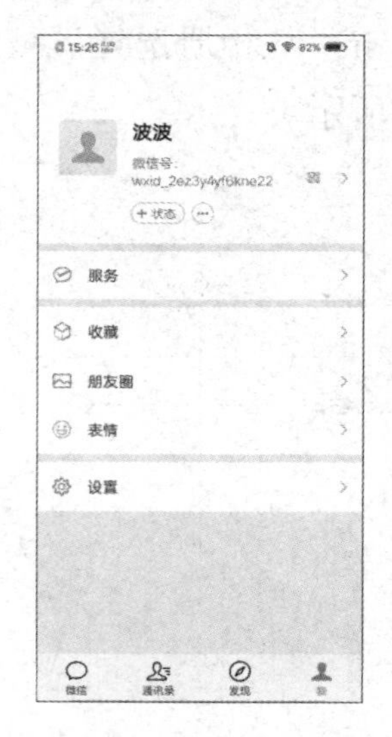

图 8-20　“我”界面

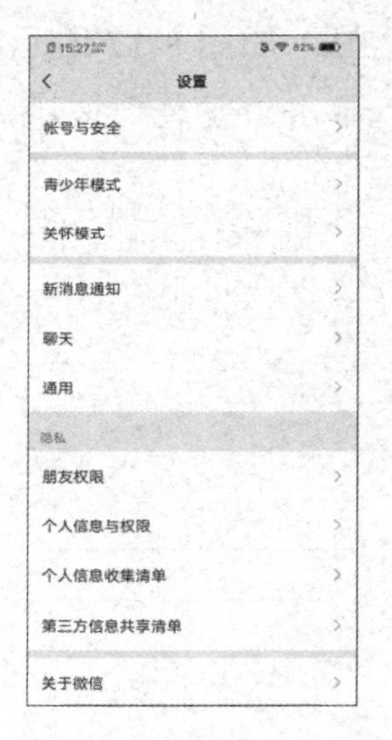

图 8-21　“设置”界面

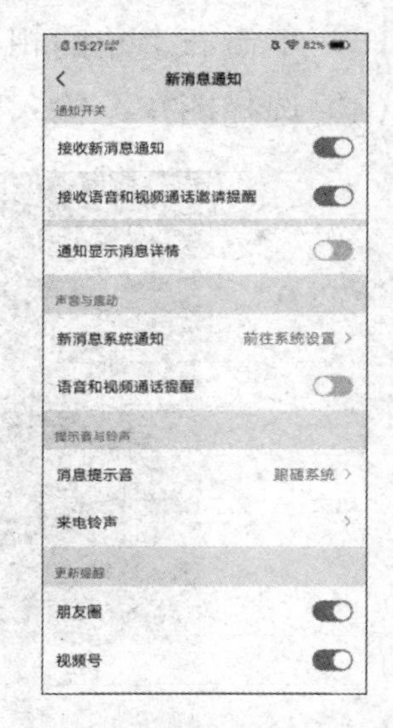

图 8-22　“新消息通知”界面

7．微信视频号

2020 年 1 月 22 日，微信视频号正式开启内测。不同于订阅号、服务号，微信视频号是一个全新的内容记录与创作平台，也是一个了解他人、了解世界的窗口。微信视频号的入口在“发现”界面内。

微信视频号的内容以图片和视频为主，可以发布长度不超过 1 分钟的视频，或者数量不超过 9 张的图片，还能带上文字和公众号文章链接，并且不需要 PC 端后台，可以直接在手机上发布，极大地方便了用户的使用。

8. 微信直播

随着直播的火爆，微信也在其平台上加入了直播功能，最具代表的就是视频号直播和小程序直播。

8.1.3 更上层楼：微信小程序

手机的运行空间有限，我们不可能下载过多的应用，特别是有些应用只需要临时用一下，下载、安装很不方便。

微信小程序可以解决上述问题。微信小程序是一种不需要下载、安装即可使用的应用，它实现了应用“触手可及”的梦想。

操作步骤

1. 小程序界面

打开微信，在主界面中，手指从上向下滑动屏幕，会出现如图 8-23 所示的界面，该界面有三个功能区：搜索小程序；最近使用的小程序；我的小程序（添加过）。

2. 搜索小程序

（1）在小程序界面搜索框中输入小程序名称，如“扫描全能王”。

（2）在搜索结果中打开小程序，如图 8-24 所示。

图 8-23　小程序界面

图 8-24　扫描全能王

3．保存小程序

如图 8-25 所示，单击小程序右上角的“…”按钮，出现如图 8-26 所示的界面，单击“添加到我的小程序”按钮，可以将小程序加入“我的小程序”功能区中。

4．删除小程序

不能批量删除最近使用的小程序，只能手动逐个删除，操作步骤如下：进入小程序界面后，选择要删除的最近使用的小程序，按住它向下滑动，拖到下方的“删除”区域即可，如图 8-27 所示。

图 8-25　单击“…”按钮

图 8-26　添加小程序

图 8-27　删除小程序

5．实用小程序介绍

（1）扫描全能王。

扫描全能王可以高质量地扫描文档、将图片转为可编辑文字、将纸质表格转为 Excel 文件等。

① 在“扫描全能王”小程序界面中，单击“扫描”按钮，如图 8-28 所示，拍摄、从相册导入或导入微信文件；然后在“编辑图片”界面中对图片进行处理，如图 8-29 所示。处理完毕后，单击“保存”按钮，可将扫描的图片发送给微信好友。

② 在首页单击“图片转文字”按钮，拍摄或上传一张图片，选择文字识别区域，如图 8-30 所示，单击“开始识别”按钮对文字进行识别。识别完毕后可直接复制识别结果，也可以将识别结果导出为 Word 或 TXT，如图 8-31 所示。

③ 如图 8-32 所示，在首页单击“图片转 Excel”按钮，拍摄或上传一张图片，选择识别区域。单击“开始识别”按钮进行表格转换。转换完成后可选择微信分享、导出 Excel 文件或复制文本。

图 8-28　“扫描全能王”小程序界面

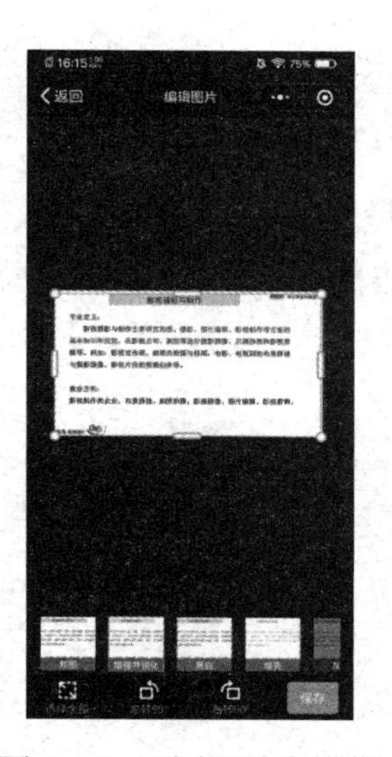

图 8-29　选择图片模式

图 8-30　文字识别

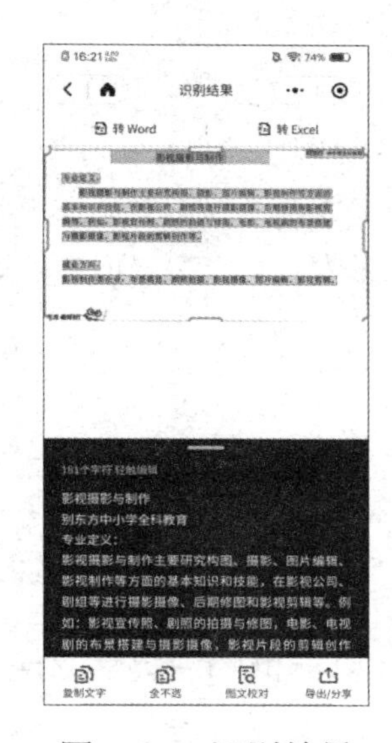

图 8-31　识别结果

图 8-32　导出

（2）文件收集工具。

文件收集工具小程序可以快速收集照片、健康码、文件等信息，支持定期收集，可为每个提交人创建文件夹进行管理。主界面如图 8-33 所示，可以单击“新手引导”按钮进入如

图 8-34 所示的界面，学习小程序的使用。

（3）金山表单。

金山表单是一款实用的表单创作小程序，它提供了很多模板供创建者使用，如图 8-35 所示，选择合适的模板可以快速制作表单、问卷等，同时可以进行多人同时编辑。

图 8-33 “文件收集工具”主界面

图 8-34 新手学习界面

图 8-35 模板

8.2 购物消费——支付宝

随着网络和手机的普及，购物和消费模式发生了很大的变化，出门购物我们可以不用装着钱包和现金了。本节以支付宝为例，向大家介绍手机支付 APP。

8.2.1 牛刀小试：超市购物支付

我们在超市购物时，支付金额有零有整，收银员找零既不方便，又耽误时间。有了支付宝后，我们的支付就变得轻松、快捷了。

操作步骤

（1）启动支付宝，进入主界面，如图 8-36 所示。

（2）在主界面中，单击上方“收付款”图标可显示付款码，出示给商家即可。如果是新用户，系统会提示开启付款码，如图 8-37 所示。

（3）单击“去添加”按钮，在新界面中添加银行卡，如图 8-38 所示；也可以单击“直接开启付款码”按钮，按提示设置支付密码，两次输入 6 位数字支付密码后，显示付款码。

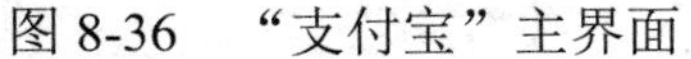
图 8-36 “支付宝”主界面

图 8-37 提示开启付款码

图 8-38 添加银行卡

8.2.2 知识导航

支付宝主要提供支付、理财、生活等服务，包括网络支付、转账、信用卡还款、手机充值、水/电/煤缴费、个人理财等多个领域。在进入移动支付领域后，支付宝为零售百货、电影院线、连锁商超和出租车等多个行业提供服务。

1. 转账

（1）在主界面中单击“转账”图标。

（2）选择支付宝转账类型：转到支付宝、转到银行卡和红包，如图 8-39 所示。

（3）“转到支付宝”方式需要输入对方的支付宝账户信息，如图 8-40 所示；“转到银行卡”方式需要添加对方的银行卡信息，如图 8-41 所示。

图 8-39 转账类型

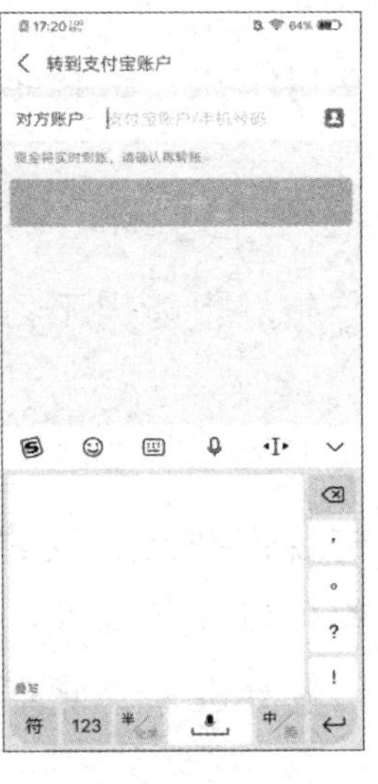

图 8-40 转到支付宝

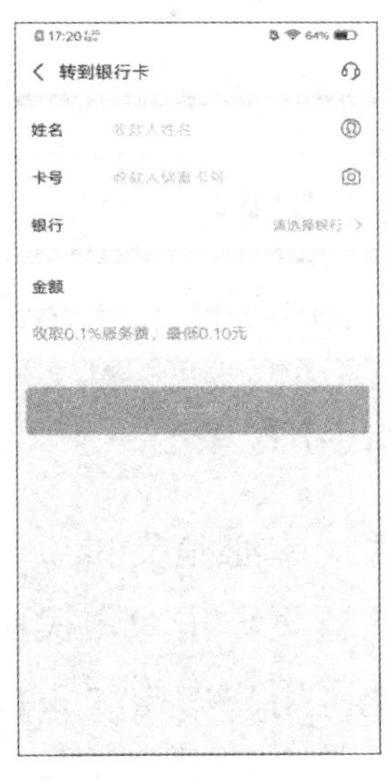

图 8-41 转到银行卡

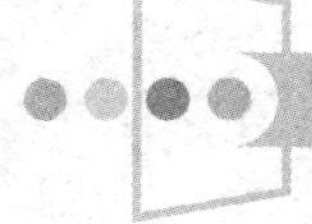

2. 信用卡还款

（1）在主界面中单击“信用卡还款”图标，进入如图 8-42 所示的界面。

（2）输入信用卡信息，如图 8-43 所示，设置还款提醒和提醒日期。

图 8-42　信用卡还款界面

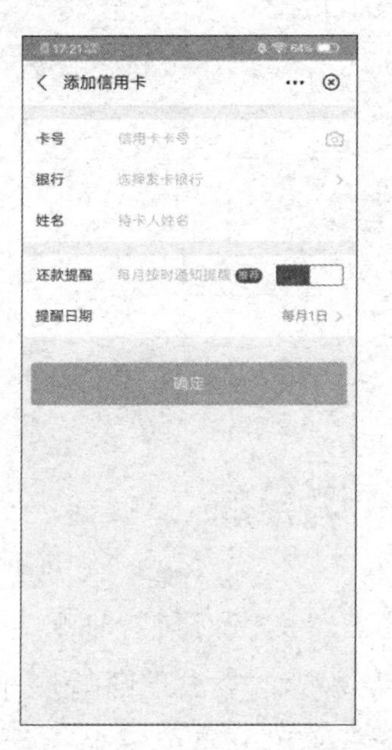

图 8-43　输入信用卡信息

3. 充值中心

在主界面中单击“充值中心”图标，在“充值中心”界面中可以对手机话费进行充值，还可以充流量、生活缴费、娱乐充值等，如图 8-44 所示。

4. 财富

支付宝财富功能可以让用户通过支付宝账户进行定期存款、购买基金、股票等。

5. 余额宝

余额宝是支付宝推出的理财服务产品，也能用于日常购物、信用卡还款等支付。

6. 市民中心

市民中心是支付宝与各地政府机构合作共同建设的便民服务平台。用户只需要打开支付宝，在首页单击“市民中心”图标，就可以在新界面中对相关项目进行便捷操作了。例如，北京地区用户单击“市民中心”图标，就会进入“北京通”界面，如图 8-45 所示。

图 8-44 “充值中心”界面

图 8-45 “北京通”界面

8.2.3 更上层楼：生活服务

当我们急需缴纳电费，不方便出门或不在缴费时间时，支付宝的生活服务功能可以帮助我们方便地进行缴费。

操作步骤

（1）在主界面中，单击“生活缴费”图标，如果没有该图标则单击“更多”图标，在新出现的界面中单击“生活缴费”图标，“生活缴费”界面如图 8-46 所示。

（2）在“生活缴费”界面中，单击“电费”图标。

（3）按照提示输入相关信息，如图 8-47 所示，完成缴费。

图 8-46 “生活缴费”界面

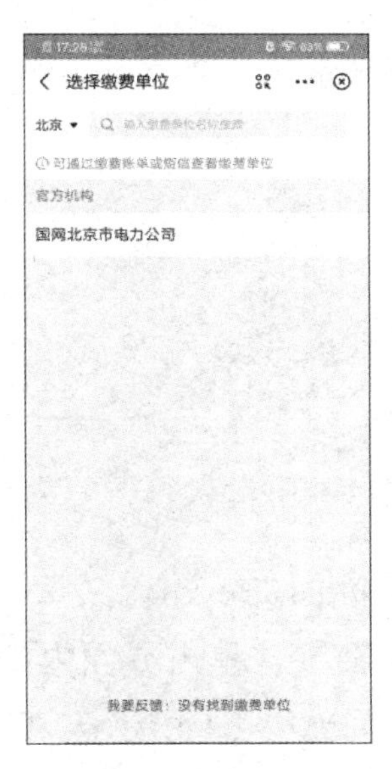

图 8-47 按照提示输入相关信息

8.3 图文创作——美篇

在工作、生活中，我们总有一些想及时记录下来的事情。图文创作工具“美篇”具有这样的记录功能，其最多可以发布100张图片，任意添加文字描述、背景音乐和视频等，还可以分享到朋友圈。

8.3.1 牛刀小试：制作宣传片

公司最近研制了一种新产品，想要进行及时的宣传推广，小王负责此项工作。为了能够及时进行产品宣传，小王想到了美篇。美篇不仅记录了研制过程，还及时宣传了产品。

操作步骤

（1）启动美篇，进入主界面，如图8-48所示。

（2）在主界面中，单击“+”图标，可以看到制作选项，如图8-49所示，这里我们选择“文章”选项。

图8-48 “美篇”主界面

图8-49 制作选项

（3）按照界面提示输入文章标题，如图8-50所示。

（4）根据需要，单击界面内的“+”图标，添加标题、文字、图片、视频等信息，编辑宣传片的内容，如图8-51所示。

图 8-50 输入文章标题

图 8-51 编辑宣传片的内容

（5）单击“预览”按钮，在“预览”界面内，单击“模板”选项卡，为制作的宣传片添加合适的模板，单击“音乐”选项卡，为宣传片添加背景音乐，如图 8-52 所示；单击“下一步”按钮，准备发布，如图 8-53 所示。

图 8-52 “预览”界面

图 8-53 准备发布

（6）单击“发布”按钮，完成美篇制作，可以分享到朋友圈、分享到微信好友、分享到QQ、导出长图或生成海报等。

8.3.2 知识导航

1．美篇修改、查看

我们发布的美篇如果有需要修改的内容，则可以重新编辑，并直接同步到发布平台，方便我们的工作。

（1）在主界面中单击“我的”图标，进入个人页面，如图 8-54 所示。

（2）在“作品”列表中单击要修改的文章选项，进入文章界面。

（3）单击“编辑”按钮，进入“编辑”界面进行修改。

（4）展开“操作”菜单，选择“访问统计”命令，可查看总访问量、总获赞、被分享等信息，如图 8-55 所示。

（5）选择“文章设置”命令，在“文章设置”界面中可以设置“谁可以看”“允许打赏”“允许评论”等内容，如图 8-56 所示。

图 8-54　个人页面

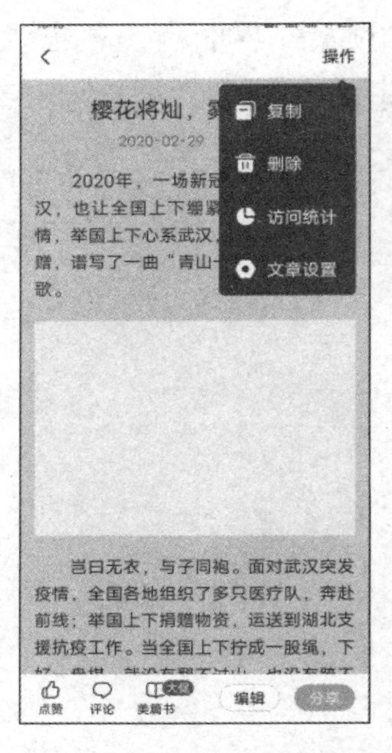

图 8-55　展开“操作”菜单

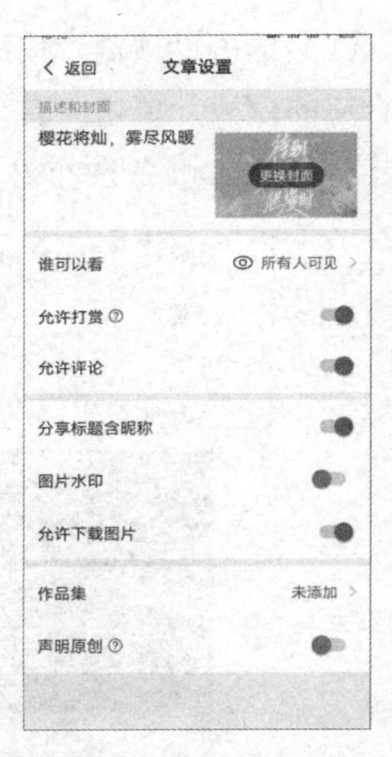

图 8-56　“文章设置”界面

2．关注美文

我们不仅可以制作美篇文章，留住精彩的瞬间，还可以在美篇中欣赏优秀的文章和观看精美的照片等。

（1）在主界面中，单击“关注”选项卡，如图 8-57 所示，用户可以选择感兴趣的作者。

（2）用户还可以在“推荐”选项卡中选择“专题”，对感兴趣的专题进行关注，学习和欣赏优美的作品，如图 8-58 所示。

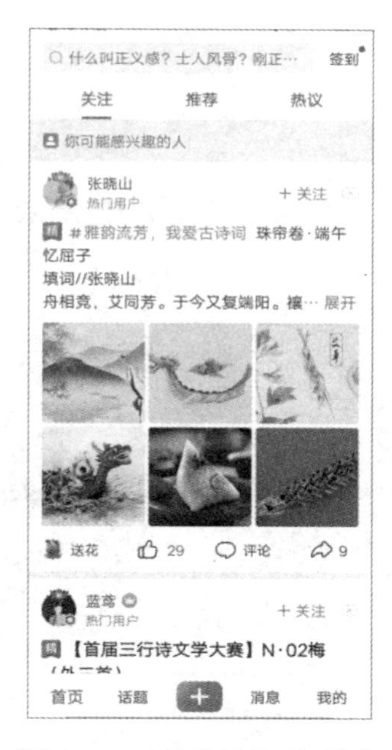

图 8-57　“关注”选项卡

图 8-58　“推荐”选项卡

3. 制作影集

（1）在主界面中，单击“+”图标，选择制作“小视频”，如图 8-59 所示，单击“制作影集”按钮。

（2）选择需要制作影集的图片，如图 8-60 所示，单击“添加”按钮。

（3）在“预览”界面中为影集设置模板、音乐、字幕等内容，如图 8-61 所示，单击“下一步”按钮，输入描述信息，单击“发布”按钮生成影集。

图 8-59　小视频

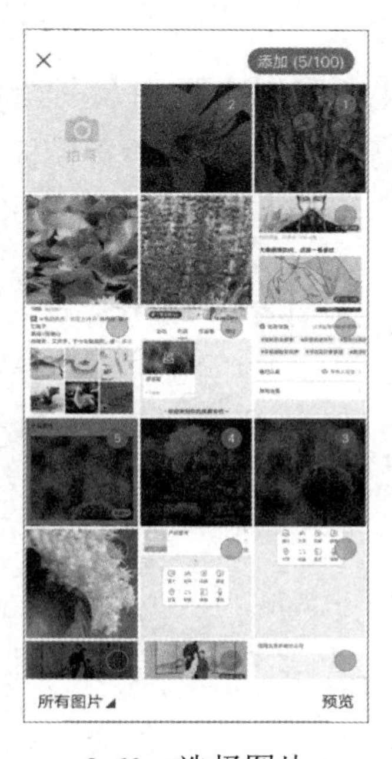

8-60　选择图片

图 8-61　“预览”界面

8.3.3 更上层楼：制作市场调查问卷

我们平时可以用美篇记录生活。例如，用美篇制作游记、宣传片等。美篇还可以制作调查问卷，帮助我们完成工作。

操作步骤

（1）在主界面中，单击“+”图标，选择“文章”选项。

（2）在“编辑”界面中，为调查问卷设置标题，单击“投票”按钮，如图 8-62 所示。

（3）在“投票设置”界面中，输入投票主题，添加投票选项，如图 8-63 所示。

图 8-62 “编辑”界面

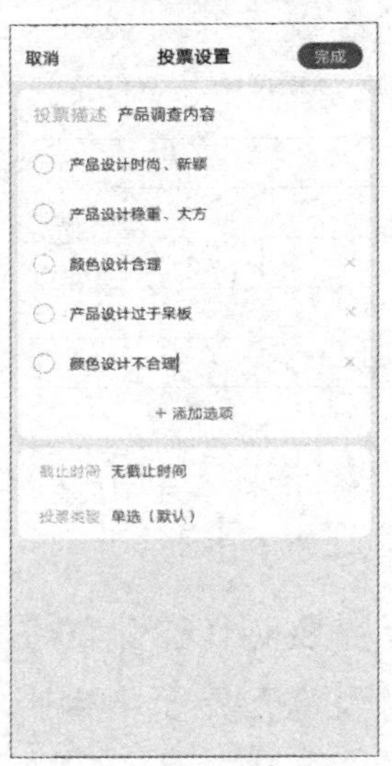

图 8-63 “投票设置”界面

（4）选择投票类型，如图 8-64 所示，设置好投票时间后单击“完成”按钮。

（5）单击“预览”按钮，在“预览”界面中设置模板、背景音乐等，如图 8-65 所示。

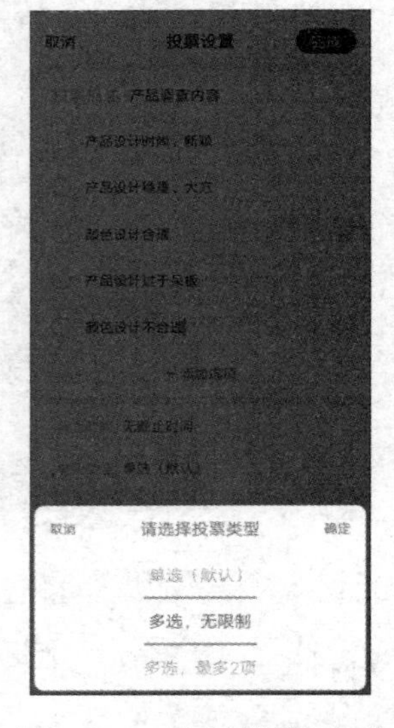

图 8-64 选择投票类型

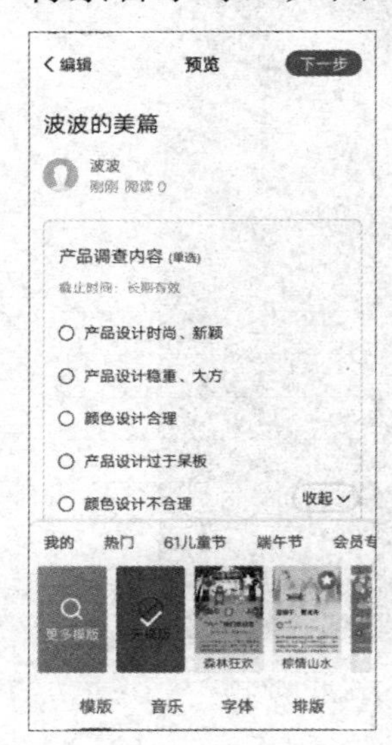

图 8-65 “预览”界面

（6）单击“下一步”按钮，输入描述信息，然后单击“发布”按钮，生成调查问卷。

8.4 学习办公——WPS Office

随着信息传播速度的提高，我们利用手机传送的文件越来越多。在手机上编辑文件已成为工作、生活中必不可少的一部分。WPS Office 是一款非常实用的文档编辑软件。

8.4.1 牛刀小试：编辑文档

小王正在外出调研，发现了公司最近需要的一些资料，想要编辑好以最快的速度发回公司。小王就利用手机中的 WPS Office 进行了编辑。

操作步骤

（1）启动 WPS Office，打开首页，如图 8-66 所示。在首页中，单击“⊕”按钮，进入如图 8-67 所示的新建界面。

图 8-66 “WPS Office”首页

图 8-67 新建界面

（2）单击“新建文档”图标进入新建文档界面，选择相应的模板或单击“新建空白”图标，这里单击“新建空白”图标，如图 8-68 所示。

（3）进入文档编辑界面，如图 8-69 所示，输入内容进行编辑，编辑结束后单击上方的“保存”按钮。

（4）在“保存”界面中，设置文件名、保存路径，如图 8-70 所示，单击“保存”按钮。

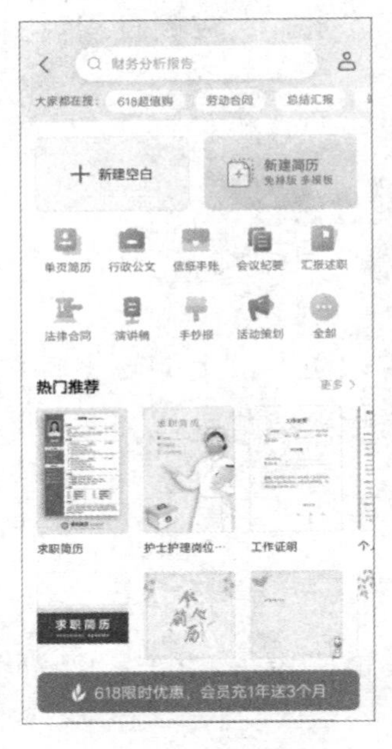

图 8-68　新建文档

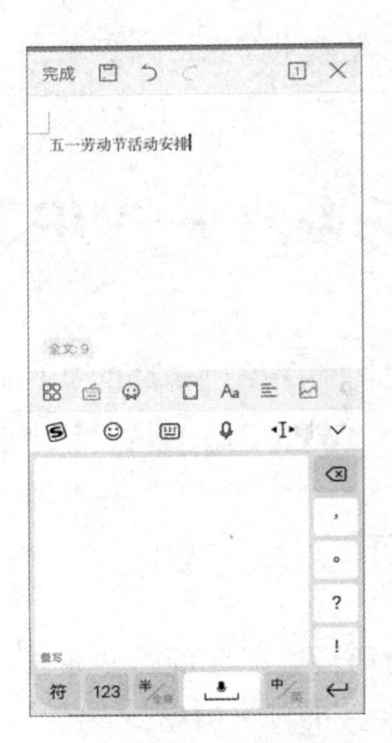

图 8-69　文档编辑

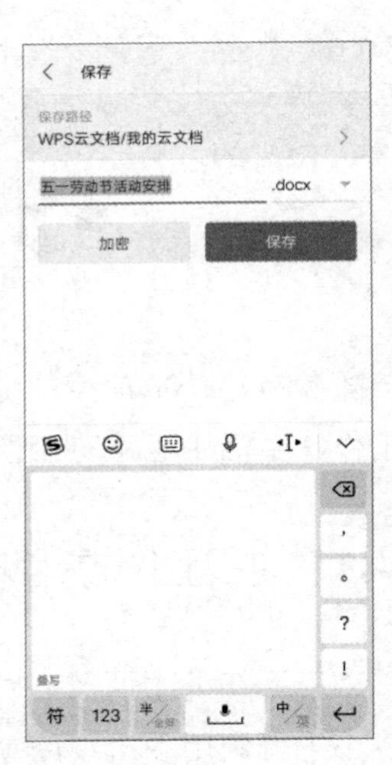

图 8-70　保存

8.4.2　知识导航

1．打开并编辑文档

（1）在首页中单击“最近”列表中的文档选项，或者单击“打开”按钮选择文档。

（2）在“打开”界面中，如图 8-71 所示，选择文档的类型进行搜索，找到所需的文档单击打开即可。

（3）在“编辑”界面中，单击左上方的“编辑”按钮进入编辑模式修改，如图 8-72 所示。

图 8-71　“打开”界面

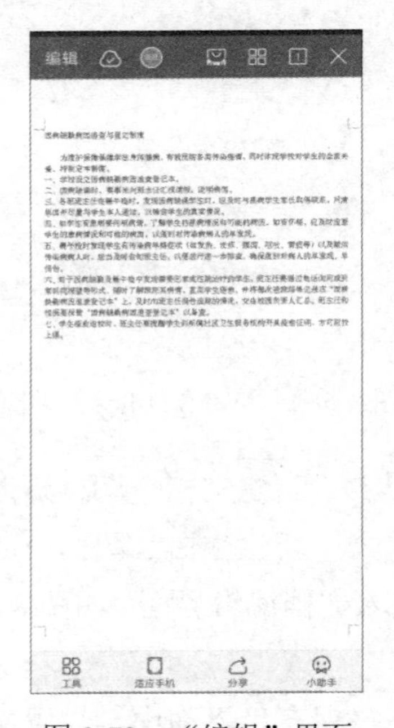

图 8-72　“编辑”界面

（4）单击下方的“工具”图标，展开工具列表。在“开始”选项卡中，可对文档字体、字号、颜色等格式进行修改，如图 8-73 所示。

（5）在“文件”选项卡中，可对文档进行保存、分享等操作，如图 8-74 所示。

图 8-73 “开始”选项卡

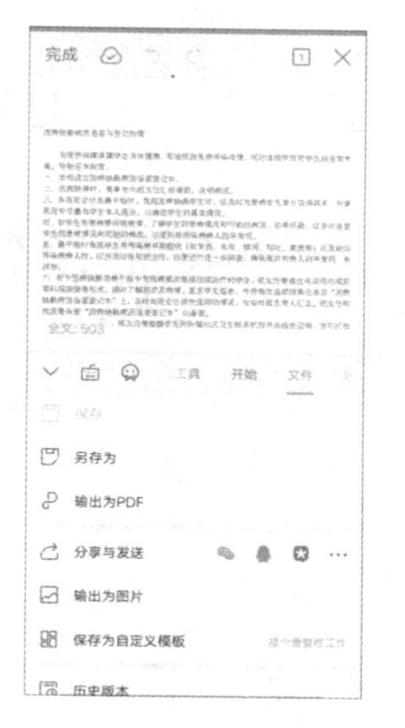

图 8-74 “文件”选项卡

（6）在“插入”选项卡中，可向文档插入文本框、图片、形状等。

（7）单击“完成”按钮结束编辑，然后单击“保存”按钮将文档保存。

2. 拍照扫描

我们不仅可以编辑文档，还可以在 WPS Office 中进行拍照扫描。

（1）在首页中，单击“照相机”按钮，如图 8-75 所示。

（2）选择要扫描的内容类型，可以是文档、证件等，单击“拍摄”按钮进行扫描，如图 8-76 所示。

图 8-75 单击“照相机”按钮

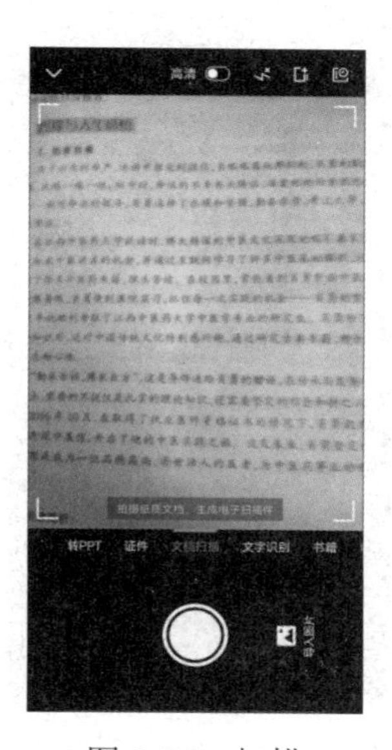

图 8-76 扫描

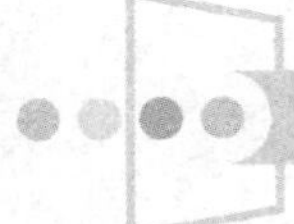

3．文字识别

（1）在首页中，单击“照相机”按钮，选择“文字识别”选项，然后单击“拍摄”按钮，如图 8-77 所示。

（2）单击“下一步”按钮或选择“拍摄”按钮右边的图片，在识别界面中选择要识别文字的区域，如图 8-78 所示，然后单击“识别”按钮。

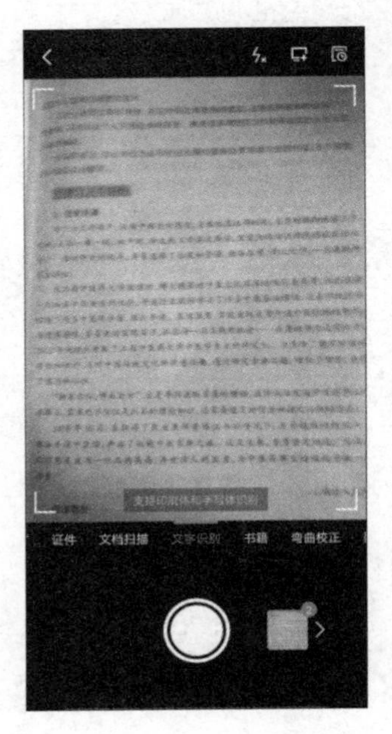

图 8-77　文字识别

图 8-78　选择识别区域

（3）系统对文字进行识别，如图 8-79 所示。显示出识别结果后，可将识别结果复制、导出等，如图 8-80 所示，选择转换类型，将图片中的文字转为文档。

图 8-79　系统对文字进行识别

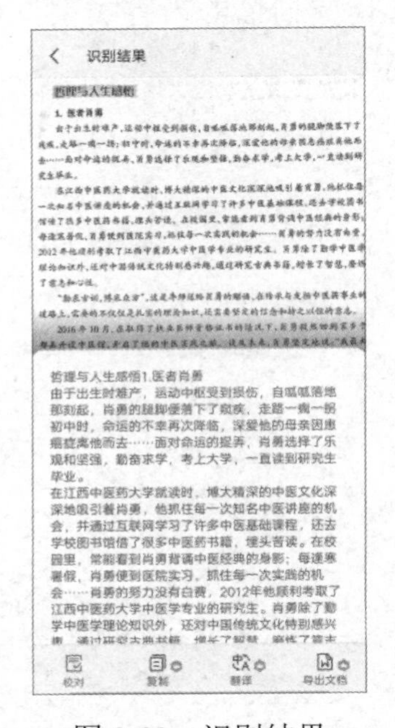

图 8-80　识别结果

4. 新建 PDF 文档

（1）在首页中，单击“⊕”按钮，然后单击“新建 PDF”图标。

（2）选择“图片转 PDF”命令，如图 8-81 所示；选择所需要的图片，如图 8-82 所示，单击“下一步”按钮。

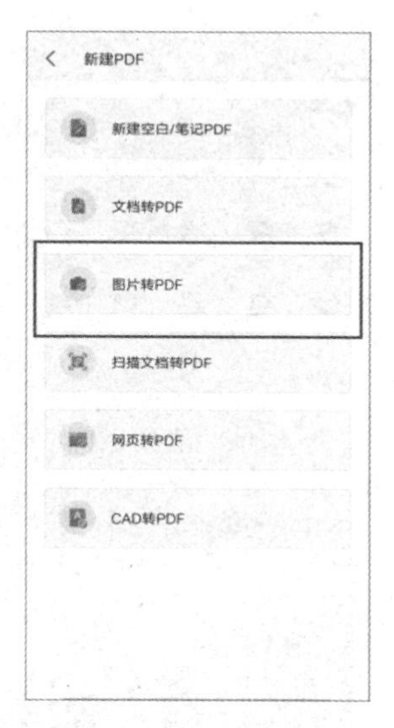

图 8-81 选择“图片转 PDF”命令

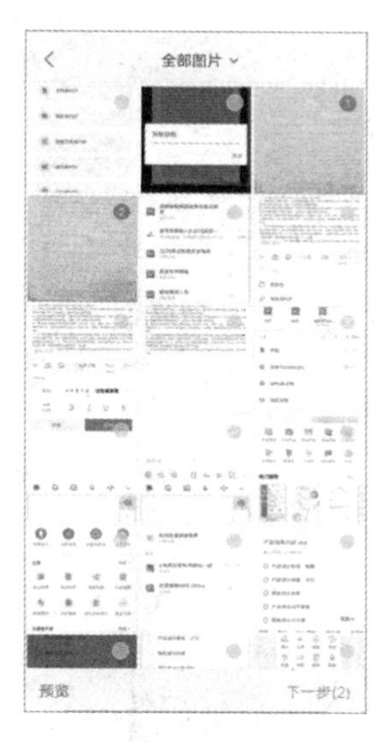

图 8-82 选择图片

（3）选择合适的版式，如图 8-83 所示，单击“保存”按钮。

（4）输入文件名，选择保存位置，如图 8-84 所示，单击“输出为 PDF”按钮。

图 8-83 选择版式

图 8-84 输出为 PDF

8.4.3 更上层楼：制作邀请函

现在越来越多的线上联系，使很多邀请函都变成电子的了。电子邀请函既节约成本，又方便快捷。WPS Office应用中的设计功能，就可以帮助我们设计邀请函。

操作步骤

（1）在WPS Office界面中，单击下方的“应用”图标，查看应用，如图8-85所示。

（2）单击“内容与设计”类中的“平面设计”图标，进入“金山海报”界面，如图8-86所示。

图8-85　查看应用

图8-86　“金山海报”界面

（3）单击“邀请函”图标，在“邀请函”界面中选择一种模板，如图8-87所示。

（4）进入“模板编辑”界面，如图8-88所示，可以换文字、换图片、添加其他素材等。

（5）单击“保存”按钮，弹出“设计的目的是商业用途吗？”提示框，这里单击“非商业使用”按钮即可，如图8-89所示。生成的电子邀请函可以分享给微信好友。

图8-87　选择模板

图8-88　“模板编辑”界面

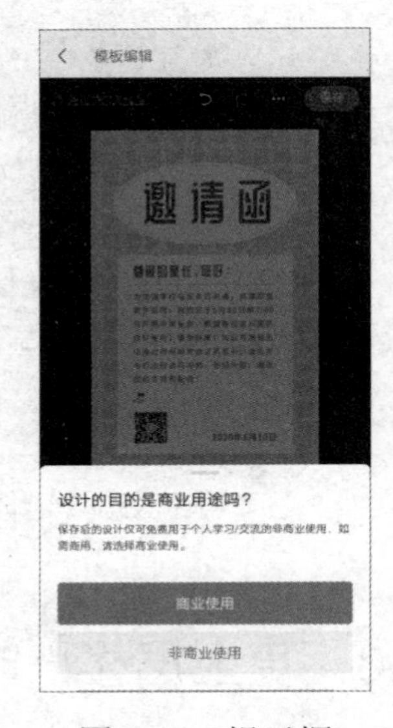

图8-89　提示框

8.5 摄影图像——美图秀秀

随着手机配置的不断升级、手机摄像头像素的提高，手机的数码相机功能得到了迅速的发展，其拍摄效果也越来越接近传统数码相机。现在人们用手机拍照已经成为一种常态，而且还使用一些软件使拍摄出来的照片更加美丽。美图秀秀就是一款帮助人们美化照片的软件。

8.5.1 牛刀小试：利用美图秀秀进行拍照

外出郊游总想拍摄一些好照片，利用美图秀秀进行拍照可以方便地对照片进行优化。

操作步骤

（1）启动美图秀秀，进入主界面，如图 8-90 所示。

（2）在主界面中，单击“相机”图标，出现提示信息，如图 8-91 所示，系统进行使用摄像头的权限请求，单击“始终允许”按钮。

图 8-90 “美图秀秀”主界面

图 8-91 提示信息

（3）进入拍摄界面，如图 8-92 所示，使用“滤镜”功能可以选择合适的滤镜，还可以使用“风格”“萌拍”等功能，单击中间的“拍摄”按钮即可进行拍摄。

（4）拍摄完成后，单击“✓”按钮可以进行保存，如图 8-93 所示。

图 8-92　拍摄界面

图 8-93　保存

8.5.2　知识导航

1．图片美化

（1）在主界面中单击“图片美化”图标，选择一幅图片，如图 8-94 所示。

（2）单击屏幕下方的功能图标可以对图片进行美化。“智能优化”功能可以一键美化图片；“编辑”功能可以对图片进行裁剪、旋转、锐化等；“调色”功能可以调整图片的对比度等色彩信息；“贴纸”功能可以为图片添加一些小的装饰；“背景虚化”功能可以为图片虚化背景。

2．人像美容

（1）在主界面中，单击“人像美容”图标，选择一幅图片，进入人像美容模式，如图 8-95 所示。

图 8-94　图片美化

图 8-95　人像美容

（2）“一键美颜”功能可以一键美化人像；“磨皮”功能可以使人像皮肤细嫩；“修容笔”功能可以调整人物面部的一些瑕疵；“祛黑眼圈”功能可以通过涂抹去除人像的黑眼圈等。

3．拼图

（1）在主界面中，单击“拼图”图标，选择几幅图片进行拼接，如图 8-96 所示。

（2）进入拼图界面，在屏幕下方选择一种模式，这里选择“海报”模式。

（3）选择版式，如图 8-97 所示，单击右上角的“保存”按钮进行保存。

4．工具箱

美图秀秀现在的版本中增加了很多功能，工具箱中提供了多种实用工具，方便用户进行创作，如图 8-98 所示。

图 8-96　选择图片

图 8-97　拼图

图 8-98　工具箱

8.5.3　更上层楼：制作证件照

我们有时会急需一张证件照，美图秀秀可以帮助我们快速地制作证件照。

操作步骤

（1）在主界面中，单击“证件照”图标，选择要制作证件照的尺寸，如图 8-99 所示。

（2）制作时，照片来源有两类，直接拍照和相册导入，如图 8-100 所示。

（3）更换背景色，单击“保存电子版”按钮，如图 8-101 所示。

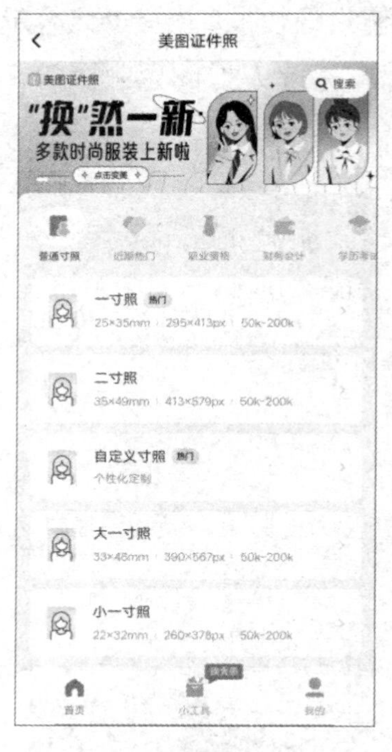

图 8-99　选择证件照尺寸

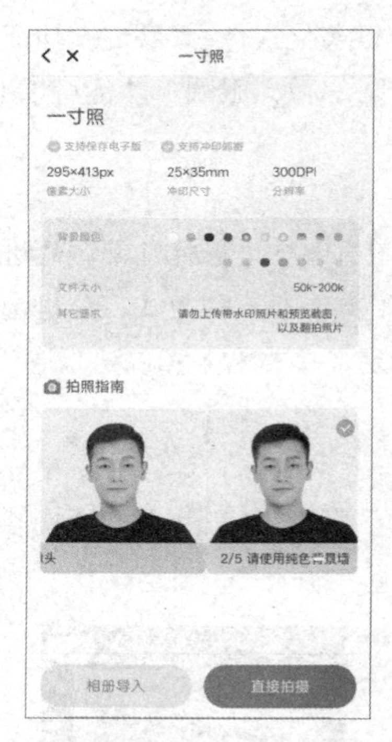

图 8-100　选择照片来源

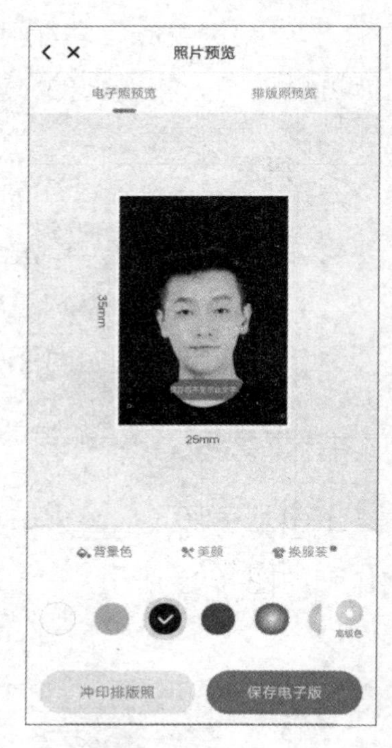

图 8-101　保存

8.6　地图导航——高德地图

我们经常会遇到这些情况：想要去某个地方，却不知道如何走、乘坐哪趟车、换乘哪趟车；有车的朋友想要自驾游，不知道该如何选择线路……地图工具能为我们解决以上问题。

8.6.1　牛刀小试：查看出行路线

我们去北京开会，却不了解开会地点所在的位置。这时，我们可以利用“高德地图”查看北京市地图，找到要去的位置。

操作步骤

（1）启动高德地图，进入主界面。在主界面中，单击“路线”按钮。

（2）起点输入“北京西站”，终点输入“北京师范大学”，单击“搜索”按钮。

（3）选择出行方式，这里我们选择“驾车”方式，地图中显示出行路线，并显示路线中的交通拥堵情况。

（4）单击“开始导航”按钮，进入导航界面。

8.6.2 知识导航

1. 本地搜索

（1）在主界面的搜索栏中输入“北京动物园”，单击“搜索”按钮。

（2）高德地图查找到北京动物园的相关信息。

（3）搜索结果中有景区的提示信息、门票价格等。单击“路线”按钮，在路线列表中选择出行路线。

2. 探索附近

在主界面中，单击屏幕下方的“附近”图标，可以显示出附近的美食、酒店、景点、加油站等，如图 8-102 所示。

图 8-102 探索附近

3. 打车

高德地图的新版本中提供了打车功能，单击屏幕下方的“打车”图标，输入目的地，就可以快捷地预约车辆。

8.6.3 更上层楼：实时公交

大家乘坐公共交通工具时都有一种困惑：经常你到了公交站，发现公交车刚走；你刚走了几步去坐地铁，发现公交车又来了……如果我们能掌握公交车的到站情况，出行无疑会方便许多。下面我们就看看高德地图的实时公交功能。

操作步骤

（1）在主界面中，单击“公交地铁”图标，可以查看附近的公交车或地铁运行情况，如图 8-103 所示。

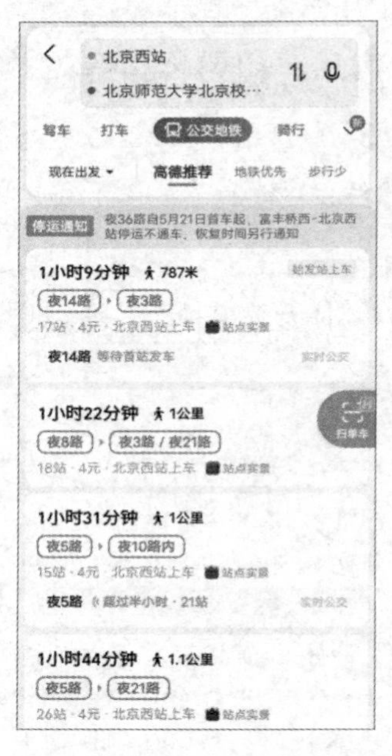

图 8-103　公交地铁

（2）单击“实时公交”按钮，进入“高德实时公交”界面，可以看到附近公共交通车辆的到站情况。

（3）单击“地铁图”按钮，可以查看地铁分布，如图 8-104 所示。

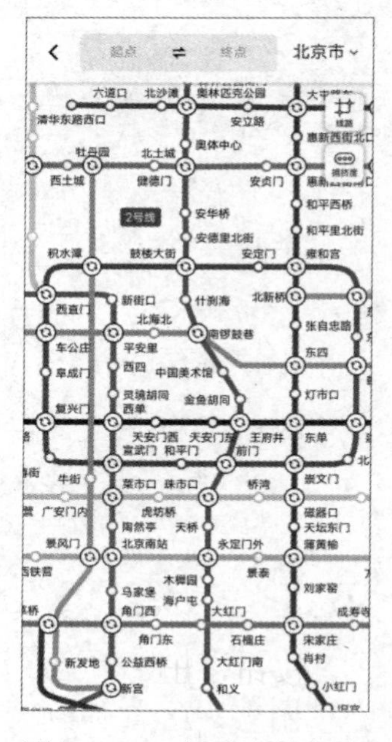

图 8-104　查看地铁分布

8.7 视频剪辑——剪映

随着移动终端的普及和网络的提速，短视频的传播范围越来越广。短视频时间短，融合内容较多，涉及多个领域，可以进行公益教育，也可以进行广告宣传等。剪映就是一款手机视频编辑工具，可以帮助我们轻松地制作短视频。

8.7.1 牛刀小试：制作短视频

我们在旅游时，经常会看到一些美好的画面，想及时记录下来，以短视频的形式分享给朋友。

操作步骤

（1）启动剪映，进入主界面，如图 8-105 所示，单击“开始创作”按钮，进行照片和视频素材的选择，如图 8-106 所示。

（2）单击“添加”按钮，进入视频编辑界面，如图 8-107 所示。

图 8-105 “剪映”主界面

图 8-106 选择素材

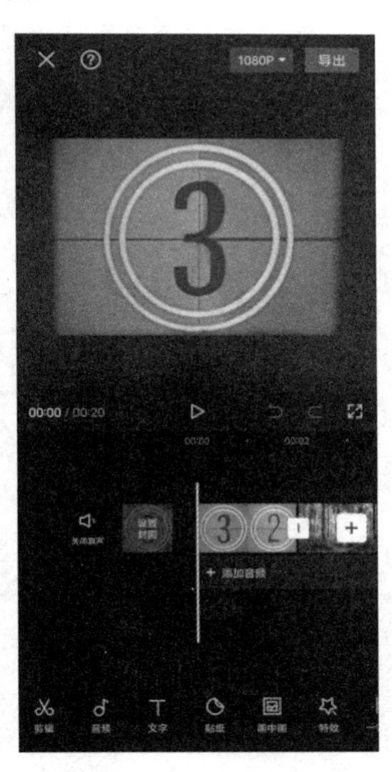

图 8-107 视频编辑界面

（3）单击下方功能区中的“文字”按钮，出现如图 8-108 屏幕下方所示的文字功能区。

（4）单击“新建文本”按钮，进入文本编辑界面，输入“拥抱自然”，如图 8-109 所示；然后在“样式”选项卡中，设置文本样式，如颜色、字体等，如图 8-110 所示。

图 8-108　文字功能区

图 8-109　输入文本

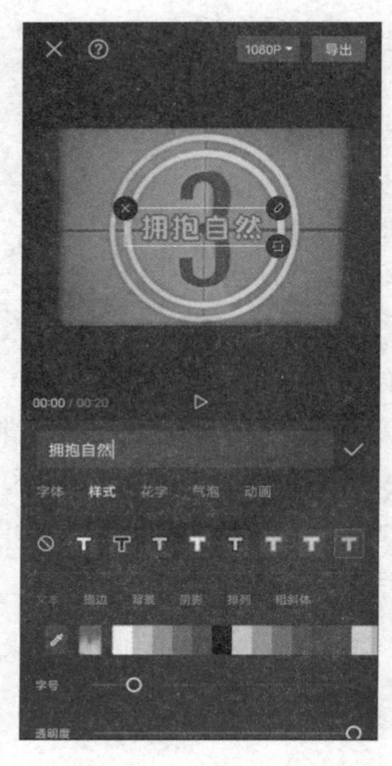

图 8-110　设置文本样式

（5）单击屏幕下方功能区中最左边的“<”按钮返回文本界面，再单击功能区最左边的“<”按钮返回视频编辑界面；单击下方的“音频”按钮，进入音频编辑界面，如图 8-111 所示。

（6）单击下方功能区中的“音乐”按钮，选择一首背景音乐，如图 8-112 所示，单击“使用”按钮。

（7）返回视频编辑界面，单击“导出”按钮，导出制作好的视频，如图 8-113 所示，单击“完成”按钮，即可在主界面中看到此视频。

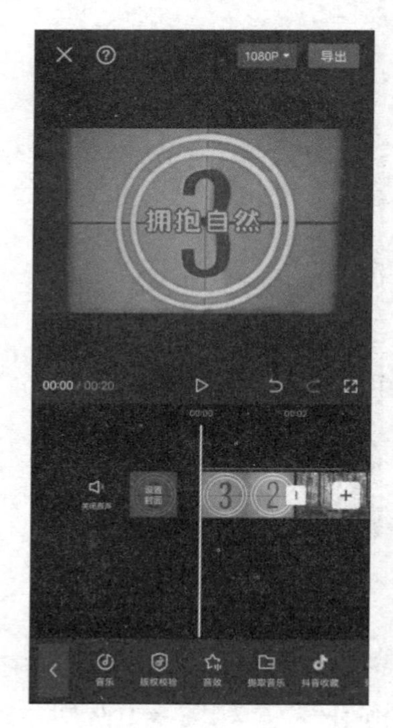

图 8-111　音频编辑界面

图 8-112　选择背景音乐

图 8-113　导出视频

8.7.2 知识导航

1．剪辑视频

（1）在主界面中选择一段视频，进入编辑界面，单击“剪辑”按钮，如图 8-114 所示。

图 8-114　剪辑视频

（2）左右拖动视频，找到需要分割的地方，单击“分割”按钮，可以将视频分为两部分，如图 8-115 所示。

图 8-115　分割视频

（3）我们还可以对视频进行变速、动画效果设置等。

2．音频编辑

（1）除了可以选择背景音乐，我们还可以进行音效、录音设置。

（2）“提取音乐”功能是导入一段已有视频中的声音作为背景音乐。

3．特效功能

特效分为画面特效和人物特效，每一种特效都包含多种分类，效果有上百种。画面特效包含基础、氛围、动感、DV、复古、综艺、自然、电影等；人物特效包含情绪、头饰、身体、装饰、形象等。

8.7.3　更上层楼：制作卡点视频

我们经常会看到卡点视频，其实用剪映制作起来很容易。

操作步骤

（1）在主界面中，单击“新建项目”按钮，导入需要的视频。

（2）进入视频编辑界面，单击功能区中的“音频”按钮，再选择要放到视频中的“卡点”音乐，将其添加到视频素材中。

（3）选择“音乐轨道”，在功能区中选择“踩点”方式，如图8-116所示，这里我们选择“自动踩点”。

（4）弹出提示信息，询问是否生成自动踩点，如图8-117所示，单击“添加踩点”按钮，选择“踩节拍Ⅱ”选项。

图8-116　选择“踩点”方式

图8-117　提示信息

（5）单击右下角的“✓”按钮完成卡点视频制作，导出视频即可。